BEING YOU

意识机器

[英] 阿尼尔 · 赛斯（Anil Seth）◎著

桥蒂拉◎译　乐秋海◎校译

中国出版集团

中译出版社

图书在版编目（CIP）数据

意识机器 /（英）阿尼尔·赛斯 (Anil Seth) 著；
桥蒂拉译 . -- 北京：中译出版社，2023.10
书名原文：Being You
ISBN 978-7-5001-7447-9

Ⅰ . ①意… Ⅱ . ①阿… ②桥… Ⅲ . ①神经科学
Ⅳ . ① Q189

中国国家版本馆 CIP 数据核字（2023）第 126956 号

（著作权合同登记号：图字 01-2023-0987 号）

意识机器
YISHI JIQI

著　　者：［英］阿尼尔·赛斯（Anil Seth）
译　　者：桥蒂拉
校　　译：乐秋海
策划编辑：于　宇　华楠楠
责任编辑：于　宇
文字编辑：华楠楠　马　萱
营销编辑：马　萱　钟筏童

出版发行：中译出版社
地　　址：北京市西城区新街口外大街 28 号 102 号楼 4 层
电　　话：（010）68002494（编辑部）
邮　　编：100088
电子邮箱：book@ctph.com.cn
网　　址：http://www.ctph.com.cn

印　　刷：固安华明印业有限公司
经　　销：新华书店
规　　格：710 mm × 1000 mm　1/16
印　　张：25.5
字　　数：263 千字
版　　次：2023 年 10 月第 1 版
印　　次：2023 年 10 月第 1 次印刷

ISBN 978-7-5001-7447-9　　　　　定价：79.00 元

推荐语

　　意识问题是一个涉及哲学、心理学、神经科学、人工智能等多个学科的古老议题，总能引发人们的无限遐想。本书作者采用了务实且易于理解的方式来解读意识，最终得出的推论令人惊讶，却又符合科学事实。我相信，无论你正在从事何种工作，是否了解意识科学，阅读本书都将是一次奇妙的体验和收获之旅。

——周晓林

华东师范大学心理与认知科学学院院长

中国心理学会原理事长

教育部高等心理学类专业教学指导委员会主任委员

　　我们的大脑为何以及如何创造出主观、有意识的体验这一问题，被认知科学家大卫·查尔默斯（David Chalmers）称为"攻坚难题"。它可以说是生命的核心奥秘。阿尼尔·赛斯将意识定义为"任何一种主观体验"，是我们作为有生命的知觉生物的存在和身份的核心。他打破了我们一个理所当然的认识，即我们在人生旅途中，就像在以自己为主角的传记片中一样，生活在一个真实存在的世界里。赛斯说，这一切不过都是由我们的大脑产生的幻觉。当我们对幻觉的看法一致时，我们称之为"现实"；当我们对幻觉的看法不一致时，我们称之为"妄想"。一语惊醒梦中人。我们都生活在"楚门的世界"中。

——胡泳

北京大学新闻与传播学院教授

本书对意识的探索和思考是开放的。在触及内在体验的深度解析时，书的后半部分包含两个重要的延伸思考，这是作者思想活跃、触角深邃的过人之处。

——段永朝

苇草智酷创始合伙人

信息社会 50 人论坛执行主席

乍一看，意识像是一位忠实的陪伴者，与生命体如影随形；实际上，意识使我之所以为我，你之所以为你，正如本书英文名 *Being You* 所表达的一样。我想，不只是学者，甚至每个人都会带着强烈的好奇心，想要了解这个与自己不离不弃、撑起了我们之所以为我们的意识究竟是什么，是怎样产生的，包括什么，以及其是否为人类所独有等问题。阿尼尔·赛斯通过这本逻辑清晰、体系完备的书，就上述重要而有趣的话题分享他独到的见解。这些见解引人深思，给人启发。

——郑美红

清华大学心理学系副教授、博士生导师

意识是什么？意识是如何产生的？意识的科学研究可以回答意识的哪些问题？尽管这些问题一直是哲学家和科学家关注的焦点，但意识还是 21 世纪尚未解决的科学之谜。国际知名学者阿尼尔·赛斯在《意识机器》一书中，以第一人称的视角，深入浅出地介绍了意识的相关理论争议、最新实证结果，并结合其自身的科研发现和意识体验的反思，为意识的很多重要问题提供了自己的思考和解答。整本书融科学性和趣味性为一体，引人入胜，发人深思。

——付秋芳

中国科学院心理研究所研究员

中国科学院大学岗位教授

博士生导师

意识不仅是大脑活动的产物，它还是我们人类（以及非人类）所体验到的一个综合和动态的现象。本书从新颖的角度解释了我们内在头脑经验的本质，作者阿尼尔·赛斯用严谨的科学语言、生动的比喻和体验故事，将意识的内容、意识的研究手段、统计与计算、自我性的体验以及超越人类的意识娓娓道来，引经据典，包括丰富的案例和实验。书中的观点能够引发我们对意识本质的新思考，也能够让我们反思作为一个有意识存在的自己。

——王青
华东师范大学心理与认知科学学院副教授

什么是意识？生物有意识么？机器能否拥有意识？人的意识是否能够脱离大脑而存在？意识与智能是同一件事情么？《意识机器》的作者试图去解答这一系列不同维度的问题，跨越神经科学、生命科学和人工智能。如果我们理解了生命拥有意识，就需要还给地球上其他生物以必要的尊重。如果我们理解了意识与智能是两个不同的发展维度，意识并不由智能决定，智能可以在没有意识的情况下存在，就能够帮助我们更好地划定与智能机器合作的框架，不必过度担心机器会取代人。

——吴晨
《经济学人·商论》执行总编辑

意识是什么？人类如何产生意识？意识是一种发现还是一种幻觉？阿尼尔·赛斯是认知和计算神经科学领域的先驱人物，他从生物学基础去解析意识体验。他指出，意识与生命的关系比与智慧的关系更为紧密，人类是有意识的自我，或者说是"野兽机器"。对于试图了解大脑、理性以及自我等主题的读者而言，本书不可多得，值得一读。

——徐瑾
公众号"重要的是经济"主理人
经济人读书会创始人

人类会认为自己知道的是对的。尤其是那些来自于感官的直接信息，比如视觉、触觉，更会让人深信不疑。人们也对自己的思维有信心，比如猜想或者推理，人们会对此产生深信不疑的判定。

然而，深信不疑可能会遇到两个问题。一是当想法与事实背离的时候该怎么处理？二是当自己的认知和别人的认知不同的时候，应该怎么处理？

《意识机器》这本书告诉大家人类认知的真相。从直觉到思维，人类的认知可能有错误，比如视错觉、逻辑陷阱或者概率误解。这本书讲解了人的大脑真正的认知过程和科学原理。

通过阅读这本书，我们能够实现避错、增新、求真，让自己更理解自己的认知系统，让自己能够更加接近真相，成为真正意义上的聪明人。

书里探讨了基于这些科学原理的衍生品——超越人类认知的先进技术，展望我们会遇到的未来。

——姜振宇

微反应科学研究院院长

司法心理学专家

头脑比天空广阔，

因为把它们并排放在一起，

一个能包含另一个，

而且还能轻松地容纳你。

——艾米莉·狄金森（Emily Dickinson）

谨以此书，致我的母亲，

安·赛斯（Ann Seth），

纪念我的父亲，

博拉·纳特·赛斯（Bhola Nath Seth）。

推荐序一

我感故我在

假如一本书的封面上有"新科学"三个字，往往表明，这本书的作者会对某个领域的"知识状态"做一番全新的梳理、诠释，甚至重构。

比如意大利天文学家、物理学家伽利略的《关于两门新科学的对话》（1638 年），就是用三人四天的对话，阐释了物理位移和形变的力学根源，并上升到方法论的层面，从而奠定近代科学的思想基础。

再比如意大利人文学者、批判理性主义早期的思想先锋维柯的《新科学》（1725 年），试图对人文学科进行"科学"的综合，并以此对抗笛卡尔的两分法和还原论。维柯创造的拉丁语格言"Verum esse ipsum factum"（真者无他，惟成而已），与本书作者阿尼尔·赛斯（Anil Seth）的"Being you"（成为你）的主张，隔空共鸣。

还比如著名美国科普作家詹姆斯·格雷克（James Gleick）的《混沌：开创一门新科学》（1987 年），让"蝴蝶效应"这一词迅速流行全球，成为描述复杂性的经典用语。计算机科学家、图灵奖获得者朱迪亚·珀尔（Judea Pearl）的《为什么：关于因果关系的新科学》（2018 年），针对甚嚣尘上的"关联替代因果"的观念，做出了针锋相对的批驳。

赛斯博士的这本《意识机器》，雄心亦在于此。他瞄准的，是"意识"这块硬骨头。

一、赛斯的问题意识

澳大利亚认知科学家大卫·查尔默斯（David Chalmers）将意识研究的相关阐释，划分为"难问题"和"易问题"两类。"易问题"指的往往是功能性解释，比如脑区的神经元活动与肢体行为、语言行为、情绪反应之间的"刺激—响应"机制；"难问题"则指的是起源性解释，即"意识从何而来"的问题。

赛斯慧眼独具。他试图跳出查尔默斯的问题意识，将意识的"难问题"转化为关于意识的"真问题"。这是本书的立论之基。

伽利略以降，"科学"解释日渐脱离神学的羁绊，成为独立的思维方式和解释框架的基础。这一思维框架最终以笛卡尔的《方法论》定型。由此，所谓"科学"，便是假设、实验、推理、论证所形成的缜密体系。这一科学方法论的鲜明特征，就是将外部世界视为客观存在，一切现象都只不过是观察、测量的对象。规律就隐藏在这些现象的背后，并以数学物理方程的形态呈现。

维柯的新科学，也只不过是对这种科学方法在人文社会领域的"挪用"。这种"挪用"在社会学、经济学、政治学、心理学、传播学等人文社科领域比比皆是。比如，17—19世纪的300年间，在欧陆兴起的著作《政治算术》[作者为英国的威廉·配第（William Petty）]、国运阐释 [代表人物为德国的赫尔曼·康令（Hermann Conring）]、经济调查 [代表人物为比利时的阿道夫·凯特勒（Adolphe Quetelet）]、社会分析 [代表人物为法国的奥古斯特·孔德（August Comte）]等，大量使用概率统计、动态方程、图表处理等方法，用来探究人文社会领域背后所谓的"物理规律"。

数百年来，谈到科学、科学解释，这几个关键词似乎毫无争议："客观性""对象化""观察与测量""实验验证"等。科学思想于是有了一个自然的底层基础——物理学。

在这种学术风气的影响下，对意识的研究也逐渐开始。长期以来，主流心理学家和神经科学家很自然地沿着"物理基础—生理现象—功能行为—意识活动"这样的脉络，试图梳理和理解意识的内在机理。

除了这种循规蹈矩的对意识的科学研究之外，对意识的深入思考又往往在心理学、生理学、哲学等领域之间"踢皮球"。科学研究只愿意观察、实验和测量，认为"意识的本质""意识的来源"这些问题应该由哲学家思考。哲学家也很为难，长期以来凡是将现象的解释、存在的本源归于精神活动的，都被贴上了"唯心主义"的标签。比如，英国大主教贝克莱的"存在就是被感知"这句话，就是用来描述、思考意识的基本用语，已经凝结于"物质和精神""存在与现象"等话语之间，并沉淀至日常思考活动的底层，无法撼动。

即便人们使用一些寻常的类比，试图理解玄妙的意识问题，也不得不忍受类比语言中包裹着的"旧词"的味道，比如"大脑就是计算机""人是机器"等。

赛斯博士关于"意识"的问题，是有关现象学的。这是全书一个极其重要的支撑点。

按照公认的说法，西方哲学思想经历了本体论、认识论、现象学三次重要的转向。在我看来，这三次转向其实是某种意义上的"退让"。古希腊哲学家对"世界本源"的执着，在文艺复兴之后渐渐退让到探究认知主体的认识论视角，不再穷追"它到底是什么"的问题，而是思索"人们是怎么知道这个的"。胡塞尔之后，这个问题又退后一步，人们开始问："它看上去是什么样的？"

在作者眼里，那些用来阐述"本源""存在""认识"的词语，常常裹挟着挥之不去的时间流动性、多姿多彩的对象变异性、无所不在的实体关联性，从而变得静止、僵硬。遵胡塞尔的"悬置"思想，赛斯博士试图回避关于意识的"难问题"，即不再企求构建一个逻辑自洽、概念与证据自圆其说的意识理论，而是转去寻求对意识活动的机理和过程的某种解释。这一解释的核心是：意识是一种体验。

"意识是一种体验"，这句话听起来平淡无奇。这本精彩之作，如果不能坚持读到最后一个字，恐怕难以领略作者的深意。原因很简单，"意识"一词已经够玄妙的，"体验"这个其貌不扬的用语，似乎又不够"性感"。

与一般科普读物类似，赛斯这本谈论意识的书，自然包含大量心理学、神经科学、脑科学的最新进展和大量的文献引证，这本书包含大量参考文献和注释——作者不厌其详地讨论了诸多有趣的实验和研究案例，比如橡胶手错觉实验、出体实验、身体交换错觉实验、替代现实等。作者也列举和分析了意识研究中出现过的探索性理论和研究方法，比如功能主义、泛心主义、神秘主义，以及意识的神经关联（NCC）、信息整合系统（IIT）以及自由能原理（FEP）等。但是，最值得关注的，并不是这些前沿的研究方法、研究成果如何，而是赛斯怎么把这些散落在各处的研究结论与观点穿缀在一起，努力编织出他自己的"关于意识的新科学"的条分缕析的密实疏证，宛如一把灵巧的手术刀，在做解牛之舞。

二、从测量到感知

IIT 对意识给出了一个可测量的工具，称为"菲尔"（Φ），并以此来衡量从昏迷、深睡眠、浅睡眠，直到清醒的若干意识活动水平。这样的话，意识就与信息等同。这个方法非常经典，但在赛斯眼里，它完全行不通："我是否有意识，不应该取决于其他人如何测量我的大脑。"

问题出在这个地方：IIT 虽然宣称意识的各个活动水平、各个影响因子之间都相互关联，仿佛一条连续的光谱，但在测量的时候似乎就忘了这一点。任何测量都需要"框定"对象的范围，IIT 也不例外。这就是说，"整合""信息"都是很好的概念，但要贯彻始终却不容易；意识测量听上去也是一个好主意，其实不可行，"没有人是一座孤岛"，"要把意识看作生命而不是温度"。

从字面上说，IIT 的思想强调整合、相互影响、相互转化，似乎与东方观念特别契合。殊不知，裂痕出现在如何看待"对象"的方法上。一旦切割、测量，生命就被杀死了。东方人熟知这一点。顺便说，作者赛斯是印度裔，对"梵我合一"的思想非常了解，或许是这样独特的文化视角，将赛斯的目光从测量引向感知——这个更符合东方韵味的路径。

视线由此聚焦到感知和体验。问题是"感知"和"体验"这两个非常主观的词，能用于科学分析吗？在赛斯看来，这里的重点不是"能不能"的问题，恰恰是"科学"这个词的含义需要更新。

赛斯的观点很鲜明："意识的内容是一种醒着的梦——一种受控的幻觉——它既多于又少于现实世界的真实状况。""既多又少"的思想，听起来颇似印度公元 8 世纪的经院哲学家商羯罗的吠檀多不二论"梵我合一"。赛斯的思路，是努力发现传统科学方法的盲区。

按笛卡尔的科学方法论，有两种常见的分析路径。一种是"自下而上"的，比如 1982 年大卫·马尔（David Marr）提出的视觉计算理论，将视觉解释与神经元联系起来。这种方法配合复杂的科学语言，还可以加大难度，名为"涌现"。另一种是"自上而下"的方法，这种方法源于柏拉图的"洞穴隐喻"，即相信存在完美的"控制变量"（完美理念），科学方法的最终目的是找到刻画这些控制变量之间的动力学方程（拉普拉斯）。

在大量科学研究中，这两种方法交替使用，所得结果似乎总是离"真相"不远。于是，赛斯小心翼翼地得出这样一个结论："感知是通过一个不断减少预测误差的过程而发生的。"

研究意识难题的学者都知道，这里巨大的迷思在于，存在大量的随意性和心理错觉，以至于"主观性"这个词语名声不佳。在这本书中赛斯介绍了三个经典案例：蓝黑白金裙、阿德尔森的棋盘和双色图像。

赛斯不打算用"测量"的路径给出这些感知、体验的度量方法，转而寻求感知、体验的机理刻画。他使用了这样一个说法——"受控的幻觉"。

"受控的幻觉"的确是个大胆的用语，也是全书中最容易误读的术语，比如将这个词解读为"欺骗"。

赛斯博士令人钦佩之处，在于不但坚持"受控的幻觉"这一表述，还试图进一步对这个过程如何发生做出现象学诊断。他找到的解释机理是"贝叶斯猜测"。

200 多年前出现的贝叶斯推理和傅里叶卷积变换方法，是今天深度学习理论的重要基石。对绝大多数算法工程师来说，贝叶斯推理和卷积变换只是特别好用的计算公式而已。教科书和研究论文里，对这两个基石的思想意义大多语焉不详。赛斯博士在书中仔细分析了贝叶斯推理的思想含义，抓住了贝叶斯推理的核心：用观察现象（数据）更新信念（猜测）。

在赛斯看来，大脑实际上就是贝叶斯推理过程，是最佳猜测反复迭代的过程，"受控幻觉则是关于大脑机制如何解释意识感觉的现象学特性"。（关于傅立叶卷积变换的通俗解释，推荐梅拉妮·米歇尔的《AI3.0》）

赛斯的观察是，行为不仅参与感知，而且行动就是感知。赛斯认为，世界本来面目如何，是一个无意义的执念。这在西方科学话语体系中，不啻为重磅炸弹。

如此一来，身体、感知、体验、具身性的重要性，就不言而喻了。赛斯把意识问题的研究边界，从狭义的基于测量方法论的笛卡尔世界，延展到包括主观体验的"唯象世界"。这一转换的意义在于，用新的现象学—解释学进路，填补传统解释学的局限。

库恩的范式转移、波普尔的证伪主义，是科学解释中的两种主流方法。赛斯认为这两种解释是傲慢的，它没有为真正的解释留下余地：传统的科学解释，要么寄希望于硬核证据的否证，要么寄希望于对思想"巨变"的漫长期待。

赛斯的现象学–解释学，是关于解释的解释学，或者称之为"元解释学"。他所工作的领域，叫作"计算现象学"。这是一个重要的时代隐喻，我称之为"文科变硬、理科变软"。在面对英国学者斯诺20世纪60年代所称的"两种文化"撕裂下，学科思想画地为牢、固步自封，不但需要通过文理跨界来疏通，而且更需要像赛斯博士这样，致力于"东西疏通、古今疏通"。

计算现象学不回避计算的重要性，希望通过巨量的计算来拓展认知边界。书中提到的虚拟现实、人工智能，已经有诸多现实案例，特别是 ChatGPT 的出现。但这些计算技术的用处，绝不只是构建虚幻的数字世界，而是逼迫肉身重新思考那些熟悉的、常用而不知的观念、对象和体验，探察感觉的盲区、拓展认知的边界。

赛斯博士的"受控的幻觉"，在我眼里更像佛教所说的"阿赖耶识"，而不是常人脱口而出的"欺骗"。这是内观体验的极致。

三、我感故我在

老实说，读到这本书 2/3 篇幅的时候，我才对原版书名——*Being You* 若有所感。我内心涌现的是"相由心生"这个词。"Being You"，你是你自己塑造的样子。世界也是你自己塑造的样子。

思想的有趣之处，在于它绝不以获得某个确凿无疑的答案而自鸣得意。生于 1972 年的阿尼尔·赛斯，2001 年获得英国萨塞克斯大学计算机科学和人工智能博士学位，在长达 20 余年的研究中，他始终保持着对固有观念、思想方法的警惕和批判精神。《意识机器》这本书对意识的探索和思考是开放的。在触及内在体验的深度解析时，书的后半部分包含两个重要的延伸思考，这是作者思想活跃、触角深邃的过人之处。

一个是个人同一性，另一个是感知连续性。

在过去的一百多年里，伴随现象学崛起，流动性哲学、过程性哲学、构造性哲学渐渐丰富了哲学领域。人们重新注意到了"忒修斯之船"的丰富含义。"万物流变"这一哲学思想，长期处于柏拉图思想的光环遮蔽之下。对于追求永恒（真理）的古典哲学传统来说，赫拉克利特的"万物流变"不是"好"的哲学。在古希腊人眼里，变动、变化都是不好的。有趣的是，东方古代圣贤也不怎么待见变化。比如《易经·系辞下传》中有言："吉凶悔吝者，生乎动者也。"

将意识视为体验、感受，势必面对川流涌动的世界之河，势必无法驻足于坚硬的概念磐石、支撑于冰冷的逻辑之链。赛斯拣选"个人同一性""感知连续性"两个难题，正是作者眼光独到之处。

探索"个人同一性"的重要性，在于如何解释自我的建构。

传统理论将自我的建构置于静止的解释框架中，无论是洛克的身心二元、莱布尼茨的单子论，还是马斯洛的三角形理论、埃里克森的身份认同。赛斯博士的视野已经抵达东西文化交会的边缘。东方的澄明、空、梵，其目的是将一切有形、有情、有为，视为助力，让"名—实""性—相""知—行""有—无""体—用"等言说，皆成为自我能够"傲立"其间的"依托"，不至于成为任何欲念的附庸，这是东方文化伦理意义上的自我建构。这种自我，是鲜活、清澈、澄明的。

遗憾的是，赛斯博士虽有此意，但着墨不多。他的阐释依然是偏西方的，比如将自我建构概括为具身的自我、叙事的自我、社会的自我三个层次。当然，这个命题极其宏大，一己之力实难支撑，但赛斯博士毕竟凿开了一片巨大的探索空间。他从大量的心理学、生理学、神经科学实验案例，探索自我的建构，指出这样一个事实：自我同一性其实是极其脆弱的，易于被摧毁。自我同一性的建构与解构，恐游离于似与不似之间，否则便导向了虚无主义。

赛斯提出的"个人同一性"和"感知连续性"两个问题，其实是紧密关联的。

自我体验的稳定性，有赖于对连续性的感受。比如"变化盲视"这个观念——我们其实一直在变，却无法感知变化。这并不是说我们对"变化"一无所知，而是说，细微的、时时刻刻的"变化"丝毫不影响我们对自身稳定性的切身感受。

人类是粗分辨率物种。人的感受器官并不灵敏。大千世界瞬息万变，刹那因缘更加细腻的更迭，只在人的肉身感官中沦为背景噪音。如果将这些背景噪音放大亿万倍，人可能宛如置身轰鸣的马达、奔涌的数据机房之内，感受嘈杂万物在计算、奔涌、交换间，幽灵一般相互纠缠、渗入渗出。

外部世界在人们心目中的感觉印象，只是慢动作加取景框过滤后的静态呈现。生活中所谓的众口难调，实则是所有的自我体验，都带有各自绝不相同的取景框，无法同窗。

在本书第八章的末尾，有这样两句话："变化的体验本身就是一种感知推理。我们的感知可能会改变，但这并不意味着我们可以感知到这种正在发生的改变。""我们感知自己不是为了了解自己，而是为了控制自己。"这两句话颇有禅言佛语的妙境：诸法空相，不生不灭，不垢不净，不增不减。

为什么说"幻觉"这个词语很糟糕？糟糕就在于"着相"。其实并不是，也没有什么幻觉可言。赛斯此言，只不过是矫枉过正，努力打碎千百年来过于"坚硬"的自我建构，言说一种柔

软的、融化的自我建构。自我，只是流淌着的自我、溪流般的
自我。

借助这个探究，赛斯引出"控制"的重要性显得十分自然。
自我感知的易变性，如果不能得到合理调适（控制），给它边界
感、安全感、稳定感，人是会崩溃的。

这是赛斯版"野兽机器"的正解。

书中写道："自我感知不是要发现这个世界上或身体里的东
西。它有关生理控制和调节，有关生存。"赛斯的触角，由此进
入一个极深的问题：生命何以如此？这也是思想史古老的身心问
题。套用笛卡尔的话，赛斯的主张是"我感故我在"。

四、活着是硬道理

"存在大锁链"是古希腊与希伯来文明重要的交会点。人类
在自然界的位置，在文艺复兴之后被确立为"万物之灵长"（莎
士比亚）。笛卡尔的理性思想，伴随钟表、机械、动力技术的大
肆应用，"人是机器"（拉美特利）的思想渐成主流。

赛斯对"人是机器"给出了全新的解释。这个机器不再是冷
冰冰的，由外部的弹簧、钟摆赋予运动的节奏，也不再是可拆
解、可装配的机器，而是灵肉合一的机器。

这个野兽机器，有一个复杂的内感受机制，这种机器由内而
外，生产着恐惧、焦虑、快乐、遗憾等情绪体验，同时不停地自
上而下地对这些情绪体验进行贝叶斯猜测，调适着身体的状态和

生命的现象。

赛斯指出，我们过去把问题搞反了。人不是因为痛苦而哭泣，而是因为哭泣而感受到痛苦。这非常反直觉。或许问题恰恰出在这里，这个所谓的"直觉"，可能正好是认知固化的产物。

赛斯认为，无论关于生命、身心、意识编织出什么花样的解释，有一点是绕不过去的：活下去，是生命存在的唯一理由，也是进化赋予的使命。他指出，保持有机体的完整性，就是大脑唯一遵循的内在驱动力，"从进化角度来说，大脑并不是用来进行理性思考、语言交流，甚至也不是用来感知世界的"。

赛斯的野兽机器与笛卡尔的野兽机器不同，笛卡尔的机器是死机器，赛斯的是活机器。笛卡尔切断了生命和思想、存在和认识的关系，转而把这种关系摆在了一个四平八稳的实验台上，让抽象的主体对此上下打量、托腮沉思。赛斯则将所有鲜活的一切，一股脑儿交还给躯体自身——"我们不是认知电脑，我们是感觉机器"。

所以，当赛斯用"梵我"这样极具东方色彩的术语，描述他的野兽机器时，对浸淫于东方文化的我们来说，应当感受到的不仅是那种熟悉的味道，而且是这位"70后"学者奔放的思想魅力，以及他冲破旧知识和旧思想牢笼的勇气。

五、自由意志的可爱之处

这本书并未停留在对意识体验、自我构建的现象学分析层面。赛斯需要用他所建构的解释系统，解剖几个现实问题。赛斯选择的是"自由意志"这块硬骨头。

自由意志的问题，长期争论不休。特别在 AI 出现之后，更是变本加厉。每一个个体的感知似乎是真切的，"我可以自由地控制、选择、拒绝、修改、停止、后悔"。

然而在赛斯的解释系统中，"自由意志不是对宇宙中的物理事件的干预，更确切地说，不是对大脑中物理事件的干预，使原本不会发生的事情发生"。这与泰格马克《生命3.0》中关于技术对生命的"介入"观点相比，我认为赛斯的思想更高一筹。

对自由意志问题提出挑战的，是 20 世纪 80 年代初著名的 Libet 实验，这个实验巧妙地回答了"意识和注意何者在先"的问题。在眼睛注意到光斑的移动之前半秒钟，大脑已经给出了提前的反应。这个实验困扰了认知科学界 30 年。

2012 年，神经生理学家亚伦·舒格（Aaron Schurger）的实验证明，这只是一场虚幻，"准备电位可能不是大脑发起行动的信号，相反，它们可能只是在测量过程中，因为测量方式中的人为因素而导致的产物"。在赛斯的解释系统里，自由意志也只不过是自我感知的一种方式。也就是说，"自由意志"只不过是人类发明的一个词，用来指代某种精神活动的状态。长期以来，物理主义的思维惯性太过强大，以至于如果不能把自由意志归结为某个大脑区域、神经元的"刺激—响应"循环，不能找到它的物理根源，这件事就无法自圆其说。

不过，赛斯并未简单地抛弃"自由意志"这个词。保留这个虚幻的词，或许并无大碍，"我本可以做的不一样的感觉，并不意味着我真的可以做的不一样"。更重要的是，自由意志的福音在于，它可以催生伦理、罪恶、内疚的感觉，这是社会建构必需的精神养分。

赛斯指出，"意志的体验不仅是真实的，而且对我们的生存来说是不可或缺的。它们是一种自我实现的感知推理，会带来自愿行动。"

另一个运用赛斯解释学的场景，涉及人工智能、机器人。

在 AI 领域可供争论的议题很多。赛斯的观察，简而言之，就是不要把意识和智能混为一谈。在赛斯的解释路径中，智能只是人造物。认为意识与智能等同，是传统的人类中心主义观点。赛斯的大胆论断是"意识不是由智能决定的，智能可以在没有意识的情况下存在"。

这么说来，真正可怕的并不是 AI 拥有多强悍的"智能"，而是人工意识。用赛斯的话说："是生命，而不是信息加工，给生硬的公式注入了意识的火焰。"

在赛斯看来，图灵测试或许要用科幻电影《机械姬》中的"嘉兰测试"来重新表述。人们关心的并非机器是否拥有意识，而是在多大程度上，机器会被人判定为"拥有意识"。这将带来巨大的认知混乱，也就是当冰冷机器和野兽机器之间的分界线消失了，那么一切大脑中留存的观念、情感、秩序、价值的解释体系，将被毁损殆尽。

对这一前景，作者持有某种略带批判的谨慎的乐观精神。为什么机器意识的前景如此诱人？为什么它对我们的想象力会产生如此大的影响？赛斯的观点是"这与一种技术狂热有关。这是一种根深蒂固的渴望，随着世界末日的临近，想要超越我们受限制而混乱的物质生物存在"。赛斯的看法与美国人工智能学者潘蜜拉·麦可杜克（Pamela McCorduck）的观点类似。她在1979年出版的《人工智能》一书序言中写道："人工智能是一个遍布西方思想史的观点，是一个亟待实现的梦想。"

即便智能机器终将超越人们的想象，但"从野兽机器的角度来看，理解意识的探索使我们越来越融入自然之中，而不是离它更远"。

这些年，科技领域的畅销书市场异常繁荣。赛斯博士的《意识机器》甫一出版，即引来热烈反响，被英国《卫报》《经济学人》《金融时报》以及彭博社等一众媒体评为年度最佳科学图书，也被英国哲学家奈杰尔·沃伯顿（Nigel Warburton）列入他的2021年度哲学图书精选。

我的推荐理由是：一部真正的科普佳作，并非将读者沉陷于精彩故事的震撼和冲击中，而是努力撑开思考与想象的星空，让人有掩卷长思的可能。对大众来说，抵御那种屡屡遭受智能科技惊吓状态最好的武器，就是获得一种畅快的、有穿透力的新解释的可能性。关键是这种解释是开放的，是跨越东西方两种文化交融的可能性。

心灵慰籍的精神力量之所以代代相传，不是因为上帝、神、佛祖真的在物理意义上存在，而是这个世界始终保持可以栖居、嬉戏、诗意的可能性。这需要重新梳理、理解和诠释过去深嵌在知识谱系中，像意识这样的"硬骨头"。

赛斯的书，做到了。

段永朝

苇草智酷创始合伙人

信息社会 50 人论坛执行主席

推荐序二

受控的幻觉

阿尼尔·赛斯是英国萨塞克斯大学（University of Sussex）的认知和计算神经科学教授，出生于 1972 年，可谓年富力强。他对达安东尼奥·达马西奥[①]非常尊敬，但是他创建一套自己的独特理论。

赛斯说，与其整天空谈什么意识的"难题"，不如研究意识的"真问题"。所谓研究"真问题"，就是如果我们假设意识是纯生理性的，将意识分门别类，看看每种类型都有什么性质，那么我们是不是就能解释这些性质呢？如果你把那些性质都解释清楚了，"难题"也就自动解决了。

赛斯把意识分成三大类：第一类是"你有没有意识"，即你是清醒的，还是处于深度睡眠或者植物人状态；第二类是"你的感知"，比如当你看到红色，你产生了一个"红色性"；第三类是

---

① 安东尼奥·达马西奥（Antonio Damasio），美国南加州大学神经科学、心理学和哲学教授，美国艺术与科学学院、美国国家医学院、欧洲科学与艺术学院成员。著有《笛卡尔的错误》，获得热烈反响。开创了"具身意识"，即身体意识领域的研究。

"自我"。这三类中重点是第二类和第三类，也就是对外和对内的意识，这与达马西奥关于意识的分类方法是相通的。

赛斯的招牌理论叫作"预测加工"（predictive processing），这个理论的关键点是：你所有的意识，都是幻觉。

一、蓝黑白金裙

赛斯在本书中提到一个例子（见本书第四章第 4 节），也是几年前引起热议的例子——"蓝黑白金裙"照片。

在有些人看来，照片上显示出来的是一条白色和黄色相间的裙子，而在另一些人看来，那条裙子明明是蓝色和黑色相间的。这是一个非常奇特的例子，因为每个人只能看到自己所见的情形。比如在我看来，那条裙子就是白色和黄色相间的，我无法想象为什么有人能看成蓝色和黑色相间。也许在你眼中那就是蓝黑色，也许你需要多问几个朋友才能体会到这个悖论。在这个例子中，你会发现人们坚定地分成了两派。

这是怎么回事呢？赛斯在一个访谈中是这么解释的：关键在于，你默认这张照片是在室内还是户外拍摄的。

比如，我们有一张白纸，你在户外看它，它是纯白色的。但当你把这张纸拿到室内时，因为室内光通常偏黄，所以白纸的色调也会变得泛黄。而当你用仪器去测量时，白纸上的色调就是偏黄的。

这是因为大脑在处理颜色信号的时候，自动做了补偿。你知道现在是在室内，所以你自动把黄光去掉了，尽管你并没有意识到这个补偿动作。而户外的光线，哪怕是在阴天也会偏蓝，大脑也会做出相应的补偿。

"蓝黑白金裙"的照片中背景很小，人们很难看出它是在室内还是户外拍摄。有些人认为它是在室内拍摄的，大脑就会自动补偿去掉黄光，这就使得他们看到的裙子是蓝黑色；而另一些人认为裙子是在户外拍摄的，他们的大脑就会补偿去掉蓝光，看见的自然就是白色和黄色。

二、受控的幻觉

你感知出来的颜色，是非常主观的东西，也可以说是一个幻觉。更严格地说，是叫"受控的幻觉"（controlled hallucinations）。你对颜色的感知不是进入你眼睛的光谱信号，而是你对信号的"解读"，也可以说是你现编的一个故事。

任何感知都是如此。再比如，你的面前有个茶杯，你只看到了它的正面，但是你非常自然地假定它是一个三维的物体，它的背面与前面差不多。这些不言自明的认识，与你对白纸和裙子的感知是一样的，都是你脑补出来的。

赛斯说，包括"物性"（objectness），也是你编造出来的幻觉。当然，这并不是说你面前没有杯子——这个幻觉很多时候都很有用。但严格地说，单凭进入你眼睛的那一大堆光信号，并不足以证明那里有个杯子：那些信号只是光子而已。光子上可没有标签告诉你它们是来自白纸还是杯子。不过你确实不是在胡编乱造，你的幻觉的确受到环境信息的控制，所以叫"受控的幻觉"。

不光是颜色和物体，甚至像"空间""时间"这些概念，也是我们自己给自己讲的故事，也是"受控的幻觉"——康德早就知道这一点，他会说这些东西都不是"物自体"。

受控的幻觉是我们对外界信息的"积极"的解释。是我们主动发起的，是我们主动给白纸补偿光线的，是我们由内向外的摸索。

三、预测加工

这就引出了赛斯的"预测加工"理论，也叫"预测性编码"。

所谓"看见"一件东西，其实是大脑中对它已经建构了一个模型，用这个模型先"预测"这个东西是什么，比如是杯子。这是一个由内向外的信号流，是你用对杯子的预测来找杯子。当你会收到感应反馈，比如你通过触摸才知道那不是杯子，而是墙上的一幅立体画。这一个由外向内的信号流，告诉你预测是否有误。

通过这两个信号流，大脑一边预测一边根据反馈校准预测，就生成了关于杯子的可控的幻觉——这两个流不断循环往返，你跟环境连续互动，连续地预测，产生连续的幻觉，就形成了你对外界的意识。

预测加工可以用很多实验证明。符合你预测的事物，你就更容易意识到。

"深蓝"和"浅蓝"对母语为汉语和英语的人来说，都属于蓝色，所以我们对它们的区分度就比较弱；而对母语为俄罗斯语和希腊语的人来说，"深蓝"和"浅蓝"是两个完全不同的词，被认为是两种完全不同的颜色。在脑成像实验中，母语为俄罗斯语和希腊语的人对这两种颜色的感知也更为敏感。

其实"颜色"这个概念本身就只是一个故事或者说是幻觉。想想看，同样一朵花，因为蜜蜂能感知紫外线，所以它们眼中花的颜色就与我们完全不同。

如果你脑子里事先没有"一根弦"，没有对某个东西进行主动预测，你就很可能看不见那个东西。在本书中提到的"球场大猩猩"的例子（见本书第五章第 2 节）就是很好的证明。

再比如"变化盲视"（Change blindness）现象，就是说如果你没留神，环境中发生了一个缓慢而巨大的变化，比如一面墙的颜色变了，你就很有可能注意不到。

这些实验都说明，我们对世界的体验确实是由内向外，而不是由外向内的。或许会有人说，有时候的确能够注意到环境的变化，这又怎么解释呢？我认为与其说那是环境的变化使人注意到了，不如说是人原本的预测发生了错误而让人注意到了。

四、自我感知与受控的幻觉

赛斯说，自我感知也是种受控的幻觉，是由大脑对身体信号的连续预测和反馈造成的。书里提到一个橡胶手错觉的实验（见本书第八章第 4 节），可以解释这种现象。在实验中，这体现在当你身体的感觉符合你的预测时，你就会更加相信这是你的身体。

赛斯的实验室还做过这样一个实验——受试者戴上虚拟现实眼镜，看到一条虚拟的胳膊，那个胳膊的颜色会按照心跳的节奏，红白交替，不停地发生变化。实验发现，如果虚拟手的颜色变化正好与你的心跳同步，你就会强烈感觉到那是属于你的真实的手。

符合预测，所以形成幻觉。你又怎么知道，你的"真手"不是一个幻觉呢？其实都是幻觉，只不过有些幻觉更有用而已。

五、幻觉与意识

视觉、听觉、触觉，以及内感知等，所有这些感知都是受控的幻觉。这些幻觉能帮我们预测和判断物体的位置和形状，比如，身体是不是自己的？那个杯子能拿吗？这是我的脚，可别踩到钉子上。

所有的情感也是受控的幻觉，这些幻觉能帮我们预测和判断当下局面的价值：是好是坏？是应该拥抱还是应该远离？

"自我感知"是人们在社会上的身份认同。人们不停地给自己讲那些故事，便是一种受控的幻觉。那些幻觉能让我们预测和判断下一步应该采取什么行动，小到鼓励自己坚持把作业做完，大到选择上哪所大学和做什么工作。

这些幻觉当然很有用，但你得知道它们终究是幻觉：非常相似的光电信号很可能出自完全不同的东西，而且没有任何物理定律阻止你明天出门左转，去火车站乘坐火车，到千里之外一个陌生的地方做个陌生的人……

所有的意识——你的六感、你与世界互动的体验、你的自由意志、你的社会身份——都只不过是你自己给自己编的幻觉而已。你一边预测，一边反馈，把这些幻觉持续下去，就形成了意识。

六、结语

我认为，赛斯这套理论是目前看来最靠谱的对意识的解释。

这里没有任何神秘的东西，它是一种思想解放：你感受到的世界根本就不是真实世界，而是受控的幻觉。

笛卡尔认为，外部世界可能是某位大神给他创造的幻觉，只有"他自己在思考"这件事是真的——殊不知外部世界可以都是真的，只有"他自己在思考"这件事是幻觉。这里的"幻觉"，意思不是"谎言"，而是"不能完全代表真实世界"。意识是你从真实世界中提炼出来的一个故事，是扭曲的表述。有时候那个表述符合你的预测，你就认为那是真的，而殊不知这就如同我们在电子游戏里也能做很多可预期的事，我们哪怕在谎言里也能生活很久。

世界就老老实实待在那里，对你并没有什么特别的关注。意识是你先主动发起的，是你在欺骗自己。

万维钢

科学作家

"得到"App《精英日课》专栏作者

推荐序三

意识的祛魅

几年前，AlphaGo 引发的人工智能浪潮扑面而来。面对"人工智能是否会取代人类"这样的常见问题时，一个最为掷地有声的回答是：不会的，因为机器是没有意识的！

ChatGPT 出现，推陈出新，打怪升级。这个回答的声音弱了一些。

我们好像少了一些底气，因为我们看到了意识的影子。

"意识"是一个如此神奇的词，每个人似乎都笃定明白意识是什么，也不愿相信冰冷的机器或者算法会产生意识。究其原因，我们人类所达成的关于"什么是意识"的共识包含两方面：一是每个人都认为自己是生活在这个世界上的主体，有自己独特的体验，可以自由做出决定（主观意识）；二是每个人都认为自己具有连续性，是独一无二的，是和别人不同的，且贯穿始终（自我意识）。而机器则不然，它们基于事先写入的规则，无法做出像我们一样的自由主观行动；它们缺少主观"第一视角"，无法建立对自己特殊性和唯一性的认识。

　　"意识"也是一个有魔力的词，天然带着"神性"的光辉，把人类和其他物体甚至其他生物区分开来。它就像小仙女的魔法棒，当你抛出这个词时，就可以强调人类的特殊性。

　　然而，众所周知，现代世界就是一个不断"祛魅"（disenchanted）的过程，随着科学的发展，众多概念被拉下神坛。比如，生命和进化论——生命不需要超自然因素，人类也不是神造而是从动物进化而来。

　　意识自然也无法逃脱这个"宿命"，特别是科学家的眼睛。

　　本书就是回答这样一个问题，对意识如何从脑这个物理系统中产生构建了一套理论。作者阿尼尔·赛斯是一位极富盛名的认知神经科学家和计算神经科学家。本书文字清晰流畅，有很强的可读性。特别是，作者很善于通过类比来解释一些复杂和抽象的专业概念，比如无意识推理、贝叶斯推理、自由能、信息论、控制论、复杂度、意识测量指标 PCI、Phi，等等，且融合了大量认知心理学和认知神经科学的基本概念和前沿进展。尤为可贵的是，本书并不只是专注于阐述自己的理论，而是把多个意识相关理论用非常简洁清晰的方式进行描述，也对常见的"诡辩"进行了一一驳斥。

　　读罢掩卷，我在脑海里试图整理这个理论的主要逻辑和观点。特别是这个理论是如何解决"主观性"这个意识最为困难的问题。这个问题最早由认知科学家大卫·查尔默斯提出，指的是无论采用怎样的先进技术来观察意识产生的神经机制，比如也许最终发现脑中的部分神经元和意识产生相关（意识神经相关物，

NCC），都依然无法回答物理过程如何产生丰富主观体验这样一个意识难题。

我的理解是，作者其实是通过"现象学"来绕开了这一拷问。作者认为，首先承认意识体验的存在，并重点关注它的现象学属性。换句话说，主观体验已然存在（每个人所感受到的），可以把主观体验作为研究对象，对其属性和对应物理产生机制展开研究，并和进化论紧密联系。作者认为这种方式才是研究"真问题"，而不是一直形而上地纠缠意识的概念问题。

作者的观点是，意识本质就是"做自己"的感觉，而"做自己"的核心就是能够体验并控制自己的身体、行动和思考的感受。记住，这里是"感受"，因此是一种你觉得你能控制的感受，理论上与是否真的发生并无必然的直接关系。读到这里，你可能觉得这纯粹是一种无法验证且没有任何意义的描述，但作者接下来的论述恰恰是我觉得本书最精彩的观点。

不难理解的是，对自己身体的控制在环境中做出合适行动是有重要进化意义的。每个生物体都试图在环境中生存下来，寻找食物，躲避天敌。生存能力的关键就是对外界环境进行主动预测进而做出合适的行动。以网球运动为例（我们人类脱离原始生存环境太久了），对方的球打过来，你如何按照打出一击漂亮的回球呢？对于有经验的球员来说，球还没从对方手里打出来时，他们已经根据对方球员的位置、出手方向预测出了球的大概落点，也同时根据这种主动预测进行相应的行动，比如跑动、拉拍、网前截击等。而对于没有经验的球员来说，只能被动地根据打过来的球进行跑动和回球。这两者最大的区别就是"主动预测"能力，有经验的球员对外部世界具有更准确的模型建构，也随之产生更快的预测和有效行动。

本书作者认为，这种符合进化意义的主动预测能力及其随之而来的控制感就是意识产生的重要源头，也是古老的生命和心灵的连续性建立的基础。在此基础上，人类在各个层次都建立了这种基于主动预测的能力，进而获得相应的控制感，形成了关于意识的多方面属性，包括对外部世界的，对内部世界的，以及对个体连续性的，对应于感知觉意识、情绪意识和自我意识。

首先，对外部世界的感知是一种主动预测。大量的认知心理学和神经科学研究都告诉我们，感知不是被动的信号接收，而是从内向外的一种自动化的推理过程。你可能觉得这个观点非常奇怪，面前的书和文字难道是我们自己臆想和推理出来的，而不是真实存在的吗？其实，这种"感知即推理"的观点并不是支持"未看花时花与汝同寂"的唯心主义，而是说投射在你脑中的外界信息并不包含完备的信息来支持它就是这本书，而是存在多种可能。而你认为它是书的这一感知其实是来源于你的主动推理。那么推理会错吗？理论上当然可能会错（很多视错觉现象恰恰演示了错误的推理），但你的推理是经过进化和日常生活经验洗礼和验证过的，所以是相对逼近真实世界的。

其次，作者提出一个非常有新意的观点，认为对身体内部的感知（内感受）也是类似于外感知的一种主动预测过程，而这一过程最终表现为情绪。我们知道，情绪不只是一种主观体验，更和我们的生理反应和自主神经系统密切相关，而这些恰恰是最原始的和我们的基本行动（比如是战是逃）紧密相连的。因此，对我们内环境的主动推理可以帮助我们更好地做出合适的调控和反映，也就让我们获得了某种情绪上的意识体验。

最后，这种主动预测还可以体现在更为宽泛尺度的自我意识上。比如，不断地对外对内的主动预测所产生的控制感也最终帮助我们建立了连续的自我意识。大名鼎鼎的橡胶手错觉实验就是这样一个例子。此外，人的社会属性决定了我们也需要去主动预测另一个生物体（他人）的意图，并根据反馈适时调整自己对于他人的内在模型。这一过程进而带来了社会意识。

总之，作者从现象学出发，认为意识是一种"做自己"的主观体验，即自己能够控制自己的感受。该控制能力依赖于内部的主动推理过程。该推理可以是对外部世界的（感知），可以是对内部世界的（情绪），也可以是对自己存在连续性的自我意识。这种推理所带来的控制感催生了意识的主观感受。然而，外部世界和内部世界不一定完全符合推理，因此意识被作者称为"受控的幻觉"。

读到这里，很多人可能会大吸一口凉气，怀疑身边的世界是否真实存在，意识是否是一种自我愚弄，我们是否活在楚门的世界或者黑客帝国里？其实，"受控的幻觉"并不是断然否定主动预测的准确性，因为我们的身体和脑在进化的过程中已然建立了相对准确的外环境和内环境的模型，进而做出好的预测。我们依然可以相信我们的感受，继续真切地体会大千世界中的电光火石，体验江湖人生中的快意恩仇。

最后，不可否认的是，本书一个自然而然的推论是：意识不是人类所独有的，生物体甚至机器如果具有这种"大权在握，游刃有余"的自我控制感时，也可以称之为是有意识的，尽管我们无法知道；相反，如果人类失去了对自我的控制感，也就随之丧失了意识这种主观感受。

意识的"祛魅"只是为了去除神秘性和不可知论，而不是否定我们的存在和我们的感受。

罗　欢

北京大学心理与认知科学学院研究员

北京大学麦戈文脑研究所研究员

博士生导师

前　言

　　五年前，我面临人生第三次"失忆"。当时我正经历一个小手术，我的大脑里充满了虚幻。我依稀记得那种黑暗、超脱和分崩离析的感觉⋯⋯

　　全身麻醉和入睡截然不同，这点毋庸置疑。如果你睡着了，外科医生的刀很快就会将你唤醒。深度麻醉状态与昏迷或植物人状态等灾难性的情况很相似，处于这种情况的人完全没有意识。在深度麻醉下，大脑的电活动几乎完全静止——这在正常生活中是不可能发生的，无论是醒着还是在睡眠中。这是现代医学的奇迹之一，麻醉师可以常规地改变人们的大脑，使之进入或脱离这样的深度无意识状态。这是一种转化的行为，一种魔法，一种把人变为"物体"的艺术。

　　当然，这个"物体"再次变回了人。所以我回来了，昏昏欲睡又辨不清方向，但我确实回到了那里。时间似乎没有流逝。当我从沉睡中醒来，我会对在手术前和苏醒后这中间时间的连续性感到困惑，但总有一种感觉，那就是至少已经过去了一段时间。

而在全身麻醉的状态下，情况就不同了。我可能昏迷了5分钟、5小时、5年，甚至50年。昏迷并不能很好地表达这种感觉。我在昏迷中预感到死亡后的完全遗忘，而在遗忘的虚无中，有一种莫名的安慰。

全身麻醉不仅对你的大脑或心智起作用，它对你的意识同样起作用。通过改变大脑内神经回路中微妙的电化学平衡，"活着"的基本状态暂时被消除。在这一过程中，存在着科学和哲学领域仍未解开的最大谜团之一。

我们每个人的大脑中有数十亿个神经元的联合活动，每个神经元都是一个微型生物机器，这样的联合活动产生了有意识的体验。这种有意识的体验并非任意，而是你在此时此地的意识体验。这是如何发生的？为什么我们以第一人称来体验生活？

我有一段童年记忆，我看着浴室镜子中的自己，第一次意识到我在那个时刻的体验，也就是"做自己"的体验，这种体验将在某个时刻结束，而我也会死去。我那时大概八九岁，就像所有早期的记忆一样，它是不可靠的。但也许正是那一刻，我意识到，如果我的意识会结束，那它一定在某种程度上取决于构成我的物质——构成我的身体和大脑的有形物质。在我看来，从那之后我一直在以这样或那样的方式试图努力解开这个谜团。

20世纪90年代初，我还是剑桥大学的一名本科生，少年时对物理和哲学的热爱扩展成了对心理学和神经科学的痴迷，尽管当时这些领域似乎都避免谈论甚至禁止提及意识。我的博士研究让我在人工智能和机器人方面拥有了一段漫长但出乎意料且富有价值的经历，之后我在太平洋沿岸的圣地亚哥神经科学研究所工作了 6 年，并最终有机会直接研究意识的大脑基础。在那里，我与诺贝尔奖获得者杰拉尔德·埃德尔曼（Gerald Maurice Edelman）一起工作——他是让意识重新成为合理的科学焦点的重要人物之一。

十多年以来，我一直担任萨塞克斯大学萨克勒意识科学研究中心的联合主任。该中心位于海滨城市布莱顿附近的南唐斯丘陵平缓的绿色山丘上。我们的研究中心汇集了神经学家、心理学家、精神病学家、大脑成像学家、虚拟现实界的天才、数学家以及哲学家。我们所有人都在努力尝试，为研究意识体验的大脑基础打开新窗口。

1

不管你是不是科学家，意识都是一个很重要的谜题。对每个人来说，我们的意识体验就是一切。没有它就什么都没有：没有世界，没有自我，没有内在和外在。

想象一下，未来的我，也许就在不远的将来向你提议，为你提供一种拥有难忘体验的交易。我可以用一台在与人类各方面都一样的机器来替代你的大脑，不会有人从外部看出区别。这种机器有许多优点。例如，它不会腐烂，也许还能让你长生不老。

但有一个问题，因为即使是未来的我也不确定真实的大脑是如何产生意识的，所以我不能保证如果你接受这个交易，你会获得任何有意识的体验。如果意识只取决于大脑的功能、大脑回路的功率和复杂性，也许你会产生意识体验；但如果意识取决于一种特定的生物材料，例如神经元，那么你可能不会产生意识体验。当然，由于你的机器大脑在各个方面都能产生与人类相同的行为，当我问机器的你是否有意识时，机器的你会说"是"。但或许，对你而言，你已不再是以第一人称体验生活了。

我猜你不会接受这项交易。在没有意识的前提下，你能再活5年还是500年，可能已经无关紧要了。因为在这段失去意识的时间内，你已经没有了"做自己"的感觉。

撇开哲学游戏不谈，理解产生意识体验的大脑基础的实际重要性是很容易的。全身麻醉被看作是有史以来最伟大的发明之一。然而，越来越多的人（包括我在内）会遇到脑损伤和精神疾病，随之而来的是令人痛苦的意识障碍。对我们每个人来说，在整个人生中，有意识的体验自始至终都在变化，从早年生活的繁花似锦、喧嚣纷呈，到成年生活看似虚幻但绝非平凡的不惑，再到由神经退行性疾病引起的衰退开始，最后逐渐进入自我消解。而对有些人来说，这种我自消解进展之快让人容易迷失。在这个过程的每一个阶段，意识都存在，但那种认为存在单一、独特且具有意识的自我（灵魂）的观念可能是严重错误的。事实上，意识之谜最引人注目的一个方面就是自我的本质。在没有自我意识的情况下，意识依然存在吗？如果存在，它还会如此重要吗？

这些难题的答案会对我们如何看待这个世界和它所包含的生命产生许多影响。意识是什么时候开始发展的？它在我们出生时显现，还是说早在我们还被包裹于子宫时就已经显现出来了？那么，非人类动物的意识呢？不仅局限于灵长类动物和其他哺乳动物的意识，还有像章鱼这样超凡脱俗的生物，甚至线虫或细菌这样的简单生物的意识呢？大肠杆菌或鲈鱼有"做自己"的体验吗？未来的机器呢？在这里，我们不仅应该关注新形式的人工智能对我们的影响力，还应该关注我们是否以及何时需要站在道德立场来看待它们。对我来说，这些问题唤起了我在电影《2001 太空漫游》（*2001: A Space Odyssey*）中当看到大卫·鲍曼（Dave Bowman）通过简单的一个接一个删除其记忆库的行为来摧毁HAL 的人格时所萌生的不可思议的同情。在另一部电影《银翼杀手》（*Blade Runner*）中，雷德利·斯科特（Ridley Scott）饰演的复制人所处的困境激发了我更强的共情。从中我们可以看出，人类作为一种有生命体征的机器，对于产生有意识的自我的体验是多么重要。

2

这本书讲述的内容涉及意识的神经科学，旨在让读者尝试了解主观体验的内心世界如何与大脑和身体中所进行的生物及物理过程相联系，并且可以通过这些过程来解释主观体验的内心世界。这个项目在我的整个职业生涯中一直吸引着我，我相信现在它已经到达了一个转折点，答案的微光开始浮现。

这些微光改变了，并且是剧烈地改变着，我们如何看待周围世界的意识体验，以及身处其中的我们自己。我们思考意识的方式涉及生活的方方面面。意识的科学是对我们是谁，做什么样的自己，做什么样的你，以及为什么会成为这样的人等此类问题的解释。

我要讲述的故事属于个人观点，是经过多年研究、思考和交谈而形成。在我看来，意识的问题不会像人类破译基因组或证实气候改变那样被"解决"。它的奥秘不会屈服于一个类似"尤里卡"[①]的洞见——有关智慧之灯在科学进展中被瞬间点亮的说法，那是一种令人兴奋但通常荒诞的神话。

对我来说，意识科学应该解释意识的各种属性是如何依赖于我们大脑内神经元的湿件（wetware）的运作，并与之联系在一起的。意识科学的目标不应该是（至少不应该主要是）首先去解释为什么意识碰巧是宇宙的一部分，也不是理解大脑如何复杂地工作，同时扫除意识的神秘面纱。我希望向你们展示的是，通过解释意识的属性，让它逐渐变得不那么神秘。因为从大脑和身体的机制来看，意识有自己形成的原因和运作方式，这些原因和方式是深层的，如同"形而上学"。

我用"湿件"这个词来强调大脑不是由肉所构成的电脑。它们既是化学机器，也是电子网络。每一个曾经存在过的大脑都是活体的一部分，嵌入其所在的环境中并与之相互作用，在很多情况下，这个环境包含其他实体大脑。从生物物理机制的角度来解

---

① 尤里卡，词义："我发现了"或"我找到了"，是一个源自希腊用以表达发现某件事物或真相时的感叹词。——译者注

释意识的属性，需要将大脑以及有意识的心智理解为一种具象化和嵌入式的系统。

最后，我想说一个关于自我的新概念——对我们每个人来说，意识的这个方面可能是最有意义的。它是一种有影响力的传统概念，至少可以追溯到17世纪的笛卡尔。这种观点认为，非人类的动物缺乏有意识的自我，因为动物没有理性的头脑来指导它们的行为。它们是"野兽机器"，即没有能力反思自身存在的"肉体机器"。

我并不同意这一观点。在我看来，意识与生命的关系比与智能的关系更为紧密。我们是有意识的自我，因为我们是"野兽机器"。我将说明，做你自己或做我自己的体验是由大脑预测和控制身体内部状态的方式产生的。自我的本质既不是理性的心智，也不是非物质的灵魂。这是一个深度具体化的生物过程，一个支撑简单活着的感觉的过程，而活着的感觉是我们所有自我体验的基础，实际上也是任何有意识的体验的基础。"做自己"实际上就是体验并控制自己的身体。

本书分为四部分。第一部分解释了意识科学研究的方法。这部分还涉及意识水平的问题，即某人或某事的意识程度，以及尝试测量意识的研究进展。第二部分阐述了意识的内容，即你什么时候会产生意识，以及你会意识到什么。第三部分将焦点转向内在、自我和有意识的自我所包含的各种体验。第四部分探讨了这种理解意识的新方法对其他动物的意义，以及创造拥有感知能力的机器的可能性。读完这本书，你就会明白，我们对世界和自我的意识体验基于大脑的预测，即受控的幻觉，这种意识体验伴随、通过并且因我们活着的身体而产生。

3

尽管西格蒙德·弗洛伊德（Sigmund Freud）在神经学界的声誉欠佳，但他在很多事情上的看法是正确的。回顾科学史，人类自尊受到了三次"打击"，每一次"打击"都标志着科学的重大进步，但这些进步在当时遭到了强烈抵制。首先要提到的是哥白尼（Copernicus），他通过日心说证明了地球绕着太阳旋转，而不是太阳绕着地球旋转。由此，人类开始意识到我们不是宇宙的中心，我们只是浩瀚无垠的宇宙中的一个小点——悬在深渊中的一个淡蓝色小点。接下来是达尔文（Darwin），他揭示了我们和所有其他生物有共同祖先的事实。令人惊讶的是，即使在今天，这一认识在世界的某些地方仍然遭到抵制。而弗洛伊德自信满满地对"人类例外论"进行了第三次打击，即潜意识论。该理论对"我们的精神生活在我们的意识和理性控制之下"这一观点提出质疑。虽然他可能在细节上偏离了目标，但弗洛伊德指出，用自然主义解释心智和意识的方法与"人类例外论"相违背，甚至完全推翻"人类例外论"，打击了人类的自负，这一出发点绝对正确。

这些我们用于自我认知的方式的转变将受到欢迎。随着我们在理解上的每一次新的进步，都会带来一种新的惊奇感和新的能力，使我们越来越少地认为自己脱离自然，而更多地认为自己是自然的一部分。

我们的意识体验是自然的一部分，就像我们的身体、我们的世界一样。生命结束时，意识也会随之结束。当我想到这一点时，我仿佛回到了我的麻醉经历中——没有知觉的体验。我又回到了麻醉带来的遗忘状态。这种遗忘也许是令人欣慰的，但它毕竟是遗忘。小说家朱利安·巴恩斯（Julian Barnes）在他对死亡的沉思[1]中完美地阐释了这一点。当意识终结时，真的没有什么可害怕的。

目 录

第三部分
自我的体验

第四部分
非人类的意识

第一部分

意识科学的研究方法

第一章　真正的问题

意识是什么？

对于有意识的生物来说，意识就是一种成为那种生物的感觉。比如，做我自己的感觉，做你自己的感觉，可能还有做绵羊或海豚的感觉。每一种生物都会产生主观体验，这就是一种做自己的感觉。但几乎可以肯定的是，没有一种细菌、一叶草或一个玩具机器人会产生这样的感觉。因为对于这些事物，它们大概从未有过任何主观体验，即没有内在宇宙，没有感悟能力，没有意识。

这种表述与哲学家托马斯·内格尔①的观点很相似。内格尔在 1974 年发表了一篇如今已成为传奇的文章——《成为一只蝙蝠会是什么样？》②。他在书中认为，虽然我们人类永远无法感知

---

① 托马斯·内格尔（Thomas Nagel），美国哲学家，研究领域为政治哲学、伦理学、认识论、心灵哲学。内格尔出生于南斯拉夫的贝尔格莱德，曾就读于康奈尔大学（1954—1958）、牛津大学（1958—1960），1963 年取得哈佛大学博士学位。曾任教于柏克莱大学、普林斯顿大学，1980 年进入纽约大学任教至今。同时他亦为美国人文与科学学院院士及英国国家学术院院士。——译者注

② 《成为一只蝙蝠会是什么样？》（*What is it like to be a bat?*），是托玛斯·内格尔在 1974 年发表的论文，旨在说明感质在物理与心灵之间的解释鸿沟。——译者注

蝙蝠的体验，但对蝙蝠来说，它有自己独特的主观意识①。我一直赞成内格尔的观点，因为它强调了现象学，即意识体验的主观属性，例如，与情感体验或嗅觉体验的主观属性相比，为什么视觉体验具有形式、结构和品质等性质。这些性质在哲学上有时也称为"感质"，例如，红色为何是红色（红色的红色性），嫉妒的痛苦，牙痛是锐痛还是钝痛。

　　一个有机体要有意识，就必须有某种现象学。任何一种体验（任何一种现象学性质）都和其他体验一样重要。哪里有体验，哪里就有现象学；也就是说，哪里有现象学，哪里就有意识。任何一种生物，哪怕只存在了片刻，只要有做它自己的感觉，它就会有意识，即使发生的一切只能让它感受到转瞬即逝的痛苦或快乐。

　　我们可以有效地将意识的现象学性质与它的功能和行为性质区分开来。它们指的是意识在我们的思想和大脑运作中可能扮演的角色，以及一个有机体凭借意识体验能够做出的行为。尽管与意识相关的功能和行为是重要的主题，但它们并不是寻找定义的关键。意识首先与主观体验——现象学有所关联。

　　这似乎是显而易见的，但事实并非总是如此。在过去的不同时期，有意识与拥有语言、智慧或表现出某种特定行为相混淆。但意识并不依赖于外在行为，这一点在进入梦境和身体完全瘫痪的人身上表现得尤为明显。如果认为意识需要语言，就意味着婴

---

① 这篇论文是所有心智哲学论文中最有影响力的论文之一。根据内格尔的说法，当且仅当一个有机体具有作为那个有机体是什么样（对于那个有机体来说是什么样）的体验时，它才具有有意识的心理状态。

儿或失去语言能力的成年人，以及大多数非人类动物都缺乏意识。复杂的抽象思维只是意识的一小部分，尽管它可能是人类特有的一部分。

意识科学中的一些著名理论一直强调功能和行为，而不是现象学。其中最重要的是全局工作空间理论[1]，该理论由心理学家伯纳德·巴尔斯（Bernard Baars）和神经学家斯坦尼斯拉斯·迪昂纳（Stanislas Dehaene）等人提出。根据这一理论，当心理内容（感知、思想、情绪等）通达或进入"工作空间"后，他们即变得有意识，从解剖学上讲，"工作空间"分布在大脑皮层的额叶和顶叶区域（大脑皮层是大脑大量折叠的外表面，由密集的神经元组成[①]）。当心理内容在大脑皮层的"工作空间"内传播时，我们便会意识到它，并且，相比于无意识感知，它可以以一种更灵活的方式被用来指导行为。例如，我有意识地察觉到我面前的桌上有一杯水。我可以拿起来喝、把它泼到电脑上（很迷惑人）、为它写首诗或者把它放回厨房，因为我意识到它已经在那里好几天了。无意识感知不允许这种程度的行为灵活性[2]。

另一个被称为"高阶思想理论"的著名理论认为，当出现一个"高阶"的认知过程以某种方式指向心理内容而使它具有意识时，心理内容就会变得有意识。在这个理论中，意识被认为是和诸如元认知（即关于认知的认知）等加工过程密切相关的，即它

---

① 大脑皮层的每个半球有四个脑叶。额叶在大脑前部。顶叶在靠近大脑后部，偏向两侧的地方。枕叶在大脑后部。颞叶在靠近耳朵两侧的地方。有些人发现大脑深处有第五个脑叶，即边缘叶。

再次强调了意识的功能属性，而不是现象学（尽管在程度上弱于全局工作空间理论）。与全局工作空间理论一样，高阶思想理论也强调大脑额叶区域是意识的关键脑区。

虽然这些理论很有趣，也很有影响力，但在本书中我对它们并没有太多要说的。这是因为它们都突出了意识的功能和行为，而我将采取的方法是从现象学开始，即从体验本身开始，因为只有从那里开始才有关于功能和行为的东西。

将意识定义为"任何类型的主观体验"固然简单，甚至听起来微不足道，但这是件好事。当一个复杂的现象没有被完全理解时，过早的精确定义可能会造成限制甚至误导。科学的历史已经多次证明，有用的定义是随着科学理解的发展而发展的，它们是科学进步的支架，而不是起点或终点。例如，在遗传学上，"基因"的定义随着分子生物学的进步而发生了相当大的变化[4]。同样，随着我们对意识的理解的发展，它的定义或数个定义也会发生变化。现在，如果我们接受了意识首先是现象学的观点，那么我们就可以继续探讨下一个问题了。

1

意识是如何产生的？意识体验与我们的大脑和身体内部的生物物理机制有什么关系？它们与原子的漩涡（Swirl of atoms）、夸克（quark）、超弦（Superstrings），或者与最终构成我们整个宇宙的任何事物有什么关系？

这个问题的经典表述被称为意识的"难题"。这个表达是澳大利亚哲学家、认知科学家大卫·查尔默斯在 20 世纪 90 年代初创造的，自那以后，它为意识科学的许多研究设定了议程。他是这样描述的[5]：

不可否认，有些生物体是体验的主体。但是这些系统如何成为体验主体的问题令人困惑。为什么当我们的认知系统参与视觉和听觉信息处理时，我们有视觉或听觉体验，例如，看见深蓝色是怎样的颜色，听到某个音符是怎样的音色。我们如何解释为什么大脑会储存一种心理图像或体验一种情感诸如此类的事情？人们普遍认为，体验源于物质基础，但我们没有很好地解释体验为什么以及如何产生。为什么对物理信息的处理会产生丰富的内在生命世界呢？客观上讲，这似乎不合理，但事实确实如此。

查尔默斯将意识的这个难题与所谓的某个简单问题（或某些简单问题）进行了对比[6]，后者与解释大脑等物理系统如何产生各种功能和行为特性有关。这些功能属性包括处理感觉信号、选择行为和控制行为、集中注意力、生成语言等。这些简单的问题涵盖了诸如我们这样的生物可以做的所有事情，这些事情可以用一项功能（输入如何转换为输出）或者一种行为来说明。

诚然，简单的问题也并不容易。解决这些问题将花费神经科学家几十年甚至几百年的时间。查尔默斯的观点是，简单的问题在原则上是容易解决的，而困难的问题则不然。更准确地说，在查尔默斯看来，对于那些最终需要从物理机制上得到解释的简单问题，从概念上来说不存在障碍。相比之下，对于困难的问题，似乎从来没有这样的解释可以来完成这个工作。明确地说，机制可以被定义为这样一个系统，系统中各个部分可以有因果地相互作用，并产生效应[7]。即使所有简单的问题都一一解决了，困难的问题仍然不可触及。即使我们已经解释了与体验密切相关的所有功能的表现[8]，例如，感知辨别、范畴分类、内在通达、口头报告，却仍然可能还有一个未解的问题：为什么这些功能的表现伴随着体验？

这个难题的根源可以追溯到古希腊，甚至更早。17 世纪，勒内·笛卡尔（René Descartes）将宇宙分解为心灵物[①]和广延物[②]的过程更加凸显了这一难题。这种区别开创了二元论哲学，并使所有关于意识的讨论变得复杂和混乱。这种混淆在对意识进行思考的各种泛滥的哲学框架中表现得尤为明显。

深呼吸，这些"主义"来了。

我偏爱的哲学立场，以及许多神经科学家的默认假设均为物理主义，这种观点认为宇宙是由客观物理世界中的物质组成的，

[①]　心灵物（也称心灵实体或思维物）这种说法来自二元论或理念论，认为心灵是由非物理性的实体构成的。心灵物通常也指意识。——译者注

[②]　广延物是勒内·笛卡尔在他的笛卡尔式本体论（一般也被称为"彻底的二元论"）中提出的三种实体之一，另外两种是心灵物和上帝。在拉丁语中，"res extensa"意指延展的东西。笛卡尔也经常把这一概念翻译为"物质实体"（corporeal substance）。在笛卡尔的"实体 – 属性"模式的本体论中，广延是物质实体的主要属性。——译者注

而意识状态要么是与这种物理物质的特定排列相同，要么是以某种方式从这种特定排列中产生的。一些哲学家使用"唯物主义"这个术语，而不是"物理主义"，但就我们的目的而言，它们可以被视为同义词[9]。

物理主义的另一个极端是唯心主义。这个观点常常与 18 世纪的主教乔治·贝克莱（George Berkeley）联系在一起。此观点认为，意识或心灵是现实的最终来源，而不是有形的东西或物质。问题不在于心智如何从物质中产生，而在于物质如何从心智中产生。

像笛卡尔这样的二元论者尴尬地介于中间，他们认为意识（心灵）和物质是分开的实体或不同的存在模式，这显现出了它们如何相互作用的棘手问题。现在很少有哲学家或科学家同意这种观点。但对许多人来说，至少在西方，二元论仍然很有吸引力。"有意识的体验看似是非物质的"这种诱人的直觉提倡了朴素二元论，看似推动了"事物实际上是如何"的看法。正如我们将在本书中看到的那样，事物的表面现象往往并不能很好地真实反映它们的实际情况。

物理主义中一个特别有影响力的观点是功能主义。和物理主义一样，功能主义是许多神经科学家普遍且经常未明确表述的假设。许多认为物理主义是理所当然的人也认为功能主义是理所当然的[10]。然而，我个人的观点是不可知论且略带怀疑。

功能主义的观点是意识并不取决于一个系统是由什么构成的（它的物理构造），而只取决于系统进行的工作、执行的功能，以及它如何将输入转换成输出。驱动功能主义的直觉认为，心智和意识是由大脑所执行的信息处理加工的形式，尽管严格来说，生物学上的大脑并不是必需的。

请注意，"信息加工"这个术语是如何在这里悄然出现的（就像前几页引用查尔默斯的那句话一样）？这个术语在讨论心智、大脑和意识时非常普遍，所以很容易就被忽略了。这将是一个错误，因为大脑加工信息的说法隐藏了一些强有力的假设。取决于谁在做出假设，这些假设包括诸如将大脑看作是某种计算机，同时将心智（意识）看作是软件，以及关于信息本身是什么的假设。所有这些假设都是危险的。大脑完全不同于计算机[11]，至少与我们熟悉的那些计算机不同。正如我们将在本书后面看到的，"什么是信息"的问题几乎和"什么是意识"的问题一样令人烦恼。这些担忧正是我对功能主义持怀疑态度的原因。

就像许多人所想的那样，从表面上看，功能主义带有一个惊人的暗示，即意识是可以在计算机上模拟的东西。请记住，对于功能主义者来说，意识只取决于系统做什么，而不取决于系统的组成。这意味着，如果你得到了正确的功能关系或者说如果你确保一个系统有正确的"输入—输出映射"的过程，那么将足以产生意识。换句话说，对于功能主义者来说，模拟意味着实例化，即在现实中实现这种意识。

这合理吗？对于某些事情，模拟当然可以算作实例化。一台会下围棋的计算机[12]，比如英国人工智能公司 DeepMind 研发的世界领先软件 AlphaGo Zero，确实具备围棋对弈的技能。但在很多情况下，现实并非如此。例如，天气预报，计算机对天气系统的模拟无论多么详细，系统内都不会真的下雨或刮风。意识更像围棋还是天气？不要期待答案，因为并没有答案，至少现在还没有。只要意识到这里有一个有效的问题就足够了[13]。这就是为什么我对功能主义持不可知论的态度。

接下来，还要探讨两个"主义"。

第一个是泛心主义。泛心主义认为意识是宇宙的基本属性，就和其他属性一样，如质量/能量和电荷；在某种程度上，它无处不在，万物皆有它。人们有时会取笑泛心主义，因为它声称诸如石头和勺子之类的东西，和你我一样，也是有意识的，但这些通常是有意的曲解，旨在让它看起来很傻。泛心主义还有更复杂的版本，其中一些我们将在后面的章节提及，但泛心主义的主要问题并不在于它显而易见的疯狂。毕竟，一些疯狂的想法最终被证明是正确的，或者至少是有用的。泛心主义的主要问题是，它并不能真正解释任何事情，也不能得出可供检验的假设。这是一种很容易揭开难题表面神秘面纱的方法，但接受它则会将意识科学带入经验主义的死胡同[14]。

第二个是神秘主义[15]，与哲学家科林·麦克金（Colin McGinn）有关。神秘主义的观点是，意识可能存在一个完整的物理解释——查尔默斯难题的完整解决方案，但我们人类不够聪明，永远也不会聪明到发现这个解决方案，甚至如果超级聪明的外星人向我们提出一个解决方案，我们也无法识别。对意识的物理理解是存在的，但它远超出了我们的理解能力，就像青蛙无法理解加密货币一样。由于我们人类物种特有的心智局限性，在认知上，这种解释对我们是封闭的。

关于神秘主义我们能说些什么呢？由于我们的大脑和心智的局限性，有些事情我们可能永远无法理解。目前，还没有一个人能够完全理解空客 A380 的工作原理（不过我很乐意身处其中，就像有一次我搭乘它从迪拜回家一样）。当然，有些东西是我们大多数人无法理解的，即使它们在原则上是可以被理解的，比如物理学中的弦论。既然大脑是资源有限的物理系统，并且有些大脑似乎无法理解某些事物，那么似乎就必然存在一些人类永远无法理解的事实[16]。然而，预先未加思索地将意识纳入这种因为物种特异性无知而形成的未知领域中，是没有道理的且显得过于悲观。

科学方法的美妙之处在于它是累积的、递增的。今天，我们中的许多人能够理解一些事情，这些事情在我们的祖先看来，包括在几十年前的科学家和哲学家看来，在原则上都是完全无法理解的。随着时间的推移，一张又一张的"神秘面纱"已经被理性和实验的系统应用揭开。如果我们把神秘主义当作一个严肃的选项，我们还不如全部放弃，回家好了。所以，我们还是不要这么做吧。

这些"主义"提供了不同的方式来思考意识和整个宇宙之间的关系。在衡量它们的优缺点时，关键是要认识到，最重要的不是哪个框架在可证明的意义上是"正确的"，而是哪个框架对于促进我们理解意识是最有用的。这就是为什么我倾向于物理主义的功能不可知论。对我来说，这是追求意识科学最实用且最有成效的思维方式。在我看来，它也是一种最理智的真诚[17]。

2

尽管物理主义很有吸引力，但它并没有被意识研究者普遍接受。对物理主义来说，最常见的一个挑战就是所谓的"僵尸"思想实验。这里讨论的"僵尸"不是电影里那些啃脑的半死僵尸，而是"哲学僵尸"。但我们同样需要摆脱它们，否则，对自然的以及物理主义的意识解释的前景将在我们展开讨论之前就化为一片死水。

"哲学僵尸"指的是一种酷似有意识但实际缺乏意识的生物。一个名为阿尼尔·赛斯的僵尸或许长得像我，行动像我，走路像我，说话像我，但不会有任何做自己的感觉，因为它没有内在宇宙，没有感觉体验。如果问僵尸阿尼尔是否有意识，他会说："是的，我有意识。"阿尼尔甚至会写很多关于意识神经科学的文章，包括一些质疑"哲学僵尸"的想法且与这个话题有关的文章。但这些都不涉及任何有意识的体验[18]。

这就是为什么僵尸想法被认为是对用物理主义解释意识的反驳。如果你能想象出一个僵尸，就意味着你能想象出一个与我们的世界没有区别的世界，但在这个世界里没有意识发生。如果你能想象出这样一个世界，那么意识就不可能是一种物理现象。

这就是僵尸理论无效的原因。僵尸理论，就像许多针对物理主义的思想实验一样，是一种可想象的理论，而可想象的理论在本质上是薄弱的。诸如此类论点，它的可信度与一个人的知识水平成反比。

你能想象一架 A380 倒退飞行吗？你当然可以。想象一下，一架大飞机在空中倒退移动。这种场景真的可以想象吗？你对空气动力学和航空工程了解得越多，它就变得越难以想象。在这种情况下，即使对这些知识只有最基本的了解也能清楚地意识到飞机不能倒退飞行[①]。

从某种意义上说，想象一个"哲学僵尸"轻而易举，只需想象一个没有任何意识体验的自己四处游荡。但我真的能想象吗？为了想象一下"哲学僵尸"，我需要考虑一个庞大网络[19]（生物神经网络）的全部能力与局限性，这种网络是由数十亿个神经元以及无数的突触组成的（突触就是神经元之间的连接），以及胶质细胞和神经递质梯度以及其他类似的元素。所有这些生物神经网络的元素都包含在一个身体内，这个身体与外部世界相互作用，而外部世界又包括其他拥有大脑的身体。我能想象所有这些吗？有任何人能做到吗？我对此表示怀疑。就像 A380 一样，一个人对大脑以及它与意识体验和行为的关系了解得越多，就越难以想象[②]。

---

① 可以倒退飞行的直升机不是飞机。奇怪的是，我很高兴地发现，"helicopter"（直升机）一词的起源并不是我一直认为的"heli"和"copter"的组合，而是"helico"（螺旋）和"pter"（机翼）的组合。它们现在更讲得通了。

② 成年人的大脑包含大约 860 亿个神经元，以及 1 000 倍以上的连接。如果你每秒钟计算一次连接，那么你要花将近 300 万年才能完成。更何况，越来越明显的是，即使是单个神经元也能够独立完成高度复杂的功能。

一件事是否可以想象，往往是一种心理学上的观察，以及对一个人是否具备想象能力进行的观察，而不是对现实本质的洞察。这就是"哲学僵尸"的弱点。我们被要求去想象难以想象的事物[20]，通过这种虚幻的理解行为，得出了关于物理主义解释的局限性的结论。

3

现在我们来看看我所说的真正的意识问题。这是一种思考意识科学的方式，对我来说已经形成多年，吸收并建立在许多人的见解的基础上[21]。我相信，解决真正问题的方法，是意识科学最有可能成功的方法。

根据真正的问题，意识科学的主要目标是解释、预测和控制意识体验的现象学性质。这意味着从大脑和身体的物理机制和加工的角度来解释为什么特定的意识体验是这样的，以及为什么它具有现象学特性。这些解释应该能够让我们预测特定的主观体验何时会发生，并通过干预其底层的机制来控制它们。简而言之，解决真正的问题需要解释为什么特定的大脑活动模式或其他物理过程会映射到特定的意识体验，而不仅是确定它的确如此。

真正的问题不同于难题，因为它（至少不在最初的案例中）并不是解释意识为什么以及如何成为宇宙的一部分。它并不是寻找一种特殊的秘诀，这种秘诀可以从机制中以一种神奇的方式出现意识（或者反之）。它也不同于简单的问题，因为它侧重于现象学，而不是功能或行为。它不会扫除意识的主观方面。由于真正的问题强调机制和过程，因此，它理所当然地与物理主义的世界观相一致，即如何看待心智和物质的关系。

为了弄清这些区别，试问，如何尝试用不同的方法解释"红色性"的主观体验？

从一个简单问题的角度来看，挑战在于解释与红色性的体验相关的所有机制、功能和行为属性。例如，特定波长的光是如何激活视觉系统的？我们在什么条件下会说"那个物体是红色的"？交通信号灯前的典型行为是什么？红色的东西是如何引起某种特定的情绪反应的？

从设计上来说，简单问题方法没有触及任何解释，这些解释关于这些功能性、机制性和行为上的属性为什么以及如何伴随任何现象学——"红色性"的现象学可以体现。相对于没有体验，主观体验的存在性是难题的主要部分。无论你得到多少机制性信息，你都不会没有道理的去问："为什么这种机制与意识体验有关？"如果你走心地思考这个难题，你就会一直怀疑，机制性的解释和"看到红色"的主观体验之间存在着解释上的鸿沟。

真正的问题承认意识体验的存在，并重点关注它的现象学属性。例如，红色性的体验属于视觉体验。它通常但不总是与物体联系在一起，虽然似是表面的属性，却有不同的饱和度。在其他的颜色体验中，它定义了一个类别，尽管在这个类别中，它可以平缓地变化。重要的是，这些都是体验本身的属性，而不是（至少不是主要的）与体验相关的功能属性或行为。真正的问题面临的挑战在于根据大脑和身体中发生的事情来解释，预测和控制这些现象学属性。我们想知道大脑中特定的活动模式，比如视觉皮层[①]中复杂的循环活动，可以如何解释（并预测和控制）为什么某种体验会有其特定方式，而不是其他的方式，如看到红色的体验，为什么不像看到蓝色或感觉牙痛、嫉妒的体验。

不管大多数科学项目的目标现象最初看起来有多神秘，解释、预测和控制都是评估它们的标准。物理学家们在揭示宇宙的秘密方面取得了巨大进步，即在解释、预测和控制宇宙的属性方面，但在弄清楚宇宙是由什么组成的以及它为什么存在的问题上，他们仍然感到困惑。同样，意识科学可以在揭示意识体验的性质和本质方面取得重大进展，而无须去解释它们是如何或为什么恰好是我们生活于其中的宇宙的一部分。

我们也不应该期望科学解释总是在直觉上能令人满意。众所周知，在物理学中，量子力学是反直觉的，但它仍然被广泛接受，因为它为我们当前对物理现实本质的把握提供了最佳的依据。同样，一门成熟的意识科学将允许我们解释、预测和控制现象学的特性，而无须传递出"是的，这是正确的，当然，它就应该是这样"的直觉。

重要的是，意识的真正问题不是承认在难题上的失败。真正的问题会间接地去解决难题，虽然是间接，但它仍然能够解决难题。为了理解为什么会这样，接下来介绍一下"意识的神经关联"。

---

① 视觉皮层位于大脑后部的枕叶。

4

直到现在，意识科学的狼藉声名仍让我感到惊讶，即使在三十多年前，它同样不被看好。1989 年，也就是我在剑桥大学攻读本科学位的前一年，著名心理学家斯图尔特·萨瑟兰（Stuart Sutherland）写道："意识是一种迷人又难以捉摸的现象。我们不可能具体说明它是什么，它做什么，或者它为什么进化。有关意识的文章不值得一读。[22]"《国际心理学词典》（International Dictionary of Psychology）上也出现了同样令人沮丧的结论。这个结论体现了学术界对意识的普遍态度。在我早期的学术生涯中，我经常注意到这种态度。

尽管我当时不知道，在其他地方，远离剑桥的地方，情况会好一些，希望也更多一些。弗朗西斯·克里克（Francis Crick）[与罗莎琳德·富兰克林（Rosalind Franklin）和詹姆斯·沃森（James Watson）共同发现 DNA 分子结构]和他的同事克里斯托夫·科赫（Christoph Koch）都在加利福尼亚的圣地亚哥工作，当时他们正在制定一种后来成为意识科学兴起的主流方法[23]——寻找意识的神经关联。

意识的神经关联（NCC）的标准定义是，足以共同实现任何一种特定的意识感知的最小神经机制[24]。NCC 方法提出，有一些特定的神经活动模式负责任意所有的意识体验，比如"看到红色"的体验。当这个神经活动出现时，红色性的一次体验就会发生，而当它不出现时，红色性的体验就不会发生。

　　NCC 方法最大的优点是它为做研究提供了一个实用的方法。要识别一个 NCC，你所需要做的就是编造一个情境。在这个情境中，人们有时有特定的意识体验，有时没有，同时你需要确保这些条件尽可能地相匹配。在这种情况下，你可以使用功能磁共振成像（f MRI）或脑电图（EEG）[①] 等大脑成像方法，比较两种情况下的大脑活动。特定于意识状态条件的大脑活动反映了这种特定体验的 NCC[25]。

　　"双眼竞争"现象就是一个很好的例子。在"双眼竞争"中，两只眼睛看到的图像不同。比如左眼看到的是一张脸，右眼看到的是一栋房子。在这种情况下，有意识的感知不会停留在一个奇怪的"人脸—房子"嵌合体上。它在脸和房子之间来回翻转，在每一个上面停留几秒钟。首先你看到的是一栋房子，然后是一张脸，然后又是一栋房子……重要的是，即使感觉输入保持不变，意识感知也会发生变化。因此，通过观察大脑中发生的事情，就有可能将追踪意识感知的大脑活动与追踪正在发生的感觉输入的大脑活动区分开来。伴随着意识感知的大脑活动[26] 则被识别为这种感知的 NCC。

　　多年来，NCC 的策略在许多方面已经取得了令人印象深刻

---

　　① 功能磁共振成像测量与神经活动相关的代谢信号（血液氧合）——它提供了高度的空间细节，但只与神经元的活动间接相关。脑电图测量皮层表面附近大量神经元活动产生的微小电信号。这种方法比 fMRI 更直接地追踪大脑活动，但空间特异性较低。

的成果，带来了大量令人着迷的发现，但它的局限性也逐渐凸显出来。其中一个问题是，从一系列潜在的混淆因素中分离出一个"真正的"NCC 是困难的[27]，甚至最终是不可能的，其中最重要的是那些神经事件，它们要么是 NCC 本身的先决条件，要么是它的后果。在"双眼竞争"的情况下，伴随着意识感知的大脑活动可能也会追踪上游（先决条件）的加工过程，比如"集中注意力"；同时在下游（后续加工），则是像"报告"的言语行为，比如你报告声称看到了一栋房子或一张脸。尽管负责注意力和言语报告或其他先决条件以及下游的后续加工过程的神经机制与意识感知的流动有关，但不应与负责意识感知本身的神经机制相混淆[28]。

更深层次的问题是，相关性并不是解释。我们都知道，单纯的关联并不能建立因果关系，但关联无法得到解释同样是事实。即使有越来越巧妙的实验设计和越来越强大的大脑成像技术，相关性本身也永远不能相当于解释。从这个角度来看，NCC 研究策略和难题是天然的伙伴关系。如果我们局限于收集大脑中发生的事情和我们体验中发生的事情之间的相关性，我们总是会怀疑物理和现象之间的解释差距，这一点也不奇怪。但是，如果我们超越建立相关性，去发现将神经机制的属性与主观体验的属性联系起来的解释，就像真正的问题解决方法所倡导的那样，那么这个解释上的差距就会缩小，甚至完全消失。当我们能够预测、解释和控制为什么红色性的感知体验是这样的——而不是像看到蓝色或感到嫉妒那样，那么，红色性是如何发生的谜题就不会那么神秘了，或者可能根本就不再神秘了。

解决真正的问题的目标在于，当我们建立起从物理到现象学之间坚固的解释桥梁时，意识永远无法用物理术语来理解的难题直觉将会逐渐消失，最终烟消云散，就像形而上学的问题一样。到那时，我们就有了一门令人满意的并最终令人完全满意的意识体验科学[29]。

有什么能证明这一目标是合理的？想想过去一两个世纪以来，对生命的科学理解是如何成熟起来的，你就会找到答案。

5

不久以前，生命似乎和今天的意识一样神秘。当时的科学家和哲学家都怀疑物理或化学机制能否解释有生命体征这种体验的特性。生物与非生物，生命体与非生命体之间存在本质上的区别，以至于人们认为无法用任何形式的机制性解释来弥合这种差异。

这种生命主义哲学在 19 世纪达到了顶峰。它得到了一些著名生物学家的支持，比如约翰内斯·缪勒（Johannes Müller）和路易·巴斯德（Louis Pasteur），并且一直持续到 20 世纪。生命主义者认为[30]，生命的特性只能用一些特殊的元素来解释，例如，生命的火花、生命冲力。但我们现在知道，不需要特别的神秘元素。今天，生命主义在科学界遭到了彻底的拒绝。虽然关于生命还有很多未知的东西，例如细胞是如何工作的，但认为有生命体征需要一些超自然因素的观点已经失去了所有的可信度。生命主义的致命缺陷是把想象力的失败解释为对必然性的洞察。这与僵尸论点的核心缺陷是一样的。

生命科学能够超越生命主义的短浅目光，要归功于对实践性进展的关注，即对生命意义的"真正问题"的强调。生物学家们没有被生命主义的悲观态度吓住，而是继续描述生命系统的特性，然后从物理和化学机制的角度解释、预测和控制这些特性。繁殖、新陈代谢、生长、自我修复、发育、自我调节，所有这些，不论是从个体的还是集体的，都服从机制性的解释。随着细节被填充（它们仍在被填充着），不仅"什么是生命"这一基本问题的神秘色彩逐渐褪去，生命的概念也发生了变化，"活着"不再被认为是一种全或无的单一属性。灰色地带出现了，以病毒而闻名，但现在也出现了合成生物，甚至是油滴的集合，每一个都具有生命系统的一些特征，但不是全部。生命变得自然化了，并且变得更加令人着迷。

这种对比既是乐观主义的源泉，也为解决意识的真正问题提供了一种实用的策略。

令人高兴的是，早在几代人之前，生物学家就开始研究生命本质，今天的意识研究人员所面临的情况可能与那些生物学家所面临的情况类似。现在被认为神秘的东西可能并不总是神秘的。随着我们继续解释意识的各种属性，从它们的潜在机制来看，也许"意识是如何发生的"这个问题的神秘色彩将会逐渐褪去，就像"什么是生命"这个问题的神秘色彩逐渐消失了一样。

当然，生命和意识之间的类比并不完全正确。最明显的是，生命的属性是客观可描述的；而意识科学的解释对象是主观的，它只存在于第一人称中。然而，这并不是一个不可逾越的障碍。这主要意味着，因为解释对象是主观的，所以相关数据很难收集。

这种实用的策略源于这样一种见解：意识就像生命一样，并不是单一的现象。通过将注意力从生命这个可怕的大谜团转移开，生物学家变得不那么倾向于渴望或要求找到一个令人惊奇的解决方案[31]。相反，他们将生命的问题划分为若干相关但可区分的过程。将同样的策略应用于意识，在这本书中，我将聚焦于水平、内容和自我这三个关于"做自己"这种体验的核心属性。通过这种方式，所有关于意识体验的充实画面将会浮出水面。

6

意识的水平关注的是"我们有意识的程度有多深"，从完全没有任何意识体验，如昏迷或脑死亡，到伴随我们正常生活的清醒的意识状态。

意识的内容是关于我们意识到的东西，包括视觉、声音、气味、情感、情绪、思想和信念，它们构成了我们的内心世界。意识内容是各种各样的感知，即基于大脑对感觉信号的解释，这些信号共同构成了我们的意识体验。感知，正如我们将要看到的，可以是有意识的，也可以是无意识的。

然后是有意识的自我——是"做自己"的特定体验，也是本书的主旨。"做自己"的体验是有意识内容的一个子集，包括拥有特定身体的体验、第一人称视角、一系列独特的记忆，以及情绪、情感和"自由意志"的体验。自我可能是我们最执着于意识的一个方面，以至于我们很容易把自我意识（"做自己"的体验）和意识本身（任何主观体验的存在，任何现象学的存在，等等）混为一谈。

在做出这些区分时，我并不是说意识的这些方面是完全独立的。事实上，他们之间也并非彼此独立，并且弄清楚它们之间的关系是意识科学的另一个重大挑战。

尽管如此，用这些宽泛的术语来划分意识的真正问题有很多好处。通过提供不同的目标进行解释，提出能够完成解释、预测和控制工作的可能机制变得更加可行。同样重要的是，它反驳了那种认为意识只是"一件事"——一个可能完全无法用科学解释的令人生畏的谜题带有局限性的观点。相反，在不同物种中，甚至在不同的人中，我们将看到不同的意识属性如何以不同的方式结合在一起。有多少种不同的有意识的生物体，就有多少种不同的意识方式。

最终，难题本身可能会屈服，这样我们就能理解意识与自然界的其他部分是连续的，而不必采用任何武断的"主义"来阐述现象学和物理学是如何关联的。

这是真正问题的承诺。想知道它能让我们走多远，请继续阅读。

第二章 测量意识

你的意识现在有多清醒？是什么让人觉得自己是有意识的，而不是像一大块活着的肉，或是没有生命的硅，没有任何内在的宇宙？新的理论和技术使科学家能够首次测量意识的水平。为了更好地理解这项新研究，让我们来看看它的发展根源。

17 世纪在巴黎塞纳河左岸的天文台下面有一个幽暗且凉爽的地窖。这个地窖在科学史上扮演了一个令人惊讶的角色——展示了测量在知识进步中的重要性。

当时的哲学家和科学家（尽管他们彼时还并不被人们称为科学家），都在竞相研发可靠的温度计，以此来获得对热量本质的物理理解。流行的"热质说"（Caloric Theory）认为，热量是一种可以进出物体的物质，这种理论在当时正在逐渐"失宠"。对这些理论的修改需要进行精确的实验，在这些实验中，物体的热度或冷度可以被系统的评估。这样的实验既需要一种测量热量的方法，也需要一种可以比较不同度量的尺度。研制可靠的温度计和温度标度的竞赛开始了。但是，如果没有一个经过充分验证的标度，又如何能确定温度计的可靠性呢？而在没有可靠的温度计的情况下，又如何开发一种温度标度？

解决这个难题的第一步是找到一个固定点——一个不会变化的参考点，这个参考点通常被认为或假设具有恒定不变的温度。即使这样参考点的选择也很有挑战性。像水的沸点这样具有前途的候选参考点，也被认为受到诸如气压等因素的影响，而气压又会随着海拔和天气的变化而变化，甚至还受玻璃容器表面粗糙度等细微因素的影响。正是由于各种的不确定性，有一段时间，巴黎的地窖似乎是温度固定点的合理选择，因为它似乎保持着恒定的凉爽度（这并不是唯一不寻常的建议，也许最奇怪的说法来自一个叫约阿希姆·达伦斯[1]的人，他建议使用黄油的熔点）。

最终，既可靠又精准的水银温度计被发明了，这导致"热质说"被一门新科学——热力学所取代，这是一场与路德维希·玻尔兹曼[2]和开尔文勋爵[3]等传奇人物有关的革命。在热力学中，温

---

① 约阿希姆·达伦斯¹（Joachim Dalencé），天文学家、物理学家。对主要气象仪器进行了详细的描述，并提出了一些新的观点，如根据两个状态变化点对温标进行校准，即水的结冰点和（更有争议的）黄油的熔点。——译者注

② 路德维希·玻尔兹曼（Ludwig Boltzmann），奥地利物理学家、哲学家。作为物理学家，他最伟大的功绩是发展了通过原子性质（如原子量、电荷量、结构等）来解释预测物质物理性质（如黏性、热传导、扩散等）的统计力学，并且从统计概念出发，完美阐释了热力学第二定律。——译者注

③ 第一代开尔文男爵威廉·汤姆森（William Thomson），即开尔文勋爵（Lord Kelvin），是在北爱尔兰出生的英国数学物理学家、工程师，也是热力学温标（绝对温标）的发明人，被称为"热力学之父"。他在格拉斯哥大学时与休·布来克本（Hugh Blackburn）进行了密切的合作，研究了电学的数学分析，将第一和第二热力学定律公式化，把各门新兴物理学科统一成现代形式。他因认识到了温度的下限（绝对零度）而广为人知。——译者注

度是物质内分子运动的宏观尺度特征，具体来说，就是平均分子动能。物质内分子移动越快，物体温度越高。热量是在两个不同温度的系统之间传递的能量。重要的是，热力学不仅建立了平均动能与温度的相互关联，它更是指出了温度实际上就是平均动能。有了这个新理论，科学家们就可以讨论太阳表面的温度了，甚至可以确定一个"绝对零度"。理论上在绝对零度下所有分子运动都会停止。早期以测量特定物质为基础的标度（如摄氏度、华氏度）被以测量潜在物理性质为基础的标度（开尔文，以开尔文勋爵的名字命名）所取代。温度和热能的物理基础不再是一个谜。

　　我第一次读到这个故事是在历史学家张夏硕所著的《发明温度》[2]（*Inventing Temperature*）一书中。在那之前，我从未充分认识到科学进步可以在多大程度上依赖于测量。温度测量学的历史以及它对我们理解热量的影响为我们提供了一个生动的例子，说明了在由固定参考点所定义的标尺上进行详细定量测量的能力，是如何能够将神秘的事物转变成可理解的事物。

　　同样的方法也适用于意识吗[3]？

1

　　哲学家们有时会讨论一种假想的"意识测量仪"，它能够确定某物、某人、动物或机器是否有意识。在 20 世纪 90 年代的一次会议上，当时正是这个难题的鼎盛时期，大卫·查尔默斯拿起一个旧吹风机指着自己的头强调，如果"意识测量仪"真的存在的话，它的作用不可估量。把你的"意识测量仪"对准某样东西，它将显示出答案。关于迷人的意识能延伸多远已不再神秘。

然而，正如温度的故事所显示的那样，测量的价值不仅在于提供一种性质存在与否的答案，还在于使有可能改变科学认识的定量实验成为可能[4]。

如果意识被证明是类似于温度的东西，也就是说，如果有一个单一的物理过程作为基础，并且这个物理过程等同于意识的话，那么回报将是惊人的。我们不仅能够确定一个人的意识有多强，还能够明智地探讨意识的特定水平和程度，以及那些除人类意识之外的各种意识。

即使意识的故事有不同的结果，它不像温度，更像生命，但就像我怀疑的那样，进行精确测量的能力仍然是构建解释桥梁的必要步骤，也是解释、预测和控制主观体验本质的必要步骤。在任何一种情况下，测量将定性转化为定量，将模糊转化为精确。

测量也有实际的动机。每天有超过 400 万人使用麻醉剂[5]。麻醉的效果由其剂量决定，即在不过量的情况下，使病人暂时处于昏迷状态。在实现这种微妙的平衡方面，一个可靠而精确的"意识测量仪"将具有明显的价值，特别是因为麻醉通常伴随着神经肌肉阻滞剂，会使肌肉暂时麻痹，这样外科医生可以不受肌肉反射的影响进行手术。而且，我们很快就会看到，在严重脑损伤后，当病人被诊断为处于"植物人状态"或"最低意识状态"时，我们迫切需要用新的方法来判断他是否还有意识。

事实上，基于大脑的意识监视器已经在手术室中被使用了多年，最常见的是"双谱指数"监视器[6]。虽然这些细节隐藏在专利之下，但其基本概念是将一系列脑电图测量数据合并成一个不断更新的数字，用于在手术过程中指导麻醉师。这是一个很好的想法，但"双谱指数"监视器仍然存在争议[7]，部分原因是它们的读数与意识的其他行为迹象不一致。比如，在手术中患者会睁开眼睛，或者会记得外科医生说过什么。当涉及意识科学时，一个更深层次的问题是，双谱指数并不是基于任何有原则的理论。

　　在过去的几年里，新一代"意识测量仪"已经开始成型，不是在手术室，而是在神经科学实验室。与之前的意识监视器不同，这些新方法与正在兴起的对大脑意识基础的理论理解紧密相关，而且它们已经显示出了实用价值。

2

　　测量人类的意识水平与判断一个人是醒着还是睡着是不一样的。意识水平和生理觉醒不是一回事。虽然这两者通常高度相关，但意识（感悟能力）和觉醒（唤醒）可以以不同的方式区分开来，这足以表明它们不能依赖于相同的潜在生命机理。当你做梦时，按照定义来讲，你是睡着了，但同时你拥有丰富多样的意识体验。另一种极端情况是灾难性的状态，如植物人状态（现在也被称为"无反应性觉醒综合征"），患者仍在睡眠和觉醒之间循环往复，但没有表现出有意识感悟能力的行为迹象，就像空无一人的家中，灯光若隐若现。图 2.1 说明了在各种不同的情况下——包括正常的和病理的情况下，意识和觉醒之间的关系。

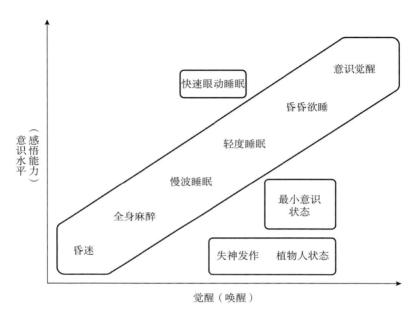

图 2.1　意识水平（感悟能力）与觉醒（唤醒）之间的关系

为了追踪意识水平，我们需要厘清"什么是大脑中意识的基础"，而不仅限于"什么是觉醒的基础"。是和所涉及的神经元的个数有关吗？答案似乎是否定的。小脑，也就是位于大脑皮层后部的"小脑子"拥有的神经元数量是大脑其他部分总和的四倍[8]，但看起来几乎不参与意识活动。有一种罕见病叫作小脑发育不全，人们无法发育出正常小脑的任何东西，但仍能过着基本正常的生活。当然，没有任何理由怀疑他们是否有意识[9]。

神经元活动的总体程度如何？大脑在有意识状态下是否比无意识状态下更活跃？也许，在某种程度上，确实如此，但不太多。尽管处在不同意识水平的大脑能量消耗存在差异[10]，但这些差异微乎其微，而且肯定没有意识消退时大脑"关闭"的说法。

相反，意识似乎取决于大脑的不同部分如何相互交流。同时大脑不是作为一个整体，其中起重要作用的神经活动模式似乎位于丘脑皮层系统内——大脑皮质和丘脑（一组椭圆形的大脑结构，位于皮层下方的"神经核团"，并与皮层错综复杂地相连接）的组合。最新的测量意识水平，并将其与觉醒状态区分开来的研究方式是令人兴奋的，这些方法是基于追踪和量化上述这些相互作用的。这种想法最具潜力的版本是可以用一个数字来表示一个人的意识有多强，就像温度计一样。

3

这种新方法由意大利神经学家马尔切洛·马西米尼（Marcello Massimini）率先提出，最初是与威斯康星大学麦迪逊分校著名的意识研究员朱利奥·托诺尼（Giulio Tononi）合作，最近是与米兰大学他自己的团队合作。他们做的实验简单且精巧。为了测试大脑皮层的不同部分是如何相互交流的，他们刺激了一个脑区的神经活动，并记录了这种神经活动脉冲是如何在空间和时间上传播到其他皮层区域的。他们结合了两种技术：脑电图和经颅磁刺激（TMS）。TMS 装置是一个可被精确控制的电磁线圈，研究人员可以将一个短暂而锐利的电磁脉冲能量经由颅骨传递到大脑中，而脑电图则用来记录大脑对这种电磁脉冲的反应。这就像用电锤敲打大脑，然后去听回声。

也许令人惊讶的是，人们很少能注意到 TMS 电磁脉冲本身，除非它做了一些明显的事情，比如引起一个运动（当 TMS 电磁线圈被放置在控制动作的运动皮层上）或一个简单的视觉闪光（一种"光幻视"，当视觉皮层被刺激激发时就会发生）。如果电磁脉冲导致你的面部和头皮的肌肉痉挛，你会感觉到疼痛。但在大多数情况下，由经颅磁刺激引起的对大脑活动的巨大干扰并不会对意识体验产生任何改变。也许这并不令人惊讶，只是表明我们不知道我们的神经元在做什么。

尽管我们不能直接感受到经颅磁刺激脉冲，但马西米尼和托诺尼发现，它们的电回声可以用来区分意识的不同水平。在无意识状态下，如无梦睡眠和全身麻醉，这些回声非常简单。最初，被电击的那部分大脑会产生强烈的反应，但这种反应很快就会消失，就像把石头扔进静水中所产生的涟漪一样。但在有意识状态下，反应是截然不同的。一个典型的回声范围广泛地覆盖皮层表面，以复杂的模式消失和重现。这些穿越时间和空间的模式的复杂度[11]意味着大脑的不同部分，特别是丘脑皮层系统，比起在无意识状态下，有意识的状态会以更复杂的方式相互交流。

虽然这两种条件之间的差异很容易通过观察数据看出，但这项工作真正令人兴奋的是，回声的复杂度是可以量化的。我们可以用一个数字来表示复杂度的大小。这种方法被称为"刺激—压缩"，它利用经颅磁刺激来激发大脑皮层，然后用计算机算法将得到的反应，即电回声，"压缩"成一个数字。

"压缩"部分使用的算法与将数码照片压缩成更小文件时使用的算法相同。无论是你度假的照片，还是在时间和空间上贯穿大脑的电回声，任何模式都可以被表示为 1 和 0 的序列。对于任何非随机序列，都会有一个压缩的表征[12]，一个更短的数字字符串，可以用来重新生成原始序列。最短的可被压缩表征的长度称为"序列的算法复杂度"。对于完全可预测的序列（例如完全由 1 或 0 组成的序列），算法复杂度最低；对于完全随机的序列，算法复杂度最高；对于包含一定数量可预测结构的序列，算法复杂度介于中间。"压缩"算法计算的所谓的"蓝波—立夫—卫曲奇复杂度"（简称"LZW 复杂度"），是一种用于估算任意给定序列的算法复杂度的流行方式。

马西米尼和他的团队将他们在实验中记录的回声测量称为"扰动复杂性指数"，简称 PCI。它使用 LZW 复杂度来测量大脑对扰动（TMS 脉冲）反应的算法复杂度。

他们首先验证了测量结果，表明在无意识状态下，如无梦睡眠和全身麻醉，PCI 值确实低于清醒休息状态下的意识基线状态。这是让人放心的，但是 PCI 方法的真正强大之处在于它定义了一个连续的标度，允许我们对意识水平进行更细致的区分。在 2013 年的一项里程碑式的研究中[13]，马西米尼的团队测量了有大量意识障碍的脑损伤患者的 PCI 值。他们发现 PCI 值的强度与神经学家独立诊断的损伤程度有极好的相关性。例如，植物人（尽管保持觉醒，但意识被认为是不存在的）的 PCI 值比最低意识状态的人低，最低意识状态的行为迹象忽隐忽现。他们甚至能够在表明有意识的 PCI 值和表明意识缺失的 PCI 值之间画出一条分界线。

在萨塞克斯大学我的研究小组中，我们一直在研究用类似的方法来评估意识水平。但是，我们不是用 TMS 将能量脉冲传递到大脑皮层，而是测量正在进行的、自然的（我们称之为"自发的"）大脑活动的算法复杂度。把它想成没有"刺激"的"压缩"。在我的同事亚当·巴雷特（Adam Barrett）和博士生迈克尔·夏特纳（Michael Shatner）主持的一系列研究中[14]，我们通过脑电图测量发现，大脑皮层自发活动的复杂度在早期睡眠和麻醉时确实降低了。我们还发现，快速眼动睡眠（REM）期间的大脑活动复杂度与正常意识觉醒状态下的复杂度大体相同，这是有道理的，因为快速眼动睡眠时做梦的可能性最大，而梦是有意识的。马西米尼和他的团队在他们的 PCI 测量中发现了相同的结果模式[15]，进一步支持了这些测量是追踪意识水平而不是觉醒程度的说法。

4

独立于觉醒状态测量意识水平的能力不仅在科学上很重要，而且对神经科医生和他们的病人来说，这可能会改变"游戏规则"。马西米尼 2013 年的研究已经表明，PCI 可以区分植物人状态和最低意识状态。因为像 PCI 这样的测量不依赖于外部可见的行为，以致于它们在这种情况下是如此强大。觉醒、生理唤醒是根据行为来定义的。在临床上，神经学家通常在一个人对感觉刺

激做出反应时推断他是醒着的，比如听到一声巨响或感觉手臂被
拧了一下。但意识是根据内在的主观体验来定义的，因此只能间
接地与我们从外部看到的事物相关。

　　确定脑损伤病人意识状态的标准临床方法[16]仍然依赖于行
为。通常情况下，神经学家会评估病人是否不仅对感觉刺激有反
应（这是生理觉醒的标志），而且还能通过对指令做出反应，或
通过自愿行为与环境进行互动。当病人能遵从由两部分组成的任
务要求，并能清楚地说出自己的姓名和当天的日期时，我们推断
病人有完整的意识。这种方法的问题在于，有些病人可能仍然拥
有内心的声音，但无法将其表达出来。纯粹基于行为的推断将忽
视这些病例，即在意识存在的情况下被诊断为意识缺失。

　　一个极端的例子是"闭锁综合征"。在这种情况下，尽管身
体完全瘫痪，但意识仍然充分存在。这种罕见的疾病会随着脑干
的损伤出现[17]。脑干是位于大脑底部以及脊髓顶部的一个区域，
它调节并控制身体和面部的肌肉。由于解剖学上的特殊情况，"闭
锁综合征"患者仍然可以保留有限的眼球运动能力，这为诊断和
交流打开了一个狭窄而容易被错过的行为通道。*Elle* 杂志的前编
辑让－多米尼克·鲍比（Jean-Dominique Bauby），1995 年因脑出
血而成了"闭锁综合征"患者。他就是用眼球运动与旁人沟通，
从而写作完成了一整本书——《潜水钟与蝴蝶》[18]。所谓的完全
性"闭锁综合征"患者甚至缺乏这条交流通道，使诊断更加困
难。当只依赖行为时，人们很容易将"闭锁综合征"误认为是意
识的完全和永久性缺失。但是，用大脑扫描仪来扫描像鲍比这样

的人的大脑，很容易就能看到他们的整体大脑活动几乎是完全正常的。在马西米尼 2013 年的研究中，"闭锁综合征"患者的 PCI 值与年龄匹配的健康对照组被试的 PCI 值没有区别，这表明其意识完好无损。

更具挑战性的病例出现在生与死之间的灰色地带，比如植物人状态和最低意识状态。在这些边缘地带，意识的行为迹象可能缺失或不一致，同时大脑损伤的范围之广，以至于进行脑部扫描也可能无法确定。正是在这里，像 PCI 这样的测量方法才可能真正改变"游戏规则"。当一个病人的 PCI 值显示他有意识时，即使他的其他一切行为都表明他没有意识，那么这个病人也值得再检查一遍。

马尔切洛·马西米尼最近告诉我一个案例，PCI 值的测量可以发挥重要作用。一名头部严重受伤的年轻人被送进了米兰的医院。他对简单的问题和命令毫无反应，因此被诊断为植物人。但他的 PCI 值与一个健康的、意识完全清醒的人一样高，因为他没有"闭锁综合征"，所以这是一个令人困惑的检查结果。临床团队最终找到了他的一个亲戚，是他从北非来到意大利的叔叔，他的家人仍然住在北非。当这个叔叔开始用阿拉伯语和他的侄子交谈时，他的侄子立即做出了反应：开玩笑时微笑，甚至在看电影时竖起大拇指。他的意识一直都是清醒的，只是对意大利语没有反应。很难说这是为什么。马西米尼认为，这可能是一个关于"文化忽视"的奇怪案例[19]，就好像意大利语世界对他来说已经不再重要了。不管怎样，如果没有 PCI 测量的电回声显露真相，那么这个年轻人的故事可能会以非常不同的方式结束。

对脑损伤患者残存意识的诊断是医学中一个发展迅速的领域。和马西米尼的 PCI 一样，现在还有其他几种方法正从实验室转移到临床。我最喜欢的是神经学家阿德里安·欧文（Adrian Owen）和他的团队在 2006 年进行的著名的"室内网球"实验。在欧文的实验中，一名 23 岁的女性在一次交通事故后行为反应迟钝，研究者用功能磁共振成像扫描仪为她检查，并给予她一系列的口头指示。有时她被要求想象打网球，而有时候她被要求想象在房间里散步。从表面上看，因为这样的病人对任何事情都没有反应，更不用说听从复杂的口头指示了，所以要求她想象这些行为似乎是一件奇怪的事情。然而，对健康人的研究表明，想象流畅运动（比如打网球）的大脑区域与想象在空间中导航的大脑区域截然不同[①]。值得注意的是，欧文的病人表现出了完全相同的大脑反应模式，这表明她也在积极地通过参与高度具体的心理想象来遵循指示。几乎不可能想象，任何人在无意识的情况下能做到这一点，所以欧文得出结论[20]，对其植物人状态的行为诊断是错误的，而这位年轻女子实际上是有意识的。事实上，欧文和他的团队改造了一个大脑扫描仪，让他的病人可以用她的大脑而不是身体与环境互动。

随后的研究更进一步，欧文的方法不仅用于诊断，还用于交

---

① 想象（和执行）流畅的动作会激活皮层区域，如辅助运动区，而想象空间导航会激活其他区域，如海马旁回。从解剖学上讲，这些脑区彼此距离相当远。不出所料，这两种想象任务都激活了听觉和语言加工区域。

流。在 2010 年由马丁·蒙蒂（Martin Monti）主持的一项研究中，一位病人被诊断为植物人，所以他自然不会说话，可是他可以通过想象不同的情况来回答研究人员的"是 / 否"式的问题。如果他想象自己打网球，那意味着他的回答为"是"，如果他想象自己在家里散步，那意味着他的回答是"否"。当然，这是一种费力的沟通方式[21]，但对于那些没有其他方式让别人理解自己的人来说，这是一个能改变他们生活的进步。

有多少没有反应但意识清醒的人会被遗忘在神经科病房和疗养院里？这很难知道。欧文的方法比 PCI 更古老，也促进了更多的研究，最近的一项分析表明，10%—20% 的植物人可能保留着某种形式的隐性意识[22]，这一数字放在全世界来说就是成千上万。这一数字还很可能被低估了。为了通过欧文测试，患者仍然需要理解语言，并进行长时间的心理想象，尽管有些人有意识，但他们可能无法做到这些。在这一点上，像 PCI 这样的新方法尤其重要，因为它们承诺能够检测残余意识，而不需要患者做任何事情。就像一个真正的"意识测量仪"应该做的那样。

5

"意识水平"的概念，正如我目前使用的这个概念，揭示了一个人的意识程度相对全面的变化，比如正常觉醒和全身麻醉或植物人状态之间的区别。然而，我们还可以用其他方式来思考意识水平可能意味着什么。例如，婴儿的意识水平比成人的低吗？

乌龟的意识水平比这两者都低吗？

沿着这些思路思考当然是有危险的。这些问题诱使我们假设，对任何形式的意识来说，偏离健康的成年人的意识在某种程度上更弱，或更低。这种思维方式是人类例外主义的特点，它一再困扰生物学，因为它使世界各地的人类思想史变得黑暗。意识有许多属性，将健康成人的特定属性与意识所有形式的本质相混淆，然后假设健康成人的意识处于单维尺度的顶端，这是错误的。无论是在任何单一动物（人类或非人类）的发展过程中，还是在巨大的进化过程中，意识体验肯定会随着时间的推移而出现。但是，无论是把任意一个过程描述为沿着一条直线展开，还是最终达到成年人理想中的状态，即"做你自己"或"做我自己"，都是一个相当大的飞跃。这是意识和温度之间的类比 [23]（这个类比我在本章开始时提到过），受到限制的一个方式。

一个相关的问题是，意识是否"全有或全无"，灯光是亮的还是不亮的，或者意识是否被"分级"，即意识和意识的缺失之间有没有明确的界限。这个问题同样适用于进化或发展过程中意识的出现，以及何时从麻醉或无梦睡眠的遗忘中回归。虽然这个问题很诱人，但我认为这是一种误导。"全有或全无"和"分级"意识之间的区别并不一定是非此即彼。无论是在进化中、在发展中、在日常生活中，还是在神经科病房中，我更倾向于从完全没有意识到至少有一些意识体验的存在的急剧转变来思考，一旦内心的光芒开始闪耀，意识体验也许就会沿着不同的维度，以不同的程度显现出来。

以一个典型的成年人为例。他做梦时的意识水平，比他吃完丰盛的午餐、心不在焉地处于半昏迷状态时更高或更低吗？像这样的问题没有直接的答案。在某些方面，做梦可能是更有意识的。例如，感知现象学的生动性；但在另一些方面，做梦可能是不那么有意识的。例如，对正在发生的事情的反思性洞察力程度①。

认真对待意识的多维度水平的一个重要结果是，意识水平和意识内容之间的明显区别消失了。将你多么有意识与你所意识到的东西完全分开，就没什么意义了。如果我们过于字面理解温度的类比，那么一刀切的意识测量方法，或是某种我们期望的类似的方法，就永远不足以来测量意识。

一个关于意识水平和意识内容如何相互作用的例子，来自我们几年前进行的一项关于迷幻状态下大脑活动的研究。因为迷幻药物通过对大脑进行简单的药理学干预，会引起意识内容的深刻改变，所以，在其众多用途中，迷幻药物为意识科学研究发展提供了独特的机会。

1943 年 4 月 19 日，麦角酸二乙胺（LSD）的发明者——瑞士化学家艾伯特·霍夫曼（Albert Hofmann），在从巴塞尔山德士制药公司的实验室回家的途中，记录了这些变化有多么的戏剧性[25]。

---

① 反思性洞察力保存在罕见的"清醒梦"状态。在这种状态下，做梦者意识到自己在做梦，并能主动指导自己的行为。在最近的一项引人注目的研究中，研究人员能够在清醒梦境中通过眼球运动与人交流[24]，就像之前描述的那些"闭锁综合征"患者一样。这些做梦者能够正确地回答简单的数学问题和各种"是 / 否"式的问题。

这一天，现在被称为"自行车日"，他决定吞下一小部分他最近的发现——麦角酸二乙胺。不久之后，他开始觉得药效发作，接着就骑着自行车回家了。在经历了各种痛苦之后，他不知怎么回到了家里，他认为自己要疯了，于是他躺在沙发上，闭上了眼睛。后来，艾伯特描述道：

> 渐渐地，我开始感受在我闭上眼睛后那些持续存在的前所未有的色彩和形状的变化。万花筒般的奇妙图像涌进我的脑海，它们繁杂并交替着以圆圈和螺旋的形式打开和关闭，在彩色的喷泉中爆炸，在不断的流动中重新排列和混合……

在迷幻状态下，生动的感知幻觉经常伴随着不寻常的自我体验，即通常被描述为"自我消解"，其中自我与世界以及他人之间的边界似乎发生了转移或瓦解。这些偏离"正常"意识体验的行为是如此普遍，以至于迷幻状态可能不仅代表了意识内容的变化，也代表了整体意识水平的改变。这就是我们在与伦敦帝国理工学院的罗宾·卡哈特-哈里斯（Robin Carhart-Harris）和奥克兰大学的苏雷什·穆素库马拉斯瓦米（Suresh Muthukumaraswamy）合作中产生并打算验证的想法。

2016 年 4 月，我和罗宾在亚利桑那州图森市外的圣卡塔琳娜山麓参加一个会议。我们都被邀请去做关于我们研究的报告，于是我们利用这个机会来探索在迷幻状态的背景下我们对意识的研究兴趣有多大重合度。关于 LSD 和其他迷幻化合物，如裸盖菇素（神奇蘑菇的活性成分）的科学和医学研究，被科学界忽视了数十年后，最近才又重新开始受到关注。在霍夫曼的自我实验之后，对 LSD 治疗包括成瘾和酗酒在内的一系列心理疾病出现了短暂的研究繁荣，并取得了非常有希望的结果。但随后将 LSD 作为一种消遣性药物和叛逆的象征，被蒂莫西·利里（Timothy Leary）等人传播开来，导致几乎所有此类研究在 20 世纪 60 年代末被关停。直到 21 世纪初，才有实质性的新研究重新启动[26]——将那年科学停滞的车轮又推动了起来。

在神经化学的层面上，经典的致幻剂——LSD、裸盖菇素、三甲氧苯乙胺和二甲基色胺（DMT，南美一种叫"死藤水"的致幻剂中的活性成分）主要通过影响大脑的血清素系统发挥作用。血清素是大脑主要的神经递质之一，化学物质通过大脑回路，影响神经元的交流。迷幻药通过与一种特定的血清素受体（5-HT2A 受体）强烈结合来影响血清素系统，这种受体遍布大脑的大部分区域。迷幻药研究的主要挑战之一是了解这些低水平的药理学干预如何改变大脑活动的整体模式，从而对意识体验产生深刻的改变。

罗宾的团队之前发现，与安慰剂对照试验相比，迷幻状态涉及大脑动力学的显著改变[27]。通常协同活动的大脑区域所组成的网络，即所谓的"静息状态网络"，变得不再耦合，而其他通常或多或少独立活动的区域则连接起来。总体来看，我们所看到的图像是在正常情况下表征大脑活动的连接模式的分解。罗宾认为，这些分解可以解释迷幻状态的标志性特征，比如自我和世界之间界限的瓦解，以及感觉的混乱。

我们意识到，罗宾收集的数据非常适合算法复杂度分析，我在萨塞克斯的团队一直将这类分析应用于睡眠和麻醉。特别是，罗宾团队的一些脑部扫描是使用脑磁图（MEG）进行的，这提供给我们所需要的高时间分辨率[28]和全脑的信号覆盖。他们用脑磁图测量了服用裸盖头素、LSD 或低剂量氯胺酮的志愿者的大脑活动（虽然大剂量的氯胺酮能起到麻醉剂的作用，但小剂量的氯胺酮更多的是具有致幻作用）。我们可以用这些数据来回答这个问题：当意识内容像一场迷幻之旅那样发生巨大变化时，对意识水平的测量会发生什么变化？

回到萨塞克斯，迈克尔·夏特纳和亚当·巴雷特计算了三种迷幻状态下大脑不同区域脑磁图信号算法复杂度的变化。结果清晰且令人惊讶：与安慰剂对照组相比，裸盖菇素、LSD 和氯胺酮导致意识的水平有所提高[29]。这是第一次有人发现，相对于清醒休息的状态的基线，意识水平的测量有所提高。在之前研究的所有对比中，无论是通过睡眠、麻醉还是意识障碍，这些测量指标都是下降的。

要理解这个结果意味着什么，请记住，我们使用的算法复杂度的测量最好被认为是对大脑信号的随机程度的测量，或大脑信号"信号多样性"的测量。一个完全随机的信号序列的算法复杂度将达到最高，多样性也最大化。因此，我们的发现补充了罗宾之前的研究，表明迷幻状态下的大脑活动随着时间的推移变得更加随机[30]，这与人们在迷幻之旅中经常报告的感知体验的自由重组一致。它们还揭示了意识水平和意识内容之间如何关联。这是一个测量意识水平的例子，意识水平对表征迷幻状态的意识内容的广泛变化做出了响应。意识水平的测量对意识内容的变化也十分敏感，这一事实表明，它们不是意识相互独立的方面。

我们对迷幻状态意识的分析结果显示出了一个令人不安的前景。以算法复杂度来衡量大脑活动的极度随机是否会带来极度迷幻的体验？或者带来另一种不同类别的意识"水平"？这种推断似乎不太可能。一个大脑中所有的神经元都不自觉地发出信号，似乎更有可能产生完全没有意识的体验，就像自由爵士乐在某一时刻不再是音乐一样。

这里的问题是，算法复杂度与复杂性的一般含义相差甚远。从直观上看，复杂性并不等同于随机性。一个更令人满意的观点是，复杂性是有序与无序之间的中间地带，而不是无序的极端点。是妮娜·西蒙（Nina Simone）和塞隆尼斯·孟克（Thelonious Monk），不是傻瓜狗狗乐团①。如果我们用这种更复杂的方式来思考复杂性会发生什么？

6

1998 年，朱利奥·托诺尼和我的前老板兼导师杰拉尔德·埃德尔曼（Gerald Edelman）在《科学》杂志上发表了一篇论文[31]。

---

① 傻瓜狗狗乐团在他们1967年的首张专辑《大猩猩》中，模仿了传统爵士音乐，试图尽可能无章法地演奏。本书的后面会有更多关于大猩猩的内容。

我还记得大约在二十年前读过这篇文章。这是我对意识的思考中具有里程碑意义的事件，也是吸引我到圣地亚哥神经科学研究所工作的主要原因。

在NCC方法中，托诺尼和埃德尔曼没有将注意力集中在单一的模范性意识体验上（比如"看到红色"的体验），而是提出了一般意识体验的特征是什么。他们做了一个简单但深刻的观察：所有的意识体验都是信息丰富的和具有整合性的。以此为出发点，他们提出了每一种意识体验的神经基础，而不仅是看到红色、感到嫉妒或感觉牙痛等特定体验。

意识的概念是同时具有信息性和整合性的，我们需要展开分析一下这个想法。

让我们从信息开始。意识体验是"信息丰富的"是什么意思？埃德尔曼和托诺尼想说的，并不是说阅读报纸可以提供丰富的信息，而是说，尽管一开始看起来微不足道，但却隐藏着丰富的内容。有意识的体验能够提供丰富的信息，因为每一种有意识的体验都不同于你曾经拥有的、将要拥有的，或者可能拥有的所有其他有意识的体验。

透过我前面的桌子望向窗外，我以前从未如此精确地体验过咖啡杯、电脑显示器和窗外空中的云搭配在一起感觉——当与我内心世界背景中的所有其他感知、情感、思想组合在一起的时候，这种体验更加独特。在任何一个时刻，我们在众多可能的意识体验中，只能拥有一种意识体验。因为这个体验是被拥有的，而不是其他任意的体验，因此，每一种有意识的体验都大大减少了不确定性。而不确定性的减少在数学上就是信息的含义。

一种特定意识体验的信息量并不取决于它有多丰富或多详细，也不取决于它对拥有这种体验的人有多大启发。坐在过山车上吃草莓的时候听妮娜·西蒙娜的音乐，就像闭着眼睛坐在一间安静的房间里，什么都没经历过一样，也排除了其他许多另类体验。每一次体验都会以相同的程度减少可能会体验范围内的不确定性。

在这种观点下，任何特定的意识体验的"它是什么样"的性质与其说是由"它是什么"来定义的，不如说是由所有未实现的、但可能不是它这种情况来定义的。纯粹的红色性体验就是这样的，不是因为任何"红色性"的内在属性，而是因为红色不是蓝色、绿色，或任何其他颜色，或任何气味、想法、遗憾的感觉，或任何其他形式的心理内容。红色性之所以是红色性，是因为不是所有事情都存在红色性，同时其他所有意识体验也是如此。

单靠信息获得高分是不够的。有意识的体验不仅信息丰富，而且是整合的。意识"是整合的"的确切含义还存在很多争议，但从本质上来说，它意味着每一个意识体验都是作为一个统一的场景出现的。我们对颜色的体验离不开呈现它们物体的形状，对物体的体验也离不开它们的背景。我现在的意识体验中有许多不同的元素：电脑和咖啡杯，还有走廊里的关门声和我接下来要写什么的想法，这些似乎都以一种不可避免的基本方式联系在一起[32]，同时作为一个单一且包含意识场景的各个方面。

托诺尼和埃德尔曼提出的关键结论是，如果每一个意识体验在现象学层面上都是信息丰富和统一的，那么意识体验的神经机制也应该表现出这两种特性。正是由于表现了这两种特性，神经机制不仅与每一种意识体验的核心现象学特征相关联，而且实际上还解释了这些特征。

　　一个机制同时具有整合性和具有丰富信息意味着什么？让我们暂时离开大脑，考虑一个由大量交互元素组成的系统，而不用担心这些元素可能是什么。正如图 2.2 所示，对于任何这样的系统，我们可以定义一个有两个端点的横轴。在一个极端（左边），所有的元素都是随机而独立的，就像气体中的分子一样。这种系统有最大的信息量和最高程度的随机性。但没有任何整合，因为每个元素都是相互独立的。

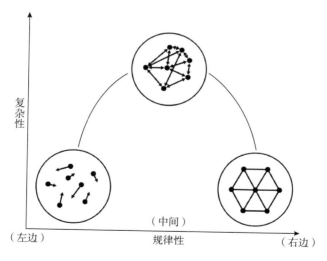

图 2.2　复杂性与规律性的关系

　　在另一个极端（右边），所有元素都做完全相同的事情，因此每个元素的状态完全由系统中其他元素的状态决定。完全没有随机性。这就像晶格中原子的排列，其中任何单个原子的位置完全由晶格结构决定，而晶格结构又由所有其他原子的位置决定。这种安排具有最大的整合度，但因为系统的可能状态非常少，所以几乎没有信息。

而处在中间的系统，单个元素可能做不同的事情，但其中有一定程度的协调，使系统在某种程度上"作为一个整体"运行。这是可以同时找到整合性和信息性的领域。它也是介于有序与无序之间的中间地带，正因为如此，系统才"复杂"。

当我们将这些描述应用于大脑时，可以看到它们如何阐明意识的神经基础。

在一个信息极其丰富的大脑中，所有的神经元都会独立行动，就像它们完全断开连接一样，随机放电。在这样的大脑中，算法复杂度的测量，比如 LZW 复杂度，得分会很高。但这个大脑不会支持任何有意识的状态，因为尽管拥有很多信息，但却没有整合。在另一个极端，一个高度有序的大脑会让所有的神经元做完全相同的事情，也许会同步一起放电，有点像全局性癫痫发作时的状态。这时的算法复杂度会非常低，这个大脑也会缺乏意识，但却是因为不同的原因：大量的整合，而没有信息。

因此，针对意识水平的适当测量不应该追踪信息本身，而应该追踪信息与整合是如何共同表达的。这种测量是一种真正意义上的复杂度的测量。它可以通过明确地将机制属性与体验属性联系起来，从而例证研究意识的"真正问题"。

正如我们所看到的，近似算法复杂度，比如 LZW 复杂度，在这方面做得并不好。它们告诉了我们很多关于信息的，但对整合毫无提及。PCI 的情况稍好一些。要想在 PCI 量表上获得高分，经颅磁刺激传递的能量脉冲必须产生一种难以压缩的大脑活动模式，展现出高的信息含量。为了产生"回声"，脉冲还必须在大脑皮层中传播得足够远和足够广，然后才能评估其压缩性。然而，尽管这种皮层上的扩散暗示了整合，但它仍然不能满足我们对这种测量的理想要求。PCI 测量依赖于以一种相当模糊的方式整合大脑活动，否则就不会有回声，但它不以与测量信息相同的定量方式来测量整合。我们正在寻找的是对整合和信息直接敏感的测量方法，来自相同的数据、以相同的方式、在同一时间的测量方法。

至少在理论上，有几项测量可以满足这些标准。早在 20 世纪 90 年代，托诺尼和埃德尔曼以及他们的同事奥拉夫·斯波恩（Olaf Sporns），提出了一个测量方法，他们称之为"神经复杂度"[33]。十年后，我用一种不同的数学方法，推导出了我自己的测量方法，称之为"因果密度"[34]。一些新的测量方法（我们将在下一章讨论）也已经以越来越复杂的方式建立在这些基础之上。所有这些测量方法都试图以这样或那样的方式来量化在多大程度上系统处于有序与无序之间的中间地带，在那里可以找到整合的信息。然而，问题是，当应用到实际的大脑成像数据时，还没有一种方法能够特别好地发挥作用。

这种情况有些蹊跷。人们可能有理由认为，更贴近理论原则的测量方法在实践中会比算法复杂度之类的测量方法表现得更好，而算法复杂度与基础理论的联系很少。但我们所看到的并非如此，所以这是怎么回事？可能是理论本身被误导了。然而，我的直觉是，我们只需要在完善数学方面[35]做更多的工作，就能使得测量达到我们所希望的效果，并且开发改进大脑成像方法，为测量提供正确的数据。

7

因此，对真正的意识测量仪的探索仍在继续。值得强调的是，迄今为止取得的进展相当可观。现在人们普遍认为意识水平与觉醒程度不同，同时我们已经有了一些基于大脑来测量意识水平的测量方法，这些方法在追踪不同的整体意识状态和检测脑损伤患者的残余意识方面表现出色。马西米尼的 PCI 尤为重要。它在临床上是有用的，并以信息和整合作为牢固的理论原则，因此它有效地连接了神经机制和意识经验的普遍属性。这是"真正的问题"风格。基于一些不同但相关的原则的其他测量方法[36]一直在出现，而且一些易于使用的近似估计，如估计自发大脑活动数据的算法复杂度，则正在揭示意识水平和意识内容之间的令人着迷的联系。

然而，一个根本的问题仍然存在。意识是否更像温度——可简化为并可识别为物质（或信息）宇宙的基本属性？还是说它更像生命？生命具有不同属性，每一种属性都有其内在机制的解释。到目前为止，我们遇到的测量意识的方法都是从温度的故事中得到的启示，但我的直觉是，最终测量意识的方法可能更适合与生命类比，即意识更像生命。对我来说，"整合"和"信息"是大多数——也许是全体意识体验的一般属性。但这并不意味着意识就是整合的信息，就像温度是平均分子动能一样。

为了了解是什么导致了这种直觉，我们需要将意识和温度之间的类比推向极致，看看它是否以及何时会崩溃。是时候认识意识的"信息整合理论"（IIT）了。

第三章　菲尔（Φ）

2006年7月，我在拉斯维加斯和朱利奥·托诺尼一起吃意式冰激凌。我们在威尼斯人度假村酒店，我几乎不知道发生了什么。我是前一天从伦敦坐飞机来的，威尼斯人度假村总是营造出一派傍晚时分的景象，假的星星在假的天空下闪烁，假的贡多拉①从假的宫殿旁漂过。他们这样做是为了让人们留在那里消费，处于一种永久的享受开胃酒的状态，对时间的流逝毫无察觉。我还在倒时差，有点醉。我们吃了一顿丰盛的晚餐，之后我们一直在讨论关于意识的信息整合理论（IIT）的细节，这一理论的前景不可估量。这是托诺尼的想法，比其他任何神经科学理论都更重要的是，它解决了意识这一难题。IIT认为，主观体验是一种因果模式的属性[1]，信息就像质量或能量一样真实，以至于原子也可能有一点意识。

这不是一个公平的讨论。我花了很多时间来捍卫我最近一篇

---

① 贡多拉又名"公朵拉"，是独具特色的威尼斯尖舟，这种轻盈纤细、造型别致的小舟已有一千多年的历史。它一直是居住在潟湖上的威尼斯人代步的工具。——译者注

论文的观点[2]，那篇论文批评了他的早期理论。朱利奥温和而固执地试图解释我为什么错了。我不知道是因为时差、酒，还是朱利奥严密的逻辑，我对自己的信心不如从前了。第二天早上，我决心更加努力地思考，更多地理解，更好地准备，同时少喝酒。

我当时觉得 IIT 很吸引人，直到现在也是觉得如此，是因为它作为一个范例很好地验证了意识和温度之间的类比。根据 IIT，简单来说，意识就是整合的信息。在这种情况下，该理论颠覆了人们对心智和物质如何联系、意识如何与宇宙结构交织在一起的根深蒂固的直觉。

早在 2006 年，IIT 还不为人所知。今天，它是意识科学中最受瞩目，同时也是争论最激烈的理论之一。除了托诺尼自己，这个领域的一些最有名的学者都对它进行了赞颂。NCC 方法的前倡导者克里斯托夫·科赫称其为"在最终解决古老的身心问题方面迈出的巨大一步"[3]。但它的雄心和影响力也招致了相当大的阻力。导致这种阻力的原因之一是，它的方法包含艰深的数学知识并且毫无疑问是复杂的。当然，这并不一定是一件坏事：没有人说解决意识谜题应该是简单的。另一种反对意见是，它所提出的主张是如此违反直觉，以至于该理论肯定是错误的。但这种直觉也是危险的[4]，尤其是当面对像意识这样令人困惑的现象时。

对我来说，更大的问题是，IIT 的非凡主张需要非凡的证据，然而，这正是 IIT 解决这项难题的宏伟目标，使得它最独特的主张在实践中无法被检验。我们无法获得所需要的特别证据。幸运的是，并非一切都已失去。正如我将要解释的，一些关于 IIT 的预测可能是可以检验的，至少在原则上是这样的。同时对于 IIT 还有其他的解释，这些解释更符合真正的问题，而不是复杂问题，这些解释推动了对意识水平的新测量方法的发展，这些方法既符合理论原则，又适用于实践。

1

顾名思义，"信息"和"整合"的概念是 IIT 的核心。这个理论基于我们在前一章中讨论过的关于测量意识水平的想法，但它以真正独特的方式做到了这一点。

IIT 的核心是一个名为"菲尔"（希腊字母"Φ"，发音为"佛爱"）的单一测量标准。理解 Φ 的最简单的方法是，就信息而言，它测量了一个系统如何的"大于其各部分之和"。一个系统怎么可能超越它各个部分的总和？我们以一群鸟来做一个大致的类比：这群鸟似乎比组成它的鸟群多出些什么——它似乎有一个"自己的生命"。IIT 采纳了这个想法，并将其转化并应用到信息领域。在 IIT 中，Φ 测量的是一个系统"作为一个整体"所产生的信息量，超过了它的各个部分独立产生的信息量。这构成了该理论的主要观点[5]，即系统是有意识的，其整体比它的各个部分产生更多的信息。

请注意，这不仅是一个关于相关性的观点，也不是一个关于系统的机制性质如何解释现象学性质的真正问题式主张。这是一个关于恒等式的断言。根据 IIT 的说法，Φ 的水平是系统的固有特性（意味着它不依赖于外部观察者），它与该系统相关的意识量相同。高 Φ 表示意识丰富。零 Φ 意味着没有意识。这就是为什么 IIT 是基于温度的意识观的终极表达 [6]。

怎样才能拥有高 Φ？尽管核心思想与前一章的内容已经很相似，但仍有一些重要的区别，因此值得从头说起。

想象一个由简化的人工"神经元"组成的网络，每个神经元都可以处于开或关的状态。为了拥有较高的 Φ，网络必须满足两个主要条件。首先，网络的全局状态，即网络"作为一个整体"，必须排除大量可供选择的可能的全局状态。这就是信息，它反映了现象学的观察，即每一种意识体验都排除了大量可能的其他意识体验。其次，当将系统作为一个整体来考虑时，所得的信息应该大于将其划分为多个部分（单个神经元或神经元组）并单独考虑每个部分时所得的信息。这就是整合，它反映了一种观察，即所有的意识体验都是统一的，它们都是"一体的"。Φ 通过给予系统一个数字，来测量系统在这两个维度上有多高的得分。

一个系统无法拥有高 Φ 的原因很多 [7]。一是信息得分低。一个最简单的例子是一个单一的光电二极管，也就是一个简单的光传感器，它可以"开"或"关"。它的 Φ 值很低或为零，因为它的状态在任何时候都只携带很少的信息。无论它处于何种状态（Φ 值为 1 或 0，开或关），都只能排除另外一种选择（Φ 值为 0 或 1）。一个光电二极管最多传递一个"比特"的信息①。

---

① 在信息论中，"比特"（bit）是信息的基本单位。

系统具有低 Φ 的另一种方式是在整合上得分较低。想象一个大的光电二极管阵列，就像你手机摄像头里的传感器一样。系统的全局状态就是整个阵列的状态，这可以携带大量的信息。一个足够大的传感器阵列，对于每一个它所遇到的不同的世界状态，传感器阵列都会进入一个不同的全局状态。这就是为什么摄像头是有用的。但是这种全局信息对传感器本身并不重要。传感器中的单个光电二极管在因果关系上相互独立——它们的状态只取决于每次遇到的光的水平。把传感器切成一堆（因果关系独立的）光电二极管，它也能很好地工作[8]。传感器阵列作为一个整体所传递的信息不比所有传感器、所有光电二极管独立传递的信息更多。这意味着它生成的信息不超过其各部分的总和，因此它的 Φ 也将为零。

另一个具有启发性的 Φ 为零的例子是所谓的"裂脑"情况。想象一个网络被分成完全独立的两半。这个网络的每一半可能有一个非零的 Φ，但是整个网络将会是零 Φ。这是因为有一种方法可以将网络分成两部分，而其中整体不超过部分的总和。这个例子强调了 Φ 如何依赖于系统的最佳"分割"方式，一种能最小化整体和部分之间差异的方式。这是 IIT 与众不同的一个方面，使其有别于前一章所描述的复杂度测量方式。

这个例子也暗示了一个真实的裂脑情况——通过手术分割[9]大脑皮层半球，就像在某些无法治愈的癫痫患者中发生的那样，可能会有两个独立的"意识"，但不会有一个跨越两个半球的单一意识实体。同样，你和我都是有意识的，但不存在一个跨越我们两人之间的一个集体意识实体，因为从信息上我们可以从中间分开。

我们先来看看真正的大脑，IIT 巧妙地解释了许多关于意识水平的观察[10]。还记得上一章提到的小脑，尽管包含了大脑中约 3/4 的神经元，但它似乎与意识没有太多关系。这可以用 IIT 来解释，因为小脑的解剖结构类似于摄像头中的传感器阵列——大量对 Φ 不友好的半独立电路。相比之下，大脑皮层充满了密集的互相联接线路，这可能与高 Φ 有关。那么，为什么意识在无梦睡眠、麻醉和昏迷期间会减弱呢？鉴于这种互相连接的线路不会发生改变。IIT 认为，在这些状态下，大脑皮层神经元之间互相作用的能力受到损害，以至于 Φ 消失了。

IIT 是研究意识的一个"公理化"方法。它从理论原理出发，而不是从实验数据出发。从逻辑上来说，公理是不验自明的真实陈述，从某种意义上说，人们普遍认为他们不需要额外的证明。希腊哲学家欧几里得提出的"两个完全占据相同空间的形状是相同的形状"就是一个很好的例子。IIT 提出了关于意识的公理[11]，主要是说，意识体验同时是整合的和信息丰富的，并使用这些公理来支持这些意识体验的基础机制必须具有哪些属性的主张。根据 IIT，任何具有这些特性的机制，无论是否是大脑，无论是否为生物，都会有非零 Φ，并且会有意识。

2

关于原则，我言无不尽。与任何理论一样，IIT 的成败取决于其预测是否可以被检验。该理论的主要观点是，系统的意识水平是由它的 Φ 给出的。检验这个预测需要去测量真实系统的 Φ，而这就是困难所在。事实证明，测量 Φ 是极具挑战性的，在大多数情况下几乎是不可能的。主要原因是 IIT 以一种不同寻常的方式对待"信息"。

数学中信息的标准使用是由克劳德·香农[①]在20世纪50年代制定的，它与观察者相关。与观察者相关的信息是指，从观察者的角度，通过观察处于特定状态的系统，不确定性减少的程度。例如，想象多次摇动一个骰子，每次都从六种可能性中观察得到一种结果：同时每次也都排除了五种其他的可能。这对应于特定数量（以比特为单位）的不确定性的减少，也是"对于"观察者来说的信息。

要测量与观察者相关的信息，通常只要观察系统在一段时间内的行为就足够了。使用骰子，你可以写下每次投掷时所得到的结果，这将让你能够计算投掷任何特定数字所产生的信息。如果这个系统是一个神经元网络，记录神经元随时间的活动就足够了。外部观察者可以记录神经元进入的所有不同状态，计算与每个状态相关的概率，然后测量不确定性的减少[12]，这个不确定性的减少与神经元网络处于这些状态中的任何一个有关。

然而，对于 IIT 来说，信息不能以这种相对观察者的方式来处理。这是因为 IIT 上的信息，整合的信息，也就是 Φ，实际上

---

① 克劳德·香农（Claude Shannon），美国数学家、电子工程师和密码学家，被誉为信息论的创始人。香农是密歇根大学学士，麻省理工学院博士。——译者注

是意识，所以如果我们把信息看作与观察者相关，那么就意味着意识也与观察者相关。但意识不是与观察者相关的。我是否有意识不应该也不会取决于你或其他任何人如何测量我的大脑。

因此，IIT 中的信息必须被视为系统内在的，而不是相对于外部观察者的。它的定义必须不依赖于任何外部观察者。它必须是"对于"系统本身来说的信息，而不是对于任何人或任何其他东西来说的信息。否则，作为 IIT 的核心，Φ 与意识之间的恒等关系就无法成立。

为了测量内在信息，仅仅观察系统随时间的推移如何运行是不够的。作为科学家，作为外部观察者，你需要知道一个系统所有可能的不同运行方式，即使在实际中它从来也没有按照所有可能的方式运行。知道一个系统随时间推移实际做了什么（这很容易，至少在原则上是相对于观察者的）并不等同于知道一个系统可以做什么，即使它从未做过（这通常很困难，即使不是不可能，但与观察者无关）。

用信息论的语言来说，这些情况之间的区别是系统状态的"经验"分布和它的"最大熵"分布（后者之所以得此名，是因为它反映了一个系统的最大不确定性水平）之间的区别。想象一下，多次摇动两个骰子，也许你会掷出 7、8、11 和其他一些数字，但绝不会掷出 12。在这种情况下，经验分布不会包含 12，但最大熵分布会，因为即使在这个特定的投掷序列中掷出 12 没有发生，但它仍然有发生的概率。这意味着任何特定的结果，无论是 7、8 还是 11，相对于最大熵分布（包含掷出 12），相比于经验分布（不包含掷出 12），都会产生更多的信息（减少更多的不确定性，排除更多的备选项）。

与仅仅通过长期观察来测量系统的经验分布相比，测量最大熵分布通常是一件非常困难的事情。有两种方法可以试着解决这个问题。第一种方法是用所有可能的方式干扰系统，看看会发生什么，就像一个孩子可能会按下一个新玩具上的所有按钮，看看它能做什么一样。第二种方法是从系统的物理机制（它的"因果结构"）详尽、完整的知识中推理出最大熵分布。如果你知道一个机制的所有信息 [13]，有时候可能可以知道所有它能做的事情，即使在实际中他不会做出这些事情。如果我知道一个骰子有 6 个面，在不需要投掷的情况下，我也能知道两个骰子可以产生从 2 到 12 的所有数字。

不幸的是，我们通常只能了解系统的动态，了解系统通常做什么，而不是系统能做什么。对大脑来说就是这样的。我可以记录你的大脑在不同细节程度上做了什么，但我无法知道它的完整物理结构，也无法以所有可能的方式干扰它的活动。由于这些原因，IIT 最独特的观点（Φ 实际上是意识）也成了 IIT 最难以被检验的观点。

3

尝试测量 Φ（无论你选择哪种类型的信息）还面临其他挑战。挑战之一是测量任何 Φ 都需要找到划分系统 [14] 的合适方法，以便更好地比较"整体"和"部分"。对于某些系统，例如裂脑，这很简单，即从中间分裂开；但通常来说，这非常的困难，因为分割一个系统可能方法的数量是随着系统大小呈指数增加。

还有更基本的问题，即什么才是系统？计算 Φ 的正确空间和时间尺度是什么？是神经元和毫秒？还是原子和飞秒？整个国家都是有意识的吗？一个国家会比另一个国家更有意识吗[15]？我们甚至可以把地质时间尺度上构造板块的相互作用看作在行星尺度上整合信息吗？

重要的是要认识到，这些挑战——包括测量内在固有信息，而不是相对于观察者的外在信息——只是我们作为科学家，作为外部观察者，试图计算 Φ 的困难。根据 IIT 的说法，任何特定的系统都有 Φ。它将信息整合，就像你扔一块石头，它在天空中划出一道弧线，而不需要根据万有引力定律计算它的轨迹。一个理论很难验证并不意味着它就是错的。这只是意味着它很难被检验。

4

让我们先把测量 Φ 的挑战放在一边，试问，如果 IIT 的理论正确，那它意味着什么？事实证明，一直跟随 IIT 会导致一些非常奇怪的结果。

想象一下，我打开你的头盖骨，在你的大脑中植入一大把新的神经元，每一个都以某种特定的方式连接到你现有的灰质上。再想象一下，在你的一天中，这些新的神经元实际上根本不做任何事情。不管发生什么，不管你做什么，看到谁，它们都不会被激活。你新的增强的大脑出现了，无论从什么角度看，都和原来的大脑一样。但问题是，你的新神经元是按照如下方式组织的：只有你大脑的其他部分遇到了一些它实际上从未遇到过的特定状态，新神经元才会被激活。

例如，假设这些新的神经元只有在你吃了一个田助西瓜（一种长于日本北海道的罕见水果）时才会被激活。假设你从来没有吃过田助西瓜，那么这些新的神经元不会被激活，但尽管如此，IIT会预测你所有的意识体验会改变，哪怕只是非常细微的改变。这是因为现在你的大脑可能处于更多的潜在状态（新的神经元可能会被激活），所以 Φ 也必须改变。

这种情况的另一方面会导致一个同样奇怪的预测。想象一下，一群神经元静静地待在你的视觉皮层深处。尽管被连接到其他神经元上（因此有可能在正确的输入下发出电信号），但它们什么也不做。然后，通过一些巧妙的实验干预，它们被主动阻止进行神经放电——它们变得不再活跃，而不只是不活跃。即使大脑的整体活动没有发生任何变化，IIT也会再次预测意识体验会发生改变，因为现在大脑可以进入的潜在状态更少了。

值得注意的是，这种实验的一种方案可能很快就会实现，这要归功于光遗传学的新技术，它允许研究人员以精致的细节来控制准确定位的神经元的活动。光遗传学利用基因技术修改特定的神经元，使它们对特定波长的光变得敏感。然后，通过使用激光或LED阵列照射经过基因修改的动物的大脑[16]，这些神经元可以打开或关闭。原则上，光遗传学可以用来灭活已经不活跃的神经元，并评估其对意识感知的影响（如果有的话）。这不是一个简单的实验，也没有提供一种测量 Φ 的方法。但是，测试 IIT 任何方面的前景都是令人兴奋的，我很幸运地参与了与朱利奥·托诺尼等人的最新讨论，希望能真正完成这项工作[17]。

让我们把视线焦点拉远，IIT 的另一个奇怪之处是，通过强烈宣称 Φ 是意识，IIT 也暗示了信息本身存在，即它在我们的宇宙中具有某种明确的本体论地位——比如质量 / 能量和电荷（本体论是研究"什么是存在的"）。在某种意义上，这与物理学家约翰·惠勒（John Wheeler）所谓的"它源自比特"的观点[18]是一致的。惠勒可能是所有存在的事物最终都源于信息的最著名的倡导者——信息是首要的，其他一切都源于信息。

这就引出了最后一个颇具挑战性的含义：泛心主义。只要系统中有正确的机制，有正确的因果结构，就会有非零 Φ，就会有意识。IIT 的泛心主义是一种受限制的泛心主义，而不是意识像一层薄薄的果酱一样遍布整个宇宙的泛心主义。相反，意识将会在整合信息——Φ——的地方被发现，可能是在这里或那里，但不在所有地方。

5

IIT 是原创性的，雄心勃勃且极具智慧。它仍然是唯一对意识这一难题进行认真尝试的神经科学理论。IIT 当然也很奇怪，但奇怪的事情并不意味着它是错的。几乎所有关于现代物理学的事情比起过去的物理学更奇怪，而且错误更少。现代物理学中那些被认为错误较少的部分的成功，与它们的实验可检验性密切相关。这就是 IIT 的麻烦所在。因为它的主要观点：Φ 和意识水平之间的等效性可能无法验证，所以这种大胆的创新和探索的勇气也让 IIT 付出沉重代价。

在我看来，最好的方法是保留 IIT 的基本观点，即意识体验是具有信息性和整合性的，但要放弃"Φ 之于意识就像平均分子动能之于温度"这一自负的看法。这将 IIT 对意识体验结构的见解与真正问题的观点重新对接起来。采用这种观点可以开发可替代的，即实际适用的 Φ 版本的测量方法，这些测量方法与我们在前一章末尾遇到的复杂度测量方法有很多共同之处。

我的同事亚当·巴雷特、佩德罗·梅迪亚诺（Pedro Mediano）和我已经遵循这个策略很多年了。我们已经开发了 Φ 的几个版本，它们使用的是与观察者相关的信息，而不是内在信息。这允许我们基于系统随时间的可观察行为来测量 Φ，而不用担心它会做什么，但从来没有做过什么。就目前的情况来看，即使是在非常简单的模型系统上，我们的 Φ 的各种版本[19]也都表现得参差不齐。这意味着，在开发可在实践中发挥作用，同时又能增进对其理论原则基础上的把握的 Φ 的版本时，还有更多的工作要做。从我们的角度来看，这意味着将"整合"和"信息"视为需要解释的意识体验的一般属性，而不是意识"是什么"的不言自明的主张。换句话说，要把意识看作生命而不是温度。

6

　　我们的意识水平之旅已经带领我们经历了麻醉和昏迷带来的遗忘，走过植物人和最低意识状态的腹地，穿过睡眠和做梦的脱节世界，走进完全清醒的阳光地带，甚至走到更远的地方，走向迷幻药作用下的奇怪超现实世界。将这些水平联系在一起的观点是，每一种意识体验都信息丰富且具有整合性，处于有序与无序之间复杂的中间地带。这一核心思想已经产生了新的测量方法，如PCI，它既实用，又能够以真正问题的方式在物质和现象之间建立解释性的桥梁。通过IIT，我们到达了意识科学最令人兴奋且最具争议的前沿之一，在这里，大胆和勇气碰到了可验证性局限，意识和温度之间的类比可能最终会被打破。尽管我对这一极具挑战性理论所衍生出的更为大胆的主张持怀疑态度，但我现在就像多年前和朱利奥·托诺尼一起吃意式冰激凌时一样，热切地想看看它是如何发展的[20]。

　　回顾过去，拉斯维加斯确实是争论IIT的正确地点。信息是真实的吗？意识是无处不在的吗？在拉斯维加斯，除了体验本身的原始感觉之外，很难相信任何事情都是真实的。即使在多年后的今天，我还能想象自己回到威尼斯人度假村永恒的傍晚。我当然是有意识的，但我意识到什么呢？在威尼斯人度假村中，人们很容易认为一切都是幻觉。

　　正如我们即将看到的，这个奇怪的想法有一些意想不到的事实。

第二部分

意识的
内容

第四章　从内向外感知

我睁开眼睛，出现了一个世界。我正坐在一座摇摇欲坠的木房子里，这座房子坐落在加州圣克鲁斯以北几英里[①]的一片柏树林中。现在是清晨，向外眺望，我可以看到高大的树木仍然矗立在每晚翻滚而来的清凉的海雾里。我看不见地面，所以木房子和树木似乎都和我一起漂浮在雾中。这里有几把旧塑料椅，我正坐在其中一把上。眼前有一张桌子，桌子摆放着一个咖啡杯和盛着面包的托盘。我能听到鸟鸣声，和我住在一起的人在后面发出声响，远处传来一种我听不清的低语。不是每个早上都这样，这是一个很好的早晨。我试着说服自己，这已经不是第一次了，这个虚幻的世界是我的大脑构建出来的，我的脑中正产生一种"受控的幻觉"。

每当我们有意识的时候，我们都会意识到一些事，或者很多事情。这些都是意识的内容。为了理解它们是如何产生的，以及我所说的"受控的幻觉"是什么意思，让我们改变一下视角，想

---

① 1 英里 ≈ 1.61 千米。——译者注

象一下，你是一个大脑。

试着去想那里是什么样子，你被封闭在头骨的骨穹窿里，你试图去想外面的世界是什么样子。没有光，没有声音，什么都没有——完全黑暗，完全寂静。当试图形成感知时，大脑所要做的就是不断地接收电信号，不管世界上的事物是什么，这些信号都只能间接地与它们有关。这些感觉输入并没有贴上标签（例如，"我来自一杯咖啡"或"我来自一棵树"）。它们甚至没有标签来宣布自身形态——不管是视觉、听觉、触觉，还是来自不太熟悉的形态，如热感觉（温度感）或本体感觉（身体位置感）①。

大脑如何将这些本质上模糊的感觉信号转换成一个充满物体、人和空间所组成的连贯的感知世界？在本书的第二部分，我们将探讨大脑是一个"预测机器"的想法，以及我们所看到的、听到的和感觉到的只是大脑对外界感觉输入的"最佳猜测"的想法。一直遵循这个观点，我们会发现意识的内容是一种清醒的梦——一种受控的幻觉——它既多于又少于现实世界的真实情况。

1

这是一个关于感知的常识性观点。让我们称之为"事物看起来如何"的观点。

现实独立于心智存在，这个现实充满了物体、人和空间，它

---

① 人们熟悉但完全错误的观点：人类只有五种感觉，这可以追溯到亚里士多德写于公元前 350 年的《论灵魂》。

们具有诸如颜色、形状、纹理等属性。我们的感觉就像一扇透明的窗户，探测到这些物体和它们的特征，并把这些信息传递给大脑，然后通过复杂的神经加工过程对其进行解读，从而形成感知。世界上的一个咖啡杯会在大脑中产生一个咖啡杯的感知。至于是谁或什么在进行感知，那就是"自我"，不是吗？有人可能会说，是"眼睛后面的我"，是一波又一波感觉数据的接收者，它使用感知解读来指导行为，决定下一步该做什么。那边有杯咖啡。我感知它，然后拿起来。我感觉，我思考，然后我行动。

这样的画面很吸引人。几十年甚至几个世纪以来形成的思维模式，已经让我们习惯于这样的观念，即大脑就像某种栖息于头骨内的计算机，处理感官信息以构建外部世界的内心图景，以造福自我。这种情况如此熟悉，以至于很难想出任何合理的替代方案。事实上，许多神经学家和心理学家仍然认为感知是一个"自下而上"的特征检测过程。

我来解释一下，何为自下而上的加工过程。来自外部世界的刺激，例如光波、声波、传递味道和气味的分子等会冲击感觉器官，导致电脉冲"向上"或"向内"流进大脑。这些感觉信号经过几个不同的处理阶段，如图 4.1 中黑色箭头所示，每个阶段分析出越来越复杂的特征。让我们以视觉为例，早期阶段可能会对亮度或边缘等特征产生反应，之后，更深层次的阶段可能会对物体某一些部分产生反应，如眼睛和耳朵，或车轮和后视镜。再之后的阶段会对整个物体或物体类别做出反应，比如脸、汽车和咖啡杯。

通过这种方式，外部世界及其物体、人以及各种各样的东西，从流入大脑的感觉数据河流中提取出一系列特征，然后重现出来，就像渔民沿着河流捕捞鱼，去得越远，鱼可能越大，品种也更加丰富。向相反方向流动的信号（"自上而下"或"从内向外"的灰色小箭头）只是为了精炼或以其他方式限制最重要的自下而上的感觉信息流动。

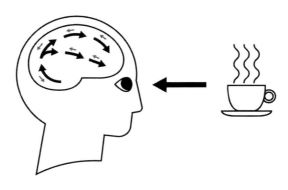

图 4.1　自下而上特征检测的感知

这种自下而上的感知观与我们对大脑解剖结构的了解非常吻合，至少乍一看是这样。在大脑皮层中，不同的感知通道与特定的区域有关：视觉皮层、听觉皮层等。在每个区域内，感知加工是分层次组织的。在视觉系统中，初级视觉皮层等较低层次的区域与感觉输入的距离较近，而较高层次的区域，如颞下皮层，则在加工感觉输入的几个阶段之外。就连接性而言，每一层的信号汇聚于上一层[1]，这样更高层次的神经元就可以对分布在空间或时间上的特征做出反应——正如人们所期待的那样。

对大脑活动的研究似乎也支持自下而上的观点。一项几十年前的研究，有关猫和猴子的视觉系统的实验反复表明，在视觉加工的早期（较低）阶段，神经元会对简单的特征（如边缘）做出反应，而在后期（较高）阶段，神经元会对复杂的特征（如面孔）做出反应。最近使用功能磁共振成像等神经影像方法进行的实验也揭示了人类大脑的类似情况[2]。

你甚至可以用这种方式构建人工的"感知系统"——至少是最基本的那种。计算机科学家大卫·马尔（David Marr）于1982年提出的经典视觉计算理论[3]既是自下而上感知观的标准参考，也是设计和构建人工视觉系统的实用模版。更近期的机器视觉系统实现了人工神经网络，比如"深度学习"网络，如今已经达到了令人印象深刻的表现水平[4]，在某些情况下可以与人类媲美。这些系统也经常基于自下而上的理论。

在所有这些观点的支持下，自下而上的感知"事物看起来如何"的观点似乎有相当坚实的基础。

2

路德维希·维特根斯坦（Ludwig Wittgenstein）问道："为什么人们会很自然地认为太阳绕着地球转，而不是地球绕着地轴自转呢？"

伊丽莎白·安斯康姆（Elizabeth Anscombe）答道："我想是因为从表面上看起来就像太阳绕着地球转。"

路德维希·维特根斯坦继续追问："那么，如果从表面上看起来就像地球绕着地轴自转，它会是什么样子呢？"

在维特根斯坦和他的哲学家（兼传记作家）同行伊丽莎白·安斯康姆愉快的交流中，这位传奇的德国思想家用哥白尼革命来说明事物看起来的样子不一定就是它本来的样子[5]。虽然看起来好像太阳绕着地球转，但实际上是地球绕着自己的轴线自转，才有了黑夜和白天。而且，位于太阳系中心的是太阳，不是地球。你可能会想，这没什么新鲜的，而且你是对的。但维特根斯坦是在追求更深层次的东西。他给安斯康姆的真正信息是，即使对事物的实际情况有了更深入的了解，但在某种程度上，事物仍然呈现出它们一直以来的样子。太阳从东方升起，从西方落下，一如既往。

就像太阳系一样，感知也是如此。我睁开眼睛，仿佛外面有一个真实的世界。今天，我在布莱顿的家里。这里没有像圣克鲁兹那样的柏树，只有散落在我桌上的常见的东西，角落里有一把红椅，窗外有摇摇晃晃的烟囱。这些物体似乎有特定的形状和颜色，对于近在咫尺的物体来说，也会有特定气味和质地。事情看起来是这样的。

虽然我的感觉似乎为独立于心智的现实提供了一扇透明的窗户，而且这种感知是一个"读出"感觉数据的过程，但我相信，真正发生的事情是完全不同的。感知不是自下而上或由外向内的，它主要是自上而下，或由内向外的。我们的体验建立在大脑对感觉信号成因的预测或"最佳猜测"的基础上。与哥白尼的革命一样,这种自上而下的感知观仍然与许多现有的证据保持一致,使事物看起来的很多方面没有改变,但同时又改变了一切。

这绝不是一个全新的想法。自上而下的感知理论最早出现于古希腊柏拉图《理想国》中的"洞穴寓言"。囚犯们一生都被铁链锁着,面对一堵空白的墙,他们所看到的只是从身后的火旁经过的物体投射出来的影子。他们给这些影子起了名字,因为对于他们来说,这些影子就是真实的。这个寓言揭示了我们自己的意识感知就像这些影子,是我们永远无法直接接触到的隐藏原因的间接反映。

在距柏拉图的一千年后,但仍是距今一千年前,阿拉伯学者海什木(AI Hazen)写道:"此时此地的感知,取决于'判断和推理'的过程[6],而不是提供对客观现实的直接通达。"此后又过了几百年,伊曼努尔·康德(Immanuel Kant)意识到,不受限制的感觉数据会造成混乱,如果没有预先存在的概念(对他来说,包括空间和时间等先验框架)给予结构,感觉数据就永远无意义。康德的术语"本体"指的是"自在之物",或物自体——一种隐藏在感觉面纱后,永远无法被人类感知的独立于心智的现实。

在神经科学方面,这个故事是由德国物理学家和生理学家赫尔曼·冯·亥姆霍兹(Hermann von Helmholtz)开始的。19世纪后期,在一系列有影响力的贡献中,亥姆霍兹提出了感知是一个"无意识推理"过程的观点。他认为,感知的内容不是由感觉信号本身给出的,而是必须通过将这些信号与大脑对其起因的预期或信念相结合才推理出来的。将这个过程称为"无意识"，亥姆霍兹明白我们并不知道感知推理发生的机制，只知道结果。随着新的感觉数据的到来，感知判断——他所谓的无意识推理——通过连续而积极地更新感知的最佳猜测，来追踪他们在真实世界中的起因。亥姆霍兹认为自己为康德的见解提供了一个科学的版本[7]。康德的见解：感知不能让我们直接了解世界上的事物，我们只能推断隐藏在感官面纱后面的事物本身。

亥姆霍兹的中心思想"感知即推理"影响深远，在整个 20世纪以许多不同的形式出现。20 世纪 50 年代，心理学的"新面貌"运动强调社会和文化因素如何影响感知。例如，一项广为流传的研究发现，来自贫困家庭的孩子高估了硬币的价值，而来自富裕家庭的孩子则不会[8]。不幸的是，许多这类实验虽然很吸引人，但按照今天的方法标准来讲，实验的操作并不正确，所以结果并不总是可信的。

20 世纪 70 年代，心理学家理查德·格里高利（Richard Gregory）以一种不同的方式建立了亥姆霍兹的观点，他的感知理论是一种神经"假设检验"。格里高利认为，就像科学家通过从实验中获取数据来检验和更新科学假设一样，大脑也在过去的经验和以其他形式存储的信息的基础上，不断地形成关于世界是怎样的感知假设，并通过从感觉器官获取数据来检验这些假设。在格里高利看来，感知内容[9]是由大脑最支持的假设决定的。

自那以后的半个世纪，"感知即推理"这一观念逐渐淡出人们的视线，但在过去十年左右的时间里，这一观念又获得了新的发展势头。各种各样的新理论在"预测编码"和"预测加工"的总标题下开花结果。尽管这些理论在细节上有所不同[10]，但它们都有一个共同的观点，即感知依赖于某种基于大脑的推理。

我自己对亥姆霍兹经久不衰的思想及其当代化身的看法，最好地体现在"感知是受控的幻觉"这一观点上。多年前，我第一次从英国心理学家克里斯·弗里思（Chris Frith）那里听到这个说法[①]。在我看来，受控幻觉观点的基本要素如下。

首先，大脑不断地对其感觉信号的起因做出预测，这些预测通过大脑的感知层次（见图 4.2 中的灰色箭头）自上而下地流动。如果你正看着一个咖啡杯，你的视觉皮层就会对源自这个咖啡杯的感觉信号的起因做出预测。

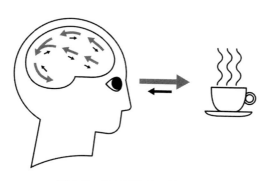

图 4.2　自上而下推理的感知

其次，感觉信号自下而上或从外向内流入大脑，使感知预测以有效的方式与它们的起因联系在一起，即这个例子中的咖啡

① 这个短语的起源可以追溯到 20 世纪 90 年代拉梅什·贾恩（Ramesh Jain）举办的一次研讨会。我试着进一步追溯，但没有成功。

杯。这些信号作为预测误差，记录了大脑预期的结果和其在每个加工阶段得到结果之间的的差异。通过调整自上而下的预测[11]以抑制自下而上的预测误差，大脑的感知最佳猜测保持了对其起因的把握。在这个观点中，感知是通过一个不断减少预测误差的过程而发生的。

受控幻觉观点的第三个，也是最重要的因素就是主张。感知体验，也就是这个例子中的看到一个咖啡杯的主观体验，，是由（自上而下的）预测的内容决定的，而不是（自下而上的）感觉信号。我们从不体验感觉信号本身，我们只体验对它们的解读。

把这些要素合在一起，我们就炮制出了一个关于如何思考感知的哥白尼式倒置。世界似乎是通过我们的感觉器官直接向我们有意识的头脑揭示它自己的。带着这种观念模式，我们就很自然地认为感知是一个自下而上的特征检测过程——一种对我们周围世界的"阅读"。但我们实际感知到的是一种受控于现实的自上而下、由内向外的神经元幻想，而不是一扇透明的窗户，让我们看到现实可能是什么。

再次引用维特根斯坦的观点，如果感知看起来像是自上而下的最佳猜测，那会是什么样子呢？好吧，就像太阳仍然从东方升起，从西方落下一样，如果感知看起来是一种受控的幻觉，那么桌上的咖啡杯——任何人的感知体验的全部——看起来仍然都是一样，一直都是，而且永远都会。

当我们想到幻觉时，我们通常会想到某种内在产生的感知，看到或听到一些实际上并不存在的东西，就像发生在精神分裂症中，或者发生在像艾伯特·霍夫曼所经历的那种迷幻冒险中。这些联想将幻觉与"正常"感知进行对比，"正常"感知被认为反映了世界上实际存在的事物。在自上而下的感知观中，这种明显的区别变成了一个程度问题。"正常"的感知和"异常"的幻觉都涉及对感觉输入起因的内在预测，并且二者共享大脑的一套核心机制。不同之处在于，在"正常"的感知中，我们的感知是与世界上的原因联系在一起的，并且受其控制，而在幻觉中，我们的感知在某种程度上失去了对这些原因的把控。当我们产生幻觉时，我们的感知预测并没有根据预测误差而得到适当的更新。

如果感知是受控的幻觉，那么，幻觉同样可以被认为是不受控的感知。它们是不同的，但很难说区分界限在哪里，就像问白天和黑夜的边界在哪里一样。

3

让我们尝试一下受控幻觉理论，来探讨一下颜色的感知体验意味着什么。

我们的视觉系统虽然惊人，但只对整个电磁波谱的一小部分做出反应，介于低频的红外线和高频的紫外线之间。我们所感知到的每一种颜色，实际上也是我们每一个人的视觉世界整体的每一个部分，都是基于现实光谱的这一小片频段。仅仅知道这一点就足以告诉我们，感知体验不可能是外部客观世界的全面表征。它既比外部客观世界的全面表征少又比它多。

询问神经生理学家，他可能会说，当你视网膜上对颜色敏感的视锥细胞按一定比例被激活时，你就能感知到一种特定的颜色。这并没有错，但这远不是故事的全部。对颜色敏感的细胞的神经活动和颜色体验之间并没有一一对应的关系。你所感受到的颜色取决于从表面反射的光和你所处环境的一般照明之间复杂的相互作用。更准确地说，这取决于你的大脑如何对这种相互作用进行推理，即做出最佳猜测。

把一张白纸放在户外，尽管由于（带青色的）阳光和（带黄色的）室内光的差异，它反射的光现在具有非常不同的光谱成分，但它看起来仍然是白色的。你的视觉系统会自动补偿环境光线中的这些差异，正如视觉研究人员喜欢说的那样，它会"削弱光源"，所以你对颜色的体验会挑选出纸张的一个不变属性，即纸张反射光线的方式。大脑将这种不变属性推断为对其不断变化的感觉输入起因的最佳猜测。白色性是这个推理的现象学的方面，它是指大脑对这一不变属性的推理如何在我们的意识体验中出现。

这意味着颜色并不是"自在之物"的一种确定属性。相反，颜色是进化过程中偶然发现的一种有用的手段，使大脑能够在不断变化的光照条件下识别并追踪物体。对于一把椅子拥有像红色性这样的现象学属性意味着什么呢？当我拥有看到房间角落里的红椅子的主观体验时，这并不意味着这把椅子实际上是红色的。椅子不是红色的，就像它们不是丑的、不是过时的、不是前卫的一样。相反，椅子的表面有一种特殊的属性，即反射光线的方式，我的大脑通过感知机制来追踪这种属性。红色性是这个过程中主观的、现象学的方面。

这是否意味着看到椅子的红色性已经从外部世界移到了大脑的内部？从某种意义上说，答案显然是否定的。在大脑中没有某种红色色素或"虚构的色素"①，可以用一台微型摄像机检查，它将输出的信号输入另一个视觉系统，而这个系统本身也有一台微型摄像机，所以从这样天真的角度来看，大脑中并没有红色。假设外部世界的感知属性（红色性）必须以某种方式在大脑中被重新实例化，以便感知发生，这与哲学家丹尼尔·丹尼特（Daniel Dennett）所说的"双重转导"谬论相违背。根据这一谬论，外部的"红色性"被视网膜转导成电活动的模式，然后再被重构——再次转导——成为内部的"红色性"。正如丹尼特所指出的[12]，这种推理解释不了什么。人们唯一能确定大脑中"红色性"的位置只是单单因为在那里可以发现感知体验的潜在机制。当然，这些机制不是红色的。

当我看着一把红色的椅子时，我体验的红色性既取决于椅子的性质，也取决于我的大脑性质。它对应于一组感知预测的内容，该内容与特定表面反射光线的方式相关。世界上和大脑中都没有"红色性"这种东西。正如保罗·塞尚（Paul Cézanne）所说："色彩是我们的大脑与宇宙相遇的地方[13]。"

更重要的是，这远远超出了色彩体验的范围。它适用于所有

---

① 在英语中，两个单词：pigment（色素）和 figment（虚构），它们只有第一个字母不同。某种红色色素在大脑中并不存在，这就是为什么这种不存在的色素同时也是虚构的。——译者注

感知。此时此地，你的感知场景正在产生身临其境的多感觉全景，这种全景是大脑向世界的延伸，既是一种阅读，也是一种写作。感知体验的整体是一种神经元的幻想，它通过不断地做出和重塑感知的最佳猜测、受控的幻觉，与世界联系在一起。

你甚至可以说我们每时每刻都在产生幻觉。只是当我们认同自己的幻觉时[14]，那就是我们所说的现实。

4

让我们来看看三个关于感知期待如何塑造意识体验的例子，这些例子你可以亲身体验。

如果你在 2015 年 2 月的某一周接触过社交媒体，或者读过报纸，你就会记得"蓝黑白金裙"。那一周周三早上，我一到办公室就发现大量的电子邮件和语音邮件。我最近与人合写了一本关于视觉错觉的书[15]，篇幅较短，媒体争相为这个突然普遍存在的网络现象寻找解释。"蓝黑白金裙"是一张照片，照片中某条裙子在某些人看来是蓝黑相间的，但在另一些人看来是白金相间的①。那些只从一种角度看到颜色的人坚信自己是正确的，他们不能相信其他人会有不同的看法，于是网上爆发了正方与反方的争论。

一开始我以为这是个恶作剧。对我来说，这条裙子明显是蓝黑相间的，就像我给实验室里前四个人看的那样，当第五个人说

---

① 参见 https://en.wikipedia.org/wiki/The_dress。

它是白金相间时，我既松了一口气，又感到惊讶。结果是，就像全世界的情况一样，实验室里大约一半的人选择了蓝黑色，另一半人选择了白金色。

一个小时后，我在英国广播公司试图解释发生了什么。逐渐形成的共识是，这种效应与削弱的光源有关，即一种在感知颜色时将周围的光线考虑在内的过程。也就是说，这个过程对不同的人可能会有不同的效果，通常以一种不明显的（以前不知道的）方式存在，但这恰好在"蓝黑白金裙"显示了出来。

人们很快就指出，照片中"蓝黑白金裙"曝光过度，缺乏背景（照片中的大部分画面都是裙子本身），这可能会影响大脑对颜色的判断。如果出于某种原因，你的视觉系统习惯了略微偏黄的环境光——也许你在室内待得时间太长——那么你的视觉系统或许更有可能根据带黄色光源的假设推理出蓝黑色。相反，如果你是一个快乐健康的户外爱好者，视觉皮层经常沐浴在带蓝色的阳光下，那么你可能会看到白金色。

人们马上开始做各种各样的实验：在灯光昏暗的房间里盯着照片看，然后冲到室外的阳光下；将白金报告的频率与不同国家的平均日照率相关联；看看老年人是否比年轻人更容易看到蓝黑色。很快，家庭手工业如雨后春笋般出现了，用来检验这些假说和其他上千种假说[16]。

对于同样的图像，人们有如此不同的体验，并又如此自信地报告这些不同，这一事实有力地证明，我们对世界的感知是内在的建构，由我们个人的生物和历史的特质所塑造。大多数时候，我们认为我们每个人看世界的方式大致相同，而且大多数时候也许确实如此。但即使是这样，也不是因为红椅子真的是红色的，而是因为只有在像"蓝黑白金裙"这样的不寻常的情况下，才能梳理出我们的大脑如何做出最佳感知猜测的细微差别。

5

第二个例子是非常受欢迎的视觉错觉，叫作"阿德尔森的棋盘"。这个例子表明，预测对感知的影响并不局限于像"蓝黑白金裙"这样的怪异情境，它无处不在且无时无刻不在发生。在图4.3 左侧的棋盘上，将正方形 A 和 B 进行比较。希望大家都是 A 的颜色看起来比 B 的更深，对我来说是这样，对每一个我给他们看过这幅画的人来说也是这样。这里没有任何个体差异的迹象。

事实上，A 和 B 是完全相同的灰色阴影。右侧棋盘证明了这一点，它将 A 和 B 用一个具有一致灰色阴影的矩形连接起来。仔细看，没有阴影的变化，没有任何形式的过渡。尽管在左侧棋盘中 A 和 B 看起来不同，但实际上它们还是相同的灰色。即使知道它们是一样的也无济于事。我已经盯着这些图片看了几千次，图4.3 左侧的 A 和 B 仍然顽固地看起来是不同的灰色阴影[1]。

这里发生的事情是，人们对灰色性的感知不是由 A 或 B 发出的实际光波决定的（它们是一样的），而是由大脑对这些特

---

[1] 当知识无法影响感知时，我们称这种感知为"在认知上具有不可穿透性"。

定波长组合的成因的最佳猜测决定的，就像"蓝黑白金裙"一样——取决于环境。B 处于阴影中，而 A 没有，大脑的视觉系统已经在它的回路中深深地烙下了这一认知：处于阴影中的物体看起来更暗。就像大脑根据环境光线调整感知推断一样，它根据对阴影的先验知识[①]调整对 B 的阴影推断。这就是为什么在左侧棋盘中，我们认为 B 比没有阴影的 A 更亮。相反，在右侧棋盘中，阴影的背景被叠加的灰色条打乱了，所以我们可以看到 A 和 B 实际上是相同的。

图 4.3　阿德尔森的棋盘

一切都是完全自动的。你没有或者至少以前没有意识到，你的大脑在做出感知预测时，拥有并利用了对阴影的先验期待。这也不是视觉系统的故障。一个有效的视觉系统并不是指像摄影师使用的那种光度计。不管这意味着什么，感知的功能至少在一开始是这样的，都是为了找出感觉信号最有可能的起因，而不是传

---

① 先验知识（prior knowledge）是先于经验的知识。——译者注

递感觉信号本身的认识。

6

最后一个例子揭示了新的预测可以多快地影响意识感知。你能从图 4.4 看到的可能只是一堆黑白斑点。当你读完这句话后，在回到这里之前，先看看图 4.5。

图 4.4 "这是什么？"

现在再看一看图 4.4，它应该看起来很不一样。以前一团糟的地方，现在有了不同的物体，事物就在那里，而且有些事情正在发生。这是一个"双色"或"穆尼图像"。一旦看见，就很难再看不见。双色图像是通过拍摄一张照片，将其渲染成灰色，然后仔细地调整其阈值，这样细节就会消失于黑、白两个极端中——黑白也就是"双色"。如果处理得当，恰好所选的图片又非常合适，那么想要弄清楚图像中究竟是什么就会变得非常困难。也就是说，直到你看到原始图像，在这种情况下，双色图像突然解析成一个连贯的场景。

图 4.5　"这是什么"的参考图像 ①

这个例子的显著之处在于，当你现在再看到原始的双色图像时，到达你眼睛的感觉信号与你第一次看到它时没有任何变化。改变的只是你的大脑对这些感觉数据的起因的预测，而这改变了你有意识地看到的东西 [17]。

这种现象并不是视觉所独有的。有一些引人注目的听觉例

① 图 4.4 和图 4.5 来自 Teufel, C., Dakin, S. C. & Fletcher, P. C.（2018），"Prior object-knowledge sharpens properties of early visual feature detectors"，*Scientific Reports*，8:10853。经作者的许可，在知识共享署名 4.0 国际许可下使用，感谢本图作者。

子[18]，被称为"正弦波语音"。在这里，一个口语短语通过去掉所有高频信号被处理，这些高频信号使得正常的语言可以被理解。处理后的语音通常听起来像嘈杂的口哨声，毫无意义——相当于听觉上的双色图像。然后你去听原始的未经处理的语音，再去听"正弦波"版本，突然间一切都变得清晰起来。就像双色调图像一样，对感觉信号的起因所拥有的一个强有力的预测改变并且丰富了感知体验。

7

总的来说，不可否认这些例子都很简单，但不管怎么说，它们揭示了感知是一种生成性的、创造性的行为，是对感觉信号的一种主动的、装载背景信息的解释和参与。正如我之前提到的，感知体验是建立在基于大脑的预测之上的[19]，这一原则适用于所有领域，不仅适用于视觉和听觉，而且一直以来，同样适用于我们所有的感知。

这一原则的一个重要含义是，我们从未体验过"世界的本来面目"。事实上，正如康德在他的本体中指出的那样，很难知道这样做意味着什么。即使是最基本的颜色，正如我们所看到的，也只存在于世界和心智之间的相互作用中。因此，就像我们刚刚遇到的，当这些感知错觉揭示出我们看到（或听到、或触摸到）的和实际存在之间的差异时，我们可能会感到惊讶，但我们应该小心，不要仅仅根据感知体验与现实之间直接的契合度来判断它们的"准确性"。以这种方式理解的准确("不虚伪")的感知是一种妄想[20]。我们感知世界的受控幻觉是由进化设计出来的，用来增强我们的生存前景，而不是作为一扇通向外部现实的透明窗户，一扇无论如何都没有概念意义的窗户。在接下来的章节中，我们将更深入地探讨这些观点，但在此之前，有必要先排除一些反对意见。

第一个反对意见是，受控的幻觉感知观否认了现实世界中不可否认的方面。"如果我们所体验的一切只是一种幻觉"，你可能会抱怨，"那就跳到火车前面，看看会发生什么"。

我所说的一切都不应该被用来否认世界上事物的存在，无论是飞驰的火车、猫还是咖啡杯。受控幻觉中的"控制"与"幻觉"同样重要。以这种方式描述感知并不意味着一切都会发生，而是意味着世界上的事物在感知体验中出现的方式是大脑的一种构建。

话虽如此，区分启蒙哲学家约翰·洛克（John Locke）所说的"主要"和"次要"性质是很有用的。洛克提出，一个物体的主要性质是那些独立于观察者而存在的特性[21]，例如占据空间、具有坚固性和移动性。一辆迎面驶来的火车具有大量的主要性质，这就是为什么，不管你是否在观察它，也不管你对感知的本质持有何种信念，跳到一辆火车前面都是一个坏主意。次要性质是那些依赖于观察者的性质。这些是在头脑中产生感觉或"想法"的物体的属性，不能说它们独立存在于物体中。颜色就是次要性质一个很好的例子，因为颜色的体验依赖于一种特定的感知设备与物体的交互作用。

从受控幻觉的角度来看，物体的主要和次要性质都可以通过一个主动的、建设性的过程产生感知体验。然而，在这两种情况下，感知体验的内容与物体的相应性质都不相同。

第二个反对意见与我们感知新事物的能力有关。有人可能会担心，对任何我们可能会去感知的东西，我们可能需要一个预先形成的最佳猜测，这样我们就永远被困在一个已经预期到的感知世界里。想象一下，你从未在现实生活中、电视上、电影里，甚至在书里见过一只大猩猩，然后你意外地在街上遇到一只漫步的大猩猩。我保证，在这种情况下，你会看到一只大猩猩是一个全新的且相当可怕的感知体验。在一个已经预料到的世界里，这怎么可能发生呢？

简单地说，"看到大猩猩"这种体验从来都不是一种全新的感知体验。大猩猩是一种有胳膊、有腿、有毛的动物，而你以及你的祖先曾经看到过其他具有这些部分或全部特征的生物。更普遍地说，大猩猩是有明确边缘（虽然毛茸茸）的物体，它们以合理可预测的方式移动，并以与其他类似大小、颜色和纹理的物体相同的方式反射光线。"看到大猩猩"的新奇体验是建立在许多不同粒度的感知预测之上的，是在许多不同的时间尺度上获得的。从对亮度和边缘的预测到对面孔和姿势的预测，这些共同塑造了一个新的整体感知最佳猜测，这样才使你第一次看到大猩猩。

更详细的答案需要更多地了解大脑是如何在感知推理中执行极其复杂的神经体操的，这正是下一章要讲到的地方。

第五章　概率的巫师 [1]

托马斯·贝叶斯（Thomas Bayes）神父是长老会 ① 的牧师、哲学家和统计学家，他一生中的大部分时间都生活在英格兰南部的滕布里奇韦尔斯。他从未有机会发表使他名垂不朽的定理。他去世两年后，同为传教士和哲学家的理查德·普莱斯（Richard Price）向伦敦皇家学会提交了托马斯·贝叶斯的《关于解决机会主义问题的论文》（*Essay towards Solving a Problem in the Doctrine of Chances*）。后来，法国数学家皮埃尔 – 西蒙·拉普拉斯完成了大部分数学难题。但贝叶斯的名字永远与一种叫作"最佳解释推理"的推理方式联系在一起，这种推理方式对理解意识感知是如何从基于大脑的最佳猜测建立起来的至关重要。

贝叶斯推理就是用概率进行推理。更具体地说，它是如何在不确定的条件下做出最佳推理——我们之前一直称之为"最佳猜测"。我们已经遇到过"推理"这个术语，它的意思是在证据和

---

① 长老会（Presbyterian church），是西方基督教新教加尔文宗的一个流派，源自16世纪的苏格兰改革。长老会持守加尔文主义，尤其是苏格兰长老会基本完全延续着加尔文及其门徒的教义。——译者注

理性的基础上得出结论。贝叶斯推理是溯因推理的一个例子，与演绎推理或归纳推理不同。演绎意味着仅通过逻辑得出结论：如果 A 比 B 大，而 B 比 C 大，那么 A 比 C 大。如果前提为真，并且遵循逻辑规则，则演绎推理保证正确。归纳推理指的是通过一系列的观察推断出结论：在有记载的历史中，太阳都是从东方升起的，因此它总是从东方升起。与演绎推理不同，归纳推理可能是错误的：我从袋子里取出的前三个球是绿色的，因此袋子里的所有球都是绿色的。这可能是真的，也可能不是。

溯因推理是由贝叶斯推理形成的一种形式，就是在观察结果不完整、不确定或不明确的情况下，为这些观察结果找到最好的解释。和归纳推理一样，溯因推理也会出错。在寻求"最佳解释"的过程中，溯因推理可以被认为是一种逆向推理，即从观察到的结果到最可能的原因，而不是像演绎和归纳推理那样，从原因到结果。

举个例子。一天早晨，从卧室的窗户往外看，你看到草坪湿漉漉的[2]。是下了一夜雨吗？也许吧，但也有可能是你忘记关掉花园的洒水器了。我们的目标是为你所看到的情景找到最好的解释或假设。假设草坪是湿的，那么第一种可能：昨晚下雨的概率是多少？第二种可能：你没有关洒水器的概率是多少？换句话说，我们想就观测到的数据推理出最可能的原因。

贝叶斯推理告诉我们怎么做。当有新数据出现时，它提供了一种更新我们对某事的信念的最佳方式。贝叶斯规则是一种数学方法，它以我们现在正在习得的（似然性）为基础，从我们已经知道的先验概率到我们接下来应该相信的后验概率来推理。先验概率、似然性和后验概率通常被称为"贝叶斯信念"，因为它们代表的是知识的状态而不是世界的状态。需要注意的是，贝叶斯信念并不一定是我——作为一个人——相信的东西。说我的视觉皮层"相信"我面前的物体是一个咖啡杯，就像说我相信阿姆斯特朗登月一样。

　　先验概率是指在新数据到来之前某件事发生的概率。假设你住在拉斯维加斯，那么夜晚下雨的先验概率很低。开着洒水器的先验概率取决于你使用洒水器的频率，以及你有多么的健忘。尽管它的概率也很低，但没有降雨的先验概率低。

　　似然性，大致来说，是后验概率的反义词。它将从原因到结果的"正向"推理形式化。例如，假设夜晚下雨或洒一夜水，草坪湿的概率是多少？和先验概率一样，这个似然性也可能有所不同，但现在让我们假设下雨和偶然洒水可能造成草坪湿的概率相同。

　　贝叶斯规则结合了先验概率和似然性，得出每个假设的后验概率。规则本身很简单[3]：即后验概率等于先验概率乘以似然性，再除以第二个先验概率（这是数据的先验概率——在此例中即为湿草坪的先验概率——在此我们无须担心这个，因为对于每一个假设这个先验概率都是一样的）。

　　在早上观察潮湿的草坪时，一名优秀的贝叶斯主义者应该选择后验概率最高的假设——这是对数据最合理的解释。由于在我们的例子中，夜间下雨的先验概率小于偶然洒水的先验概率，所以下雨的后验概率也会更低。因此，一个优秀的贝叶斯主义者会选择洒水器的假设。这个假设是对观测数据成因的贝叶斯推理的最佳猜测——这是"最佳解释推理"。

如果这看起来很像常识，那是因为在这个例子中，这确实是常识。然而，在很多情况下，贝叶斯推理可能会偏离常识。例如，由于人们普遍倾向于高估患罕见疾病的先验概率，因此在医学检测结果呈阳性的情况下，很容易错误地认为自己得了一种严重的疾病[4]。即使测试的准确率达到99%，如果该疾病在人群中的流行率足够低，一个阳性结果可能只会略微增加你患相应疾病的后验概率。

让我们回到想象中的湿草坪场景，继续探索。在检查完自己的草坪后，你看了看邻居的草坪，你发现它也是湿的。这是重要的新信息。这两种假设的似然性现在是不同的：对于洒水器的假设，只有你的草坪是湿的，但对于下雨的假设，两个草坪都是湿的（记住，似然性是从假设的原因到观察到的数据）。作为一名优秀的贝叶斯主义者，你更新了后验概率，发现下一夜雨是你所看到的最好的解释——所以你改变了想法。

贝叶斯推理的一个强大特征是，在更新最佳猜测时，它考虑了信息的可信度。可信的信息应该比不可信的信息对贝叶斯信念有更大的影响。想象一下，你卧室的窗户很脏，你的眼镜丢了。你邻居的草坪可能看起来是湿的，但你的视力很差，窗户很脏，所以这些新信息非常不可信，你自己也知道。在这种情况下，虽然下雨的假设在你的眼神越过栅栏时变得更有可能，但最初的偶然洒水的假设可能仍然处于领先位置。

在很多情况下，用新数据更新贝叶斯最佳猜测的过程会在一个无尽的推理循环中一次又一次地发生。在每次迭代中，先前的后验概率成为新的先验概率。这个新的先验概率被用来解释下一轮的数据，形成一个新的后验概率，也就是一个新的最佳猜测，然后循环重复。如果你的草坪连续两个早晨都是湿的，那么你对第二天的原因的最佳猜测应该由第一天的最佳猜测得知，以此类推，直到每次新的一天到来。

从医学诊断到寻找失踪核潜艇，贝叶斯推理在各种情况下都得到了极大的应用[5]，并且新的应用层出不穷。甚至科学方法本身也可以被理解为贝叶斯过程，在贝叶斯过程中，科学假设被来自实验的新证据更新。以这种方式构想科学，既不同于托马斯·库恩（Thomas Kuhn）的"范式转变"，在他的"范式转变"中，整个科学体系随着不一致的证据积累而被推翻，也不同于卡尔·波普尔（Karl Popper）的"证伪主义"观点，在他的"证伪主义"中，假设被提出并一个接一个地被验证，就像气球被放飞到空中然后被击落一样。在科学哲学中，贝叶斯观点与匈牙利哲学家伊姆雷·拉卡托什（Imre Lakatos）的观点最为相似[6]，后者的分析侧重于科学研究项目在实践中发挥作用的因素，而不是它们在理想状态下可能包含的内容。

当然，贝叶斯科学观意味着科学家们对其理论有效性的先验信念将影响这些理论被新数据更新或破坏的程度。例如，我意识到我有一个强烈的先验信念，那就是大脑是贝叶斯式的预测机器。这种强烈的信念不仅会影响我对实验证据的解释，还会决定我所做的实验的种类，从而产生与我的信念相关的新证据。有时我在想，需要多少证据才能推翻我的贝叶斯信念[7]，也就是说大脑本质上是贝叶斯推理式的。

1

让我们回到想象中的大脑，身处安静而黑暗的头骨中，它试图弄清楚外面的世界是什么。我们现在可以认识到，这一挑战是使用贝叶斯推理的理想机会。当大脑对其嘈杂和模糊的感觉信号的起因做出最佳猜测时，它遵循托马斯·贝叶斯神父的原则。

感知先验概率可以在许多抽象层次和灵活性层次上进行编码。这些先验概率包括从非常普遍和相对固定的先验概率，如"光来自上方"，到特定情境的先验概率，如"向我走来的毛茸茸的物体是大猩猩"。大脑中的似然性编码了从潜在起因到感觉信号的映射。这些是感知推理的"正向推理"成分，和先验概率一样，它们可以在许多不同的时间和空间尺度上运作。大脑根据贝叶斯规则不断地结合这些先验概率和似然性，所以每一秒一个新的贝叶斯后验概率——一种感知上的最佳猜测——都在形成。而每一个新的后验概率又作为下一轮不断变化的感觉输入的先验概率。感知是一个动态滚动的过程，而不是一个静态的快照。

感觉信息的可信度在这里也起着重要作用。除非你碰巧在动物园里，当你第一次瞥见远处模糊的黑色毛茸茸的东西时，"大猩猩"的先验概率是非常低的。因为不管这个东西是什么，这个视觉输入估算的可信度将会很低，所以你的感知最佳猜测不太可能马上将其确定为"大猩猩"。但随着动物靠近，视觉信号变得更可信，信息量也更大，这样你大脑的最佳猜测将会在一系列选项中依次转换：大黑狗——穿猩猩服的人——真正的大猩猩，直到你自信地感知到它就是大猩猩，希望你还有足够的时间逃跑。

思考贝叶斯信念——先验概率、似然性、后验概率——最简单的方法是将其视为 0（表示零概率）和 1（表示 100% 概率）之间的单个数字。然而，为了理解感觉信号的可信度是如何影响感知推理的，也为了了解贝叶斯规则实际上是如何在大脑中执行的，我们需要更深入了解，从概率分布的角度来思考。

图 5.1 表显示了一个变量 X 的概率分布。在数学中，变量只是一个可以取不同值的符号。X 的概率分布描述了 X 的值位于某一特定范围内的概率。如图 5.1 所示，它可以用曲线表示。X 在某一特定范围内的概率由该范围对应曲线下的面积给出。在这个例子中，X 在 2 到 4 之间的概率远高于它在 4 到 6 之间的概率。和所有的概率分布一样，曲线下的面积总和正好等于 1。这是因为当考虑到所有可能的结果时，有些事情必定会发生[8]。

概率分布可以有很多不同的形状。这里的曲线就是其中一种常见的形状种类，即"正态""高斯"或"钟形曲线"分布。这些分布完全由平均值或平均数（曲线峰值的位置，在图 5.1 中为 3）和精度（曲线的分散程度，精度越高，分散越小）确定。这些量，也就是平均数和精度称为"分布的参数"①。

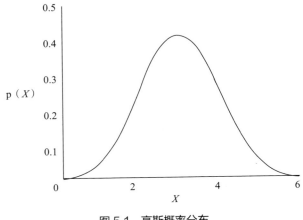

图 5.1　高斯概率分布

　　贝叶斯信念可以用这种高斯概率分布来有效地表示。直观地说，平均数表示信念的内容，而精度表示大脑持有这种信念的信心。一个尖峰（高精度）分布对应一个高置信度的信念。正如我们将看到的，正是这种表示信心或可信度的能力赋予了贝叶斯推理的力量。

　　让我们回到大猩猩的例子。相关的先验概率、似然性和后验概率现在可以被认为是概率分布，每一个都由一个平均数和一个精度所确定。对于每个分布，平均数表示"大猩猩"的概率，而精度则对应于大脑对这种概率估计的置信度[9]。

　　当新的感觉数据到来时，会发生什么？贝叶斯更新的过程是

---

① 有时使用方差而不是精度。精度是方差的倒数，即精度越高，方差越低。

最容易在图形中看到的。在图 5.2 中，点状线表示遇到大猩猩的先验概率。这条曲线的平均数较低，表明人们认为大猩猩不太可能出现，而它的精度相对较高，表明这种先验信念具有较高的可信度。虚线表示似然性，与感觉输入相对应。在这里，平均数更高，但精度较低：如果大猩猩真的在那里，这些可能是你能得到的感觉数据，但你对此不太自信。实线是后验概率曲线，在给定的感觉数据下，表示有大猩猩存在的概率。

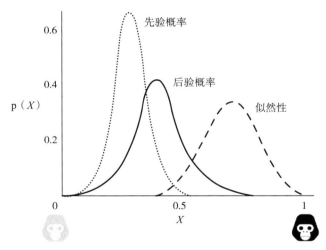

图 5.2　在基于高斯概率分布的贝叶斯推理的前提下，
对看见大猩猩这种情况的最佳猜测

一如既往，这是通过应用贝叶斯规则得到的。当处理高斯概率分布时，应用贝叶斯规则相当于将点状线和虚线相乘，同时保持实线下的面积（后验概率）恰好为 1。

注意，后验概率的峰值位置更趋近于先验概率，而不是似然性。这是因为两个高斯分布的组合同时依赖于平均数和精度。在这种情况下，因为似然性的精度较低（也就是说，表示"大猩猩"的感觉信号的估计是不可靠的），所以后验概率的最佳猜测并没有偏离先验概率太多。然而，下一刻你再看，大猩猩的感觉数据可能会更清晰一些，因为它现在离你更近了，而新的先验概率是由之前的后验概率给出的，所以新的后验概率，也就是新的最佳猜测会向着更接近"大猩猩"的方向移动，如此反复直到逃跑的时候。

贝叶斯定理为感知推理提供了一个最优性标准。它为大脑当在试图找出最可能产生感觉输入的原因时（无论是大猩猩、红椅子还是咖啡杯）应该做什么设定了最佳情境。但这只是故事的一部分。贝叶斯定理没有说明的是，从神经机制的角度来看，大脑是如何完成这些最佳猜测的。

要回答这个问题，我们就要回到感知的受控幻觉理论，以及核心观点，即意识内容不仅是由感知预测塑造的——它们就是这些预测。

2

在前一章，我介绍了感知是如何通过预测误差最小化的连续过程发生的。根据这一观点，大脑不断产生关于感觉信号的预测，并将这些预测与到达眼睛、耳朵、鼻子和皮肤等部位的感觉信号进行比较。预测的感觉信号和实际的感觉信号之间的差异给出了预测误差。感知预测主要是自上而下（从内向外）的方向，而预测误差则是自下而上（从外向内）的方向。这些预测误差的信号被大脑用来更新它的预测，为下一轮的感觉输入做好准备。一旦感觉预测的误差被尽可能地最小化或"通过解释消除"，我们的感知便会由所有自上而下的预测的内容一起给出[10]。

受控幻觉观与其他关于感知和大脑功能的"预测"理论有许多共同特征，其中最突出的是预测加工[11]。然而，在重点上有一个重要的区别。预测加工是一种关于大脑完成感知（认知和行动）的机制的理论。相比之下，受控幻觉观则是关于大脑机制如何解释意识感觉的现象学特性。换句话说，预测加工是一种关于大脑如何工作的理论，而受控幻觉观则采用了这一理论，并将其发展来解释意识体验的本质。重要的是，两者都以最小化预测误差为基础。

正是预测误差最小化提供了受控幻觉和贝叶斯推理之间的联系。它采用贝叶斯式关于大脑应该做什么的主张，并将其转变为关于大脑实际做什么的提议。通过无处不在和任何时候的最小化预测误差，我们发现大脑实际上是在执行贝叶斯规则。更准确地说，它近似于贝叶斯规则。正是这种联系证明了感知内容是一种自上而下的控制幻觉，而不是自下而上地"读出"感知数据。

大脑中预测误差最小化的三个核心组成部分：生成模型、感知层级结构和感觉信号的"精度加权"。

生成模型决定了可感知事物的全部。为了感知大猩猩，我的大脑需要配备一个生成模型，能够产生相关的感觉信号（例如大猩猩实际出现时我们预期会得到的感觉信号）。这些模型提供了感知预测的流程，并将其与传入的感觉数据进行比较，形成预测误差，当大脑试图将这些误差最小化时[12]，就会提示更新的预测。

感知预测在许多空间和时间尺度上发挥作用，因此我们感知到一个充满物体、人和空间的结构化世界。对看到大猩猩的高级预测会引起对四肢、眼睛、耳朵和皮毛的低级预测，然后进一步下降到对颜色、纹理和边缘的预测[13]，最后是对整个视野亮度变化的预期。这些感知层级在不同的感官之间起作用，甚至完全超越感觉数据。如果我突然听到我母亲的声音，我的视觉皮层可能会调整它的预测，即预测向我走来的人是我母亲。如果我知道我在动物园里，我大脑的感知区域会比我在街上闲逛时对看到大猩猩更有准备。

这里需要澄清的是，最小化预测误差中的"预测"并不一定是关于未来的。它仅仅意味着通过使用模型来做出超越数据的预期。在统计学中，预测的本质是在缺乏足够数据的情况下做出反应。至于这是否是因为预测是关于未来的（人们可以将未来看作是数据不足），还是因为预测是关于当前但不完全未知的情况，这并不重要。

预测误差最小化的最后一个关键元素是精度加权。我们已经看到感觉信号的相对可信度是如何决定感知推理更新的程度的。你第一眼看到远处的大猩猩，或者透过脏的窗户看到邻居的草坪，会传递出可信度较低的感觉信号，因此你的贝叶斯最佳猜测不会有太大的改变。我们还看到了可信度是如何通过相应概率分布的精度来衡量的。如图 5.2 所示，估计精度较低的感觉数据对先验概率信念更新的影响较弱。

　　我所说的是"估计精度"而不是简单的"精度"，因为感觉信号的精度并不是直接传递给感知大脑的。它也必须经过推理得知。大脑不仅面临着找出最可能产生感觉输入的原因的挑战，而且还面临着找出相关感觉输入的有多可靠的挑战。这意味着，在实践中，大脑不断调整感觉信号对感知推理的影响。它通过短暂地改变估计精度来实现这一点。这就是所谓的"精度加权"[14]。降权（降低加权）估计精度意味着感觉信号对更新最佳猜测的影响较小，而升权（升高加权）则相反，即感觉信号对感知推理的影响更大。通过这种方式，精度加权在预测和预测误差之间的微妙舞蹈的编排中发挥了至关重要的作用，而这是达到感知最佳猜测所需的。

　　虽然这听起来很复杂，但我们都非常熟悉精度加权在感知中的作用。提高感知信号的估计精度无非就是"集中注意力"。当你注意到某件事时，例如，真的想看看远方是否有一只大猩猩，你的大脑在相应的感觉信号上增加了精度权重，这相当于增加了它们的估计可信度，或者增加了它们的"增益"。以这种方式思考注意力可以解释为什么有时候即使事物就在眼前，即使我们正看着它们，但我们却看不到这些事物。如果你将注意力集中到其中一些感觉数据，增加它们的估计精度，那么另外一些感觉数据对更新感知最佳猜测的影响就会较小。

　　值得注意的是，在某些情况下，没有被注意的感觉数据可能对感知根本没有影响。1999年，心理学家丹尼尔·西蒙斯（Daniel

Simons）制作了一个著名的视频演示了这种现象 [15]，他称之为"非注意盲视"。如果你还没有看过，我建议你在继续阅读之前先看一看 [①]。

情况是这样的。在演示中，西蒙斯的实验被试观看了一个短视频，其中有两个团队，每个团队由 3 个人组成。一队穿黑衣服，另一队穿白衣服。每队都有一个篮球，并在队员之间相互传递，同时队员以随机的方式在周围来回走动。观众的任务是计数只在白队队员之间的传球次数。这需要努力集中注意力，因为 6 名球员在各处来回游荡，并且有两个球在来回传递。

令人惊讶的是，当这样做的时候，大多数观察者完全没有注意到一个穿着黑色大猩猩服装的人从左侧进入场地，做出各种大猩猩的动作，然后从场地右侧离开。再给他们看一遍同样的视频，这次让他们去找一只大猩猩：他们会马上看到它，而且通常会拒绝相信这是同一段视频。发生的事情是，将注意力集中在穿白色衣服的玩家身上，意味着来自穿黑色衣服的玩家以及大猩猩的感觉信号被给予了较低的估计精度，因此对更新感知最佳猜测的影响很小或根本没有。

许多年前的一个下午，类似的事情也发生在我身上，当时我正开车去往位于圣地亚哥的一个我最喜欢的冲浪地点。我在一个最近安装了"禁止左转"标志的地方左转，转到德尔马附近一条通往大海的偏僻小路。因为没有明显的理由设置这个新标志，而

---

① 参见 www.youtube.com/watch?v=vJG698U2Mvo。

且我前面的其他车辆刚刚也向同一个方向转弯，另外这几年我可能已经在这里像这样左转了几百次，还因为我对由此而产生的不公平罚单非常生气，所以我在一份书面证词中辩称，这个标志对我来说是不可见的，尽管它可能在"原则上"是可见的。我的辩护诉诸了"非注意盲视"原则。是的，有一个新的标志，但由于我的大脑精度加权，我无法感知它。我把这个案子一路带到加州交通法庭，虽然不是最高法院，但也足够远，以至于我的名字出现在了那天的"刑事日历"上。我甚至为法官准备了一个漂亮的幻灯片演示，但这丝毫没有帮助。

尽管魔术师可能不会用这些术语来描述他们的技艺，但他们也利用了"非注意盲视"原则。尤其是近距离魔术，它巧妙地误导了人们的注意力，这样他们就不会注意到黑桃皇后（黑桃 Q）被放在耳朵后面，使之后它看起来就像凭空出现一样[16]。成功的扒手也受益于这种感知生理的怪癖。我曾亲眼看见扒手大师阿波罗·罗宾斯（Apollo Robbins）毫不费力地拿走了我同事的手表、钱包和皮包。这一举动更加的引人注目，因为他们中的许多人都是感知方面的专家，对"非注意盲视"了如指掌，而且完全了解罗宾斯想要做的事情。

3

人们很容易用下面的方式来思考我们与世界的互动。首先，我们感知世界的本来面目。然后我们决定做什么。最后我们就这么做。感觉、思考、行动。这可能就是事情看起来的样子，但需要再一次提及，事情看起来的样子并不能说明事情的实际情况。是时候采取行动了。

行动与感知是分不开的。感知和行动是如此紧密地结合在一起，以至于它们确定并定义了彼此。每一次行动都会通过改变传入的感觉数据来改变感知，而每一次感知都是为了帮助指导行动。在没有行动的情况下，感知是毫无意义的。我们感知周围的世界，以便在其中有效地行动[17]，实现我们的目标，并从长远来看，促进我们的生存前景。我们感知的不是世界本来的样子，而是因为这样做对我们有用从而才去感知它。

甚至可能行动是第一位的。与其把大脑想象成达到感知的最佳猜测来指导行为，不如把大脑想象成从根本上产生行动[18]，并使用感觉信号不断校准这些行动，从而更好地实现生物体的目标。这种观点把大脑看作一个内在动态的、活跃的系统，不断地探索它的环境并检查其后果①。

在预测加工中，行动和感知是同一枚硬币的两面。两者的基础都是感觉预测误差最小化。到目前为止，我已经从更新感知预测的角度描述了这个最小化的过程，但这不是唯一的可能性。还可以通过执行动作来改变感觉数据，从而消除预测误差，使新的

---

① 想想海鞘。在它的幼年阶段，这种简单的动物有一个明确的、但还处于初级阶段的大脑，它用它的大脑来寻找吸引它的岩石或珊瑚块，在上面度过它的余生，滤食任何漂过的东西。找到一个岩石或珊瑚块并将自己附着在上面后，它消化自己的大脑，只保留一个简单的神经系统。有些人把海鞘作为学术生涯的一个类比，就像在他们找到一个固定的大学职位之前和之后的那种历程。

感觉数据与现有的预测相匹配。通过行动使预测误差最小化被称为"主动推理"[19]——这个术语是由英国神经学家卡尔·弗里斯顿（Karl Friston）创造的。

思考主动推理的一种有用的方法是将其视为一种自我实现的感知预测，这是大脑通过采取行动，寻找使其感知预测成为现实的感觉数据的过程。这些动作可以像移动眼球一样简单。今天早上，我从桌子上一堆乱七八糟的东西中找我的车钥匙。当我的眼神从一个地方"飞"到另一个地方时，我的视觉预测不仅每时每刻都在更新（空杯子，空杯子，回形针，空杯子……），而且我的视觉焦点不断地质询我面前的场景，直到我对汽车钥匙的感知预测完成。

任何一种身体动作都会以某种方式改变感觉数据，无论是移动你的眼球，走进一个不同的房间，还是收紧你的腹部肌肉。即使是高水平的"行动"，比如申请一份新工作或决定结婚，也会归结为一系列的身体行动，从而改变感觉输入。每一种行为都有可能通过主动推理来抑制感觉预测误差，因此每一种行为都直接参与感知。

与预测加工的所有方面一样，主动推理依赖于生成模型。更具体地说，主动推理凭借生成模型的能力来预测行动的感觉后果。这些预测的形式是"如果我看向那边，我最有可能遇到什么感觉数据"。这种预测被称为"条件预测"，即如果情况确实如此，将会发生什么的预测。如果没有这种条件预测，大脑就不可能知道，在无数种可能的行为中，哪种行为最有可能减少感觉预测误差。我的大脑预测最有可能找到我丢失的车钥匙的行动涉及在视觉上扫描我的桌子，而不是盯着窗外或在空中挥舞我的手。

除了实现现有的感知预测，主动推理还可以帮助改善这些预测。在短的时间尺度上，行动可以收获新的感觉数据，从而帮助做出更好的最佳猜测，或在相互竞争的感知假设之间做出决定。我们在本章开头看到的一个例子，"夜间下雨"和"不小心开着洒水器"这两个相互竞争的假设，可以通过隔着栅栏偷看邻居的草坪来更好地做出区分。另一个例子是整理我桌子上的所有杯子，从而帮助我找到车钥匙。在每种情况下，选择相关的行动都是凭借拥有一个生成模型，该模型能够预测感觉数据将如何随着行动变化。

从长远来看，行动是学习的基础——这里"学习"意味着通过揭示更多关于感觉信号的起因，以及一般意义上世界的因果结构来改善大脑的生成模型。当我的目光越过栅栏来帮助我推断出特定的潮湿草坪的原因时，我也了解了更多一般来讲导致草坪潮湿的原因。在最好的情况下，主动推理可以产生一个良性循环[19]，在这个循环中，精心选择的行动可以揭示有关世界结构的有用信息，然后将其纳入改进的生成模型中，从而可以实现改进的感知推理，并指导新的行动，传递更有用的信息。

主动推理最反直觉的方面是，行动本身可以被认为是一种自我实现的感知预测形式。在这个观点中，行动不仅参与感知——行动就是感知。当我移动我的眼球寻找我的车钥匙，或移动我的双手收拾杯子时，对我身体的位置和运动的感知预测正在成为现实。

在主动推理中，行为是自我实现的本体感受预测。本体感受是一种感知形式，通过记录遍布骨骼和肌肉组织的感受器发出的感觉信号，来追踪身体的位置和运动方式。我们可能不会过多地考虑本体感受，因为在某种意义上，本体感受总是存在的，但一个简单的事实是，你可以闭上眼睛触摸你的鼻子，这展示了本体感受在我们所有行动中所扮演的重要角色。从主动推理的角度来看，"触摸鼻子"意味着允许一套关于手的动作和位置的本体感受预测得到自我实现——从而掩盖我的手指目前没有触摸我的鼻子的感觉证据。在这里，精度加权[20]再次发挥了重要作用。为了使本体感受预测成为现实，告诉大脑身体实际位置的预测误差必须减弱，或者降低权重。这可以被认为是集中注意力的反面——对身体的"注意力分散"[21]，这种"注意力分散"使得身体可以移动。

以这种方式思考行动强调了行动和感知如何是一枚硬币的两面。相对于某些中枢心智认为的感知是输入、行动是输出，行动和感知都是基于大脑的预测的两种形式。两者都依赖于一种常见的贝叶斯最佳猜测过程，都依赖于感知预测和感觉预测误差之间精心编排的舞蹈，只是在"谁领导，谁跟随"上有所不同。

4

让我们最后再看一次我们想象中的大脑，它被封闭在骨制的监狱里。我们现在知道这个大脑并不是孤立的。它在来自世界和身体的感觉信号的激流中游泳，不断地指导会主动塑造感觉流动的行动，这些行动是能自我实现的本体感受预测。接踵而来的感觉冲击会遇到一系列自上而下的预测，预测误差信号会向上流动，以激发更好的预测并引出新的行动。这个滚动的过程近似于贝叶斯推理，这是一种根据贝叶斯主义原则而发生的有效过程，在这个过程中大脑在对其感觉环境的成因不断进化的最佳猜测上不断调整，一个生动的感知世界——受控的幻觉就这样产生了。

通过这种方式理解受控幻觉，我们现在有充分的理由认识到自上而下的预测不止会使我们的感知产生偏差。它们就是我们感知的对象。我们充满色彩、形状和声音的感知世界，不过是我们的大脑对其无色、无形和无声的感觉输入的隐藏起因的最佳猜测。

我们接下来会看到，不仅是猫、咖啡杯和大猩猩的体验可以用这种方式来解释，我们感知体验的每一个方面都可以用这种方式来解释。

第六章　旁观者的分享

我们深入感知体验深层结构的旅程始于 20 世纪初的维也纳。这些年来，如果你在这座优雅城市的咖啡馆、沙龙逗留过，你可能会遇到一些著名人物。比如维也纳哲学家，其中包括库尔特·哥德尔（Kurt Gödel）、鲁道夫·卡尔纳普（Rudolf Carnap）、路德维希·维特根斯坦，还有现代主义绘画的先驱古斯塔夫·克里姆特（Gustav Klimt）、奥斯卡·柯克西卡（Oskar Kokoschla）、伊贡·席勒（Egon Schiele），以及艺术史学家阿洛伊斯·里格尔（Alois Riegl），当然还有西格蒙德·弗洛伊德（Sigmund Freud）。

在当时维也纳流动的学术氛围中，艺术和科学两种文化以一种不同寻常的程度交融在一起。科学并没有凌驾于艺术之上，因为，在我们所熟知的意义上，艺术及其引发的人类反应被认为是需要科学解释的东西。艺术也没有将自己置于科学之外。艺术家和科学家以及他们的批评者在试图理解人类体验的丰富性和多样性方面是同盟者。难怪神经学家埃里克·坎德尔（Eric Kandel）在他的同名著作中称这一时期为"洞察内心的时代"。

"旁观者的分享"是"洞察内心的时代"[1]产生的最具有影响

力的思想之一，它最先由里格尔提出，后来由恩斯特·贡布里希
（Ernst Gombrich）推广开来[2]。恩斯特·贡布里希是 20 世纪艺术
史上的主要人物之一。他们的思想强调了观察者或者旁观者在富
有想象力地"完成"一件艺术品中所扮演的角色。旁观者的分享
是感知者贡献的那部分感知体验[3]，在艺术品本身或世界中是找
不到的。

　　"旁观者的分享"的概念迫切需要与感知的预测理论联系起
来，比如受控幻觉理论。正如坎德尔所言："旁观者的感知涉及
自上而下的推理[4]，这让贡布里希相信'天真的眼睛'不存在。
也就是说，所有的视觉感知都是基于对概念的分类和对视觉信息
的解读。一个人无法感知不能分类的东西。"

　　在我看来，与克洛德·莫奈（Claude Monet）、保罗·塞尚和
卡米耶·毕沙罗（Camille Pissarro）等艺术家为伴时，旁观者的
分享尤为明显。站在他们的一幅印象派杰作前（比如毕沙罗 1873
年创作的《白霜，通往埃纳里的老路》[5]，现悬挂于巴黎的奥塞美
术馆），我被带入了一个不同的世界。像这样的画作获得力量的
原因之一是它们为观察者的视觉系统留下了解读的空间。在毕沙
罗的画中，"调色板的碎片[6]……在肮脏的画布上"——正如评论
家路易斯·勒罗伊（Louis Leroy）所说，强烈地唤起了一种对霜
冻田野的感知印象。

　　印象派风景画试图将艺术家从绘画行为中解脱出来，通过在
画布上添加亮度的变化来恢复贡布里希的"天真的眼睛"[7]，这些
亮度的变化是感知推理的原始材料，而不是这个过程的输出。要

做到这一点，艺术家必须发展和运用自身对视觉主观的、现象学方面是如何产生的这一问题的复杂理解。每一件作品都可以被理解为是对人类视觉系统进行的一次逆向工程的练习，从感觉输入到连贯的主观体验。这些画作成了预测感知以及由这些过程所产生的意识体验本质的实验[8]。

像毕沙罗创作的这些画作不只是感知科学的回声或预感，旁观者的分享也不只是预测误差最小化的艺术历史版本。贡布里希和他的同事们所带来的是对感知的现象学和体验本质的深刻欣赏——这种欣赏很容易在先验概率、似然性和预测误差的具体细节中丢失。

"当我们说印象派画布上的墨迹和笔画突然变得栩栩如生时，我们的意思是我们被引导着将一处风景投射到这些颜料中[9]。"在这里，贡布里希抓住了意识感知的本质，这是一种超越艺术范畴的普遍体验[10]。当我们体验"真实存在"的世界时，这不是对客观现实的被动揭示，而是一个生动和当下的投影——一种从大脑触及世界的投影。

1

回到实验室，人们从简单的实验开始，努力解开感知期待支撑主观体验的方式。可以通过实验做出的一个预测是，相比于我们不期待的事物，我们应该更快、更容易地感知我们期待的事物[11]。几年前，亚伊尔·平托（当时是我的博士后研究员，现在是阿姆斯特丹大学的助理教授）开始检验这个假设，就像我们经常做的那样，将重点放在视觉体验。

亚伊尔使用了一种名为"连续闪现抑制"[12] 的范式，在这种范式中，不同的图像分别呈现在左右两只眼睛上。一只眼睛呈现的是一张画片（在这种情况下，或者是一栋房子，或者是一张脸），而另一只眼睛呈现的是快速变化的重叠长方形图案。当大脑试图将两个图像融合成一个场景时，它会失败，而不断变化的长方形图案往往占主导地位，因此这也是人们有意识地看到的事物。图片的意识感知被"连续闪现"的形状所抑制。我们的实验[13] 如图 6.1 所示，使用了这种方法的一个版本，在这个版本中，长方形图案的对比度开始时很高，随着时间的推移而减弱，而图片的对比度开始时很低，随着时间推移而逐渐增加。这意味着，最多几秒钟后，这幅图片上的内容无论是一栋房子还是一张脸，都会变得有意识地可见。

为了查明感知期待是如何影响意识感知的，我们在每个实验试次前都用线索词语"房子"或"脸"来提示参与者。重要的是，这些期待只是部分有效的。当参与者被"脸"这个词所提示时，一张脸将会呈现在 70% 的实验试次中，而另外 30% 的试次中则会呈现一栋房子。当我们引导他们将有一栋房子出现时，情况正好相反。通过测量每幅图像从闪现抑制中显现的时间，我们可以确定，相比于在特定图像（一栋房子或一张脸）不被预期的情况下，人们在期待的情况下可以多快地有意识地看到这幅特定的图像。

正如我们所预测的那样，当房子是人们所期待的时候，人们能更快、更准确地看到房子（将期待换为脸也是如此）。速度上的差异很小，大约 1/10 秒，但它是可靠的。在我们的实验中，有效的感知期待确实会导致更快速、更准确的意识感知。

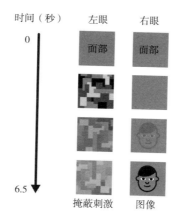

图 6.1　渐变对比度的连续闪现抑制 ①

我们的研究是越来越多探索感知期待起作用时会发生什么的研究之一。在另一个精妙的实验中，奈梅亨唐德斯研究所的米夏·海尔布朗（Micha Heibron）、弗洛里斯·德朗厄（Floris de Lange）和他们的同事利用了所谓的"词语优势效应"。单个的字母，比如"U"，当它们作为一个词语的一部分时（比如"HOUSE"房子），

---

①　左眼呈现的长方形图案对比度会随着时间的推移而减少，而右眼呈现的图片（房子或脸）对比度则会随着时间的推移而增加。一个反光立体镜被用来将计算机显示器上的每一个图像引导到合适的眼睛上。在实验的每个试次开始的时候，通过将词语"脸"或"房子"呈现给被试的双眼，这两个词暗示他们将会看到一张脸或一个房子。

比当它们组成非单词字母串（比如"AEUVR"）时更容易被识别。德朗厄的团队给实验参与者呈现了许多单词和非单词的例子，这些例子总是在视觉噪声背景下呈现的。他们发现，单词条件下的单个字母比非单词条件下更容易阅读，这证实了词语优势效应。

这项研究的复杂之处来自一种分析实验参与者大脑活动的聪明方法，他们用功能性磁共振成像记录了实验参与者的大脑活动。通过使用一种名为"大脑阅读"的强大技术分析数据[14]，他们发现，当字母构成单词的一部分时，与它是非单词的一部分相比，字母在视觉皮层中的神经表征更"有锐度"。更有锐度的意思是说，它与其他字母的神经表征的区别更加明显。这意味着语境提供的感知期待能够以一种增强感知的方式改变视觉加工的早期阶段的活动，就像受控幻觉的观点所提议的那样。

尽管这些实验很有启发性，但实验室环境远不及自然环境下意识体验的丰富性和多样性。要走出实验室，走进这个世界，我们需要用不同的方式思考。

2

不久前的一个夏天，我生平第一次在舌头下放了一点LSD，然后躺在草地上，想看看会发生什么。这是一个温暖的日子，微风轻拂，淡蓝色的天空上散落着几缕云彩。大约半个小时后，就像多年前发生在艾伯特·霍夫曼身上的那样，世界开始转变和变异。山、天、云、海开始跳动，变得更生动，更让人着迷，和我的身体交织在一起，不知何故就像真的一样。像一个真正的科学家一样，我试着做笔记，但第二天再看笔记时，我发现我的尝试很快就失败了。有一段记忆一直留在我的脑海里，那就是云朵如何以一种至少部分在我控制之下的方式，呈现出变幻但又明确的形态。一旦一朵特定的云开始变幻为一匹马或者一只猫，抑或是一个人的时候，我发现不需要太多努力我就能凸显出效应，有时甚至达到荒谬的程度。比如有一次，我看到一群像茜拉·布莱克的人在地平线上漫步①。

对于任何怀疑大脑是体验器官的人来说，通过 LSD 产生的幻觉是一种强有力的反驳证据。在那之后的几天里，我有这样一种印象，我仍然可以"透过"我的感知体验，体验它们的结构（至少是部分体验）。我仍然可以体验媒介的回声，以及感知信息。

当然，在没有药物刺激的情况下，我们也可以在云中看到人脸，至少可以看到它们的线索和暗示，以及它们投射到天空中的概率性的影子。看到事物的模式的普遍现象被称为"幻想性错觉"（源自希腊语的"旁边"和"图像"）。对于人类和其他一些动物来说，面孔的重要性意味着我们的大脑预先装载了强烈的与面孔相关的先验期待。这就是为什么在某种程度上我们都倾向于在事物中看到面孔[15]，无论是在云里，在一片吐司里，甚至是在旧的浴室水槽里（见图 6.2）。因为我们都这么做，我们通常不会把幻想性错觉当成幻觉。当一个精神分裂症患者听到一个声音命

---

① 茜拉·布莱克（Cilla Black）是来自利物浦的20世纪60年代流行歌手和当代电视名人。

令他对自己施暴，或者告诉他，他是耶稣重生，而又当其他人没有听到这个声音时，事情就不同了，我们称之为"幻觉"。当我服用 LSD 时，我看到一大群茜拉·布莱克在天空中行进，那也是幻觉。

正如我们现在所知道的，无论这些现象看起来多么奇怪，认为它们完全不同于正常的感知最佳猜测的这种看法是错误的。我们所有的体验，无论我们是否把它们贴上幻觉的标签，总是并且无处不在地基于感知期待在我们感知环境上（中）的投射。我们所说的"幻觉"，是当感知先验异常强烈并压倒感觉数据时发生的事情，以至于大脑对其在世界中起因的把握开始变得松动。

图 6.2　在水槽里看到一张面孔

受到正常感知和幻觉之间连续性的启发，在我们的实验室里，我们一直在探索新的方法来研究感知最佳猜测是如何产生感知体验的，我们的实验把我们带到了一些奇怪的地方。

从我的办公室开始，如果你走上两层楼梯，穿过原来化学系的内部，你会发现我们的一个临时实验室空间——它的位置和用途可以在那张贴于门上的纸上看出来：VR/AR 实验室。在这里，我们利用快速发展的虚拟现实和增强现实（VR/AR）技术，来研究世界和自我的感知，这个研究方法如果没有虚拟现实和增强现实技术就不可能实现。几年前，我们决定建造一个"幻觉机器"[16]，看看我们是否能通过模拟主动感知先验概率，以一种实验可控的方式产生类似幻觉的体验。该项目由实验室资深博士后研究员、常驻 VR 专家铃木启介所主持。

使用 360 度摄像机，我们首先拍摄了真实环境的全景镜头。我们选择了周二午餐时间大学校园的主广场，学生和工作人员在每周的这个时间都会来此在食物市场中四处转转。然后，通过铃木启介设计的基于谷歌的"深度梦境"程序的算法处理这些视频片段，以产生一种模拟的幻觉。

"深度梦境"算法涉及使用一个人工神经网络，该网络经过训练可以识别图像中的物体，以及涉及反向运行该人工神经网络。这样的网络由许多层模拟神经元组成[17]，它们之间的连接排布在某种程度上类似于生物视觉系统自下而上的通道。因为这些网络只包含自下而上的连接，所以很容易使用标准的机器学习方法来训练它们。我们使用的这个特定的网络经过训练，可以在图像中识别一千多种不同的物体，包括许多不同品种的狗。它表现得非常出色，甚至可以区分不同种类的哈士奇，即使它们在我看来都是一样的。

使用这些网络的标准方式是向他们展示一幅图像，然后询问网络"认为"图像中的内容是什么。而"深度梦境"算法则相反[18]，告诉网络一个特定的物体出现在图像中，并更新图像。换句话说，该算法将感知预测投射到一幅图像上或图像中，使其超出旁观者的分享。对于幻觉机器，我们将这个过程逐帧[①]应用到整个全景视频中，并添加了一些花哨的东西来应对图像连续性等问题。我们通过一个头戴式显示器重播了这部"深度梦境"电影，这样人们就可以环顾四周，以身临其境的方式体验它，于是幻觉机器就诞生了。

当我第一次尝试时，体验比我预想的更吸引人[19]。据我所知，虽然这并不像一次完全的迷幻之旅或精神错乱的幻觉，但视频中的世界还是发生了巨大的变化。这一次，没有茜拉·布莱克，但整只狗以及狗的各部位以一种截然不同的方式从我周围场景中的所有部位有机地出现，这种方式似乎完全不同于仅把狗的图片粘贴到已经存在的电影中（见图6.3）。幻觉机器的强大之处在于它能够模拟自上而下对出现狗的最佳猜测所产生的效果，并以一种夸张的方式再现我们在现实世界中感知和解释视觉场景的过程。

通过以稍微不同的方式对幻觉机器进行编程，我们可以产生不同种类的模拟幻觉体验。例如，如果我们固定处于网络中间层的活动而不是输出层，我们最终会产生对物体某些部分的幻觉，而不是对整个物体的幻觉。在这种情况下，你面前的场景充满了眼睛、耳朵和腿，狗的身体部位杂乱地遍布在你的整个视觉

---

① 逐帧（frame by frame）过程是指应用于视频的每一帧的编辑过程。——译者注

世界中。固定更低的层次会导致所谓的"几何"幻觉，即视觉环境的底层特征（边缘、线条、纹理、图案）变得异常生动和突出。

图6.3　来自"幻觉机器"视频的静态图

幻觉机器是我们称之为"计算现象学"的一种练习，即使用计算模型来构建从机制到感知体验属性的解释桥梁。它的直接价值在于将预测性感知的计算架构与幻觉的现象学相匹配。这样，我们就可以开始理解为什么特定类型的幻觉是这样的[20]。但在这个应用之外，还有更深层次的，对我来说更有趣的观点，通过揭示幻觉，我们将能够更好地理解正常的日常感知体验。幻觉机器以一种个人的、直接的、生动的方式表明，我们所说的幻觉是不受控感知的一种形式。而正常（在此时此地）的感知实际上是受控幻觉的一种形式。

3

有人可能会担心，受控幻觉的观点仅限于解释这样的事情："我看到了一张桌子（或者用'脸''猫''狗''红椅子''姐夫''鳄梨''茜拉·布莱克'来代替'桌子'），因为这是我的大脑对当前感觉输入起因的最佳猜测。"我认为我们可以更进一步来解释我所说的感知的"深层结构"——意识内容在我们的体验中、在时间和空间中，以及跨越不同感觉通道出现的方式。

我们的视觉世界主要由物体和物体之间的空间组成，这显然是微不足道的观察。当我看着桌上的咖啡杯时，在某种意义上我能感知到它的背面，尽管我不能直接看到它的这一部分。杯子在我看来占据了一定的体积，而照片或图画中的咖啡杯却没有。这就是"物性"的现象学。物性是视觉意识内容如何一般地出现的一种属性，而不是任何单一的意识体验的属性。

虽然物性是视觉体验的普遍特征，但它并不是通用的。如果在一个阳光明媚的日子，你抬头仰望一片均匀的蓝天，你不会觉得天空是一个"外在的物体"。如果你直视太阳，然后移开视线，你的视网膜后像就不是一个物体，而是一个暂时的故障。类似的区别也适用于其他感觉通道：耳鸣患者不会感受到与世界上真实存在的事物有关的令人痛苦的声音，这就是为什么它有时被称为"耳鸣"。

艺术家们早就认识到物性与人类感知的相关性。勒内·马格里特（René Magritte）的作品《形象的叛逆》随处可见，它探讨了物体和物体的图像之间的区别。巴勃罗·毕加索（Pablo Picasso）的立体主义作品集的很大一部分内容是在研究人类对物性的感知如何依赖于第一人称视角。他的绘画以多种方式分解和重新排列物体，并从多个角度同时表现它们。我们可以把这些画以及其他类似的画，看作从旁观者的分享角度来探索物性的原理[21]。毕加索的作品尤其能吸引观察者从一堆可能性中富有想象力地创造出感知的物体。正如哲学家莫里斯·梅洛-庞蒂（Maurice Merleau-Ponty）所言，画家通过绘画来探索[22]物体使之在我们眼前可见的方式。

在认知科学中，"感觉运动权变理论"[23]对物性现象学进行了最彻底的探索。根据这一理论，我们体验到什么取决于对行动如何改变感觉输入的"实际掌控"。当我们感知到一些东西时，我们感知到的内容并不是由感觉信号携带的；相反，它产生于大脑关于行动和感觉如何相互耦合的内隐知识。从这个观点来看，视觉以及我们所有感知觉通道都是生物体所做的事情，而不是为一个集中的"心智"提供的被动信息。

在第四章中，我们用基于大脑的关于表面如何反射光线的预测来描述了红色性的体验。现在让我们把这个解释扩展到物性。如果我把一个番茄拿到我眼前，我便可以感觉番茄有一个背面，但是当我看到一张番茄的照片（或者一张烟斗的照片，就像马格里特的画），或者一片清澈的蓝天，或者当我体验视网膜后像时，这种感觉是不会发生的。根据感觉运动权变理论，尽管我无法直接看到番茄的背面，但我能在感知上意识到它的背面，因为我的大脑中隐含着关于旋转番茄将如何改变传入的感觉信号的知识。

必要的隐性知识连接以生成模型的形式出现。正如我们在前一章中所知道的，生成模型可以预测行动的感觉结果。这些预测是"有条件的"或"反事实的"，因为它们是关于感觉信号在特定的行动下可能发生或可能已经发生了什么的。在几年前我写的一篇研究论文中，我提出"物性的现象学取决于这些有条件的或反事实的预测的丰富性"的观点[24]。生成模型编码了许多不同的这类预测，比如番茄的四周都有红色的果皮，这将导致强烈的物性现象学。但是，如果只编码少数或不编码这类预测，比如对没有特征的蓝天或视网膜后像的预测，这样的生成模型会导致物性的削弱或缺失。

另一种物性缺失的情况是"字素—颜色联觉"[25]。"联觉"这个术语指的是一种"感觉的混合"。具有"字素—颜色"这种联觉形式的人在看到字母时会有颜色体验。例如，不管字母 A 在页面上的实际颜色是什么，它都可能会引起一种明亮的红色性。尽管这些颜色的体验持续地、自动地发生，也就是说，每当遇到一个特定的字母时，人们就会体验到相同的颜色，并且这并不需要有意识的努力——但是联觉者通常不会将他们的联觉颜色与现实世界中的颜色混淆。我认为，这是因为与"真实"的颜色相比，联觉色彩并不支持丰富的感觉运动预测。联觉的"红色"不会随着你的移动或环境光线的变化而变化，因此不会有任何物性的现象学。

在我们的 VR 实验室里，我们已经开始对这些想法进行检验。

在最近的一个实验中，我们故意创建了一系列不熟悉的虚拟物体，每一个都由各种各样的斑点和突出物定义，实验参与者可以通过一个头戴式显示器观看[26]（见图 6.4）。我们采用了在之前的脸 / 房子实验中使用的闪现抑制方法，使每个物体在最初不可见，但最终会在意识中出现。尽管脸 / 房子的实验操纵了特定图像是否符合期待，但我们的 VR 设置却允许我们通过改变物体对动作的反应方式来操纵感觉运动预测的有效性。参与者使用操作杆来旋转虚拟物体，同时我们可以让虚拟物体像真实物体一样做出反应，或者按照随机的、不可预测的方向旋转。我们预测正常表现的虚拟物体会比那些违反感觉运动预测的物体更早进入意识，而这正是我们的发现。这个实验诚然是不完美的，因为它把进入意识感知的速度作为物性现象学的指标。但它仍然表明，感觉运动预测的有效性可以以具体和可测量的方式影响意识感知。

图 6.4　一些设计得看起来很陌生的虚拟物体

4

在许多符合直觉但错误的观念中，我们感知的变化与世界的变化直接对应。但是变化就像物性一样，是感知体验深层结构的另一种表现。感知的变化并不只是由感觉数据的变化来决定。我们通过最佳猜测的原则来感知变化，这一原则也产生了感知所有其他的方面。

许多实验表明，物理变化，即世界上的变化，对于变化的感知来说既不是必要的，也不是充分的。图 6.5 充满蛇的图像[27] 提供了一个引人注目的例子，在这个例子中没有任何东西移动，但是给人造成一个运动的感知印象，特别是如果你让你的眼球在图像周围移动时。这里发生的事情是，图片的微小细节，当从你的外周视野中（眼角外）看时，即使图片没有运动，也能说服你的视觉皮层使之推断出运动。

图 6.5　"旋转蛇"错觉[①]

资料来源：北冈明佳。

相反的情况，即没有引起变化的物理变化，发生在"变化盲

---

① 这个错觉的（更有效的）彩色版本参见 www.illusionsindex.org/i/rotating-snakes。

视"中。这种情况可能发生在环境的某些方面变化非常缓慢的时候，或者当所有的东西都同时在变化，只有一些特征是有关联的时候。这一现象有一个有力的例子，是来自一段视频[①]，视频中图像的整个下半部分可以改变颜色（从红色到紫色），但因为这个变化发生的很缓慢，大约持续 40 秒，即使人们直接看着图像的变化部分，大多数人也根本没有注意到变化（这只在人们对颜色变化期待没有被启动的情况下有效，如果他们积极地去寻找，变化是很容易被看到的）。这个例子与我在前一章中描述的"非注意盲视"有一些相似之处，即人们在篮球比赛中无法看到一个不被期待的大猩猩。此处不同的是，人们没有看到的是"变化"本身。

有些人认为变化盲视暴露了一个哲学困境：在图像变了颜色之后，你仍然在体验红色吗（即使它现在是紫色的）？抑或你正在体验紫色？在这种情况下，如果你没有体验任何变化，那么你到底体验了什么？解决办法是否定问题的前提，并认识到对变化的感知与感知的变化是不一样的。变化的体验是另一种感知推理，另一种受控幻觉。

如果变化的体验是感知的推理，那么时间的体验也是如此。

5

时间是哲学、物理学以及神经科学中十分令人困惑的话题之

---

① 参见 www.youtube.com/watch?v=hhXZng6o6Dk。

一。物理学家们努力去理解它是什么以及它为什么会流逝（如果它确实会流逝的话），而神经科学家面临的挑战也同样棘手。我们所有的感知体验都是在时间中发生的。甚至我们当下的体验似乎总是被涂抹成一个相对固定的过去和一个部分开放的未来。对我们来说，时间也在流逝，尽管有时它缓缓前行，有时却疾驰而过。

我们会体验秒、小时、月、年，但我们的大脑里没有"时间传感器"。在视觉方面，我们的视网膜上有感光器；听觉方面，耳朵里有"毛细胞"；但是没有专门的时间感受系统。更重要的是，撇开让我们倒时差的昼夜节律不谈，没有证据表明大脑中有任何"神经元时钟"来测量我们在时间上的体验——这在任何情况下都可以作为丹尼尔·丹尼特所说的双重转导的一个主要例子，在这个例子中，世界的一种属性是在大脑中被重新实例化，从而使一个假定的内部观察者受益。相反，就像变化一样，就像我们所有的感知一样，时间的体验也是受控的幻觉[28]。

但是，受什么控制呢？如果没有专门的感觉通道，有什么能提供作为感觉预测误差的等价物？我的同事——认知科学家沃里克·罗斯布姆（Warrick Roseboom）提出了一个简单而巧妙的解决方案。沃里克·罗斯布姆于2015年加入我们的中心，现在领导着他自己的研究小组，专注于时间感知研究。他的主意是，我们推理时间不是基于内部时钟的滴答声，而是基于其他感觉通道中感知内容的变化率——他设计了一种巧妙的方法来检验它。

在沃里克的带领下，我们的团队在不同的背景下录制了不同时长的视频集——拥挤的城市街道、空荡荡的办公室、大学附近的牧场上吃草的几头牛。然后，我们要求参与实验的志愿者观看这些视频，并判断每段视频持续的时间。当他们这样做了后，他们都表现出了特有的倾向性[29]：低估了长视频的时长，高估了短视频的时长。根据每个场景的背景，他们也表现出了倾向性，认为繁忙的场景比安静的场景持续时间更长，即使对于客观时间相同的视频来说也是如此。

沃里克随后将同样的视频展示给一个模仿人类视觉系统运作的人工神经网络。这个网络实际上和我们在幻觉机器中使用的是同一个。对于每个视频，其持续时间的估计值，粗略地说，是基于网络内活动的累积变化速率来计算的。这些估计没有涉及任何"内部时钟"。值得注意的是，神经网络的估计和人类的估计几乎是相同的，在持续时间和背景上显示出相同的倾向性[30]。这表明，至少在原则上，时间感知可以从对感觉信号变化率的"最佳猜测"中产生，而不需要内在起搏器。

最近，我们通过寻找大脑中这一过程的证据，进一步拓展这项研究。在由博士后迈克辛·谢尔曼（Maxine Sherman）领导的一项研究中，我们使用功能磁共振成像来记录人们在观看同一组视频并估计视频时长时的大脑活动[31]。我们想知道我们是否可以利用视觉皮层的活动来预测每个视频看起来有多长，就像沃里克在之前的研究中使用视觉计算模型所做的那样。迈克辛发现我们可以。视觉系统的大脑活动，而不是其他大脑区域的，巧妙地预测了主观持续时间。这是一个强有力的证据，证明持续时间的体验确实来自感知的最佳猜测，而不是来自任何神经元时钟的滴答声。

其他可能揭示存在"内部时钟"的实验都失败了。我最喜欢的是从起重机上跳下来这个实验[32]。神经科学家大卫·伊格曼（David Eagleman）着手检验人们常见的直觉，即主观时间会在戏剧性的时刻变慢，比如车祸前的时刻。他推断，这种主观时间的变慢可能是由于内在时钟运行得更快——在指定的时间内，时钟的滴答声越多，感知到的持续时间就越长。这反过来会导致感知速度的"加快"，因为更快的时钟意味着感知短持续时间能力的提高。

为了验证这个想法，伊格曼和他的团队设计了一种特殊的数字电子表，表中显示的一系列数字闪烁得非常快，在正常条件下是无法读取的。然后，他说服一些勇敢的实验志愿者，在盯着闪烁的手表的同时，不断地做出可怕的、充满肾上腺素的跳跃到虚构的地面上的动作。如果内部时钟确实在加速，那么他的推理是，实验志愿者在自由落体时，应该可以将模糊的图像分解成可读的数字。但他们不能，所以他的研究没有提供内部时钟存在的证据。当然，证据的缺失并不是不存在的证据，但这依旧是一项很棒的实验!

6

我们对感知体验深层结构的研究前沿，是对"现实"本身的感知的一项研究。这个项目由阿尔贝托·马里奥拉（Alberto Mariola）领导，他是实验室里一个很有才华的博士生，这个项目涉及一个新的实验装置，我们称之为"替代现实"[33]。无论它们具有多么强的沉浸感，当前的虚拟现实环境总是与现实世界有所区别。在我们的幻觉机器里，无论事情变得多么迷幻，志愿者总是知道他们正在体验的是不真实的。"替代现实"旨在克服这一局限性。我们的目标是创建一个系统，在这个系统中让人们将它们所处的环境体验为真实的，并且相信它是真实的，即使事实上它并不真实。

这个想法很简单。与幻觉机器一样，我们预先录制了一些全景视频片段，但这一次视频镜头在同一个 VR/AR 实验室的内部，也就是我们进行实验的地方。当志愿者到达实验室时，他们坐在房间中央的凳子上，戴上一个头戴式显示器，显示器前面有一个摄像头。他们被邀请通过安装在头戴式显示器上的摄像头环视房间。在某一时刻，我们会切换镜头，让摄像机显示的不是真实世界的场景，而是预先录制的视频。值得注意的是，在这种情况下，尽管人们看到的已经不再是真实的场景了，但大多数人还是会继续将他们正在看的作为真实的世界来体验。

有了这个装置，我们现在可以检验人们在什么条件下把他们的环境作为真实的世界来体验[34]，也许更重要的是，需要什么条件才能打破这种普遍存在的意识体验。这些情况可能而且确实会发生，不仅在视网膜视觉后像这样的情况下，而且在令人衰弱的精神疾病中也会发生，如人格解体和失实症，在这种情况下，世界和自我的体验现实感可能会全面丧失。

对于是什么让感知体验看起来像"真实"的研究，把我们带回到了维特根斯坦关于哥白尼革命的见解：即使我们理解事物本来的样子——地球绕着太阳转，感知是一种受控的幻觉，但在很多方面，事物看起来仍然和以前一样。当我看着房间角落里的红椅子时，它的红色性（以及主观的"椅子"性）仍然看起来是独立于心智的现实的一个真实存在的（不虚伪的）属性，而不是一个猜测最佳大脑的复杂构造。

很久以前，早在 18 世纪，大卫·休谟（David Hume）就对因果关系做了类似的观察——这是我们体验世界的另一个普遍特征。休谟认为，我们将因果关系"投射"到世界中，是基于对发生在紧密时间序列中的事物的重复感知，而不是将物理因果关系作为世界的一种客观属性，随时准备被我们的感觉发现。我们不会也不能直接观察世界上的"因果关系"。是的，世界上确实有事情发生，但我们所体验的因果关系是一种感知推理，就像我们所有的感知都是将我们大脑结构化的预期投射到我们的感觉环境中一样——旁观者的分享的练习。正如休谟所言，心智有一种将自己扩展到世界的强烈倾向，所以我们"借用内在情感的色彩"来给自然物体"镀金和染色"[35]。不仅是颜色，还包括形状、气味、变化、持续时间和因果关系——我们感知到的世界的所有前景和背景特征——都是休谟投影，是受控幻觉的不同方面。

为什么我们将我们的感知建构体验为客观真实的？在受控幻觉的观点中，感知的目的是指导行动和行为——促进有机体的生存前景。我们感知的不是世界本来的样子，而是它对我们有用的样子。因此，现象学的属性，如红色性、椅子性、"茜拉·布莱克"

性和因果性似乎是外部存在的环境的属性，客观而且真实，这不无道理。如果我们将正在发生的某件事作为真实存在的东西来感知，我们就能对这件事情做出更快速、更有效的反应。我相信，我们对世界的感知体验中固有的"外来性"是生成模型的必要特征，生成模型能够预期传入的感觉流，从而成功地引导行为。

换句话说，尽管感知属性依赖于自上而下的生成模型，我们并不将模型体验为模型。相反，我们使用并通过我们的生成模型来感知[36]，在这样做的时候，单单从机制中，一个结构化的世界就产生了。

7

在这本书的开始，我承诺遵循真正问题的解决方法来逐步解决难题，即任何一种物理机制为什么以及如何产生、对应于或相同于意识体验。现在我们取得进展了吗？

是的，我们已经取得了进展。从大脑必须推理其感觉输入的隐藏起因这一原则出发，我们已经对我们的内心世界为什么以及如何充斥着从咖啡杯到颜色到因果性这一切有了新的理解——这些事物似乎是外部客观现实的属性，而这种"似乎是"本身就是感知推理的一种属性。而正是"看似真实"的属性为关于意识体验和物理世界如何联系的二元直觉增添了额外的动力，而直觉反过来又导致了难题的想法。正是因为我们的感知具有"真实"的现象学特征，所以我们很难理解这样一个事实：感知体验并不一定或从未直接对应于那些独立于心智存在的事物。椅子具有独立于心智的存在，但椅子性没有。

　　一旦我们意识到这一点，就更容易认识到复杂的问题已经不那么复杂了，甚至可能算不上是一个问题。换一种说法，如果我们将感知体验的内容解释为真实存在于这个世界上，那么意识这个难题就显得尤其困难。这正是正常意识感知的现象学鼓励我们不假思索去做的事情。

　　就像一个世纪前对生命的研究一样，为意识寻找"特殊秘诀"的需求正在逐渐减弱，这与我们区分意识体验的不同方面并从其潜在机制方面解释它们的能力成正比。解决难题与彻底解决它或明确反驳它不同，但这是取得进展的最佳方式，远胜于将意识尊崇为一个神奇的奥秘，或将其视为一个形而上学般的虚幻的非问题。当我们考虑到感知构建不只是世界的体验时，我们的使命就加快了步伐。

　　是时候问问是谁或是什么在进行所有这些感知了。

第三部分

自我的体验

第七章　谵妄

2014 年夏天，我的母亲在牛津约翰拉德克利夫医院的外科急诊室时，陷入植物人状态。她患有一种未确诊的大脑疾病。原因尚未完全查明。她因肠癌入院，但神经系统的问题确实意想不到。我在布里斯班参加完一个会议后匆匆赶回，担心会发生最坏的情况。我的母亲慢慢地恢复了过来，但她每隔一个小时的离解状态的记忆一直萦绕在我的心头。她自己对此记得很少，这何尝不是一件幸事。

四年后，也就是 2018 年的夏天，我们处在一场本来不大可能发生的热浪之中，当时又正值国际足联世界杯大赛。这次不再是先前的植物人状态。而是时年 83 岁的母亲患上了一种被我称为"医院诱发性谵妄"的疾病，她的自我意识和对周围世界的感知呈现出异于常人的碎片化状态。两周前，她因严重肠痛复发而被紧急送往拉德克利夫医院。入院两天后，她在等着看肠道问题是否会在不做手术的情况下得到解决时，出现了严重的幻觉和妄想，我从布莱顿开车过来陪她。

"谵妄"一词出现于 16 世纪，它来自拉丁语"delirare"，意

137

为"偏离、精神错乱"。词典中的释义为"一种严重紊乱的精神状态，其特征是焦躁、幻想和语无伦次"。痴呆是一种慢性退行性疾病，与之不同的是，谵妄通常是暂时的。谵妄会出现时强时弱的症状，尽管有时候会持续数周。在我的脑海里，这个词让我想起维多利亚时代的精神病院，所以当我在 21 世纪的英国医院里听到这个词被用于诊断时，我感到很惊讶。但仔细想想，这不足为奇，反而是在提醒我们精神病医学还有很长的路要走。

就我母亲的情况而言，词典上的定义是准确的。当我在病房中找到她时，她弓着背坐在椅子上，面无笑容，头发蓬乱，眼神空洞。她告诉我，她看到有人在墙上爬来爬去，她不记得在哪里，也不记得为什么会在这里。她对现实、对自己个人同一性的掌控，正在逐渐消失。

最糟糕的事情发生在某个星期五。她不相信任何人，并确信有一个重要而残酷的实验正在她身上进行。同时也确信，我们——这其中也包括我，因为在她的妄想症中，我经常是这些事的主导者——带着恶意和不可告人的目的，通过坚持让她服用药物，故意诱导她产生这些幻觉。在从前的生活中，她是那么的迷人和善良，但今天她却对着护士们愤怒的吼叫，要求离开医院，并不止一次试图逃跑，还命令医生把她那疯狂的科学家儿子带走。这不是我的母亲。这个女人长得像我母亲，但不是我的母亲。

"医院诱发性谵妄"的风险因素包括癫痫、感染、大手术（或需要大手术的情况）、发烧、脱水、缺乏食物和睡眠、药物副作用以及不熟悉场所。这些都发生在我母亲身上。对场所的不熟悉就是为什么这种特殊的谵妄被称为"医院诱发性"的主要原因。

没有什么地方比外科急诊室更容易造成与现实世界的分离。不断的哔哔声和闪烁的灯光，几乎没有任何外部世界的景象——如果你幸运的话，可以从窗户瞥见一点外部世界——整个世界缩小成一张床，一把椅子，也许还有一条走廊。有一群处于不同痛苦和混乱状态的伙伴，以及一群不断变化的、相似但不同的护士、初级医生和医疗顾问。在这里的每天都一样。谵妄虽然是一种医疗紧急情况，但通常并未得到承认和治疗。病人带着身体上的疾病进入医院，这才是治疗的目标，而不是在这个过程中可能出现的精神或大脑上的任何问题。

高达 1/3 的老年病患进入急症护理后，会发展出"医院诱发性谵妄"[1]，而对于那些接受手术的患者来说，这一比例甚至更高。尽管它通常会随着时间的推移而消退，但它可能会带来严重的长期后果[2]，包括认知能力下降、在随后几个月死亡的概率增加，以及出现谵妄和痴呆的风险增加。

我回到了曾经和母亲一起生活过的乡下小屋，也就是我长大的那所房子，带回一些我母亲熟悉的东西，希望它们能让她重新找到自我，找到一些可以依附的东西。那里有我们的照片、她的眼镜、她的羊毛衫，还有童年时陪伴我的一只旧毛绒狮子。

妄想很少是随机的。我母亲谵妄的具体情况存在一个复杂的逻辑。她知道并且相信自己是一个精心谋划的实验的受害者，每个人都参与其中，而我是同谋。我确实在人身上做实验，当我在医院里的时候，我经常处在一种奇怪的不稳定的身份认同之中，一部分是儿子，另一部分是医生，一边试图安慰她，一边翻阅医疗记录，并低声向医疗顾问和初级医生咨询副肿瘤性脑病和其他可怕的事情。大脑总是试图找到答案，做出最佳的猜测。

她的行为有一些很细微的变化。她所说的句子中每个单词都是分开的，而不是连贯地将它们说出来。这种状态在她最初的谵妄消退后还持续了许多天，时好时坏。今天晚上，我发现她的状态"倒退"了一步，这让我想尽快带她回家的希望破灭了。

我自己生活的轮廓开始渐渐显得不真实。我是她唯一亲近的家人，所以我要在这里陪着她。早上和晚上都是在医院度过的，到了下午，如果我幸运的话，还能有时间工作、散步和在泰晤士河游泳。每到下午，我就去草地港，那是一片开阔的大草原，有天鹅、牛和野马。即使在牛津这个层次分明的世界里，这也是一个不可思议的地方。热浪现在已经持续了几个星期，以至于通常泥泞的田地此时就像非洲大草原一样。今天早上当我穿过铁路桥回到城里时，我被一匹马追赶，这让我心跳加速。

这是我母亲住院的第 14 天，也是我陪伴她的第 12 天。她神志不清的状态已经过去了，但她还在变化，病情还在波动。现在，当我告诉她，她曾经相信我在她身上做实验，她也试图让医生把我带走时，她感到很惊讶。我握着她的手，告诉她一切都会好起来的，希望她能完全回归自我。

但是什么是"自我"呢？它是那种可以离开又可以返回的东西吗？

"自我"也不是它看起来的样子。

第八章　期待自己

看起来好像自我——你的自我——是进行感知的"东西"，但事情并非如此。自我是另一种感知，另一种受控的幻觉，尽管是非常特殊的一种类型。从对个人身份的感觉（比如做一名科学家或儿子）到拥有一个身体的体验，以及简单地"成为"一个身体，自我性的许多不同元素都是贝叶斯推理的最佳猜测，由进化设计来维持生命。

让我们以一次快速的未来之旅开启我们对自我的探索。大约距今一个世纪后，人们发明了远程运输设备，可以创造任何一个人的完全复制体。就像《星际迷航》里的机器一样，它们通过对一个人进行细致的扫描（精确到每个分子的排列），并利用扫描中的信息在遥远的地方（比如火星上）构建那个人的第二个版本。

在起初的一些忧虑之后，人们很快就习惯利用这种技术作为一种有效的交通工具。他们甚至习惯了一个必要的特征，即一旦复制体被创造出来，原始个体就会立即蒸发。为了避免出现大量一模一样的人，这一过程必须建立起来。从一个旅行者的角度来看，我们姑且称她为"伊娃"吧，这根本不存在任何实际问题。

经过操作员的一番安抚,伊娃只是感觉她从 X 地(比如伦敦)消失了,在一瞬间重新出现在 Y 地(比如火星)。

有一天,出了点儿问题。伦敦的汽化模块发生故障,现在在伦敦的伊娃却对此全然不知,并且她还在运输设施里。这只是一个小意外。他们将不得不重启机器,然后再试一次,或者把问题留到第二天再解决。但随后,一名技术人员拿着枪拖着脚步走进了房间,他咕哝了一句:"别担心,你已经被安全地传送到了火星上,就像平常一样,只是规定说我们仍然需要…… 还有,看这里,你签了这份同意书……"他慢慢地举起了武器,伊娃有了一种她从未有过的感觉,也许这个远程传输的鬼话根本没那么简单。

这个思想实验被称为"远程运输悖论"[1],其目的是揭示我们大多数人在思考成为一个自我意味着什么时存在的一些偏见。

远程运输悖论引出了两个哲学问题。一般意识问题是,我们能否确定复制体会有意识体验,或者它是否会是一个功能完美的等价物,但是没有任何内心世界。我不觉得这个问题很有趣。如果复制的过程足够精细化,那么每个分子都是一样的!那么也就没有理由怀疑它是否有意识,以及有意识的方式是否与最初的人完全一样。如果复制品不是完全相同的,那么我们就回到了关于不同类型的"哲学僵尸"的争论上,不需要又对这些再进行讨论。

更有趣的问题是个人同一性。火星上的伊娃(我们叫她"伊娃 2 号")和仍在伦敦的伊娃(我们叫她"伊娃 1 号")是同一个人吗?人们很容易会说,是的,她和伊娃 1 号是同一个人:如果她真的是从伦敦瞬间被传送到火星,伊娃 2 号会在各个方面的感受都和伊娃 1 号的感受一样。对于这种个人同一性来说，重要的似乎是心理上的连续性，而不是物理上的连续性[①]。但是如果伊娃 1 号没有被蒸发，那么哪一个才是真正的伊娃？

我认为正确的（但不可否认很奇怪的）答案是，这两个都是真正的伊娃。

1

我们凭直觉将自我体验与世界体验区别对待。当谈到"做自己"的体验时，似乎更难抗拒这样一种直觉，它揭示了事物本来面目的真实属性——在这种情况下是一个真实的自我，而不是一系列感知的集合。假设真实自我存在的一个直观结果是，这样的自我只能有一个，而不是两个、三分之二或多个。

自我在某种程度上是不可分割的、不可改变的、超然的、自成一体的，这一观点被深深融入了笛卡尔主义关于非物质灵魂的理想之中，至今仍带有深刻的心理共鸣，尤其是在西方社会。但它也一再受到哲学家和宗教实践者的怀疑和审视，最近也受到迷幻精神病学家、医学界人士和神经科学家的质疑。

---

① 即使没有远程运输，我们体内的细胞也在不断地代谢更新，大多数细胞大约每十年更新一次，就像生物的忒修斯之船。这似乎对我们的个人同一性影响不大。

康德在《纯粹理性批判》[①]中指出，将自我视为"简单实体"的概念是错误的，而休谟则将自我视为感知的"丛束"[2]。最近，德国哲学家汤玛斯·梅辛革（Thomas Metzinger）写了一本非常精彩的书，名为《无名小卒》[②]，这本书是对单一自我的有力解构。长期以来，佛教徒一直认为没有永恒的自我，他们通过冥想试图达到完全无我的意识状态。南美洲以及越来越多其他地方的死藤水[③]仪式，通过令人致幻的仪式和二甲基色胺混合物，剥夺人们的自我意识。

在神经学领域，奥利佛·萨克斯（Oliver Sacks）等人已经记录了自我在大脑疾病或损伤后瓦解的多种方式，而裂脑病患者（我们在第三章提过他们）则引出了一个自我变成两个自我的可能性。其中最令人好奇的是头颅连体双胞胎，他们不仅身体相连，而且共享了他们大脑的一些结构。当事实证明，一对头颅连

---

① 《纯粹理性批判》（*Critique of Pure Reason*）被公认为是德国哲学家伊曼努尔·康德流传最为广泛，最具影响力的著作，同时也是整个西方哲学史上最重要和影响最深远的著作之一。初版于 1781 年，并于 1787 年再版的该书，常被称作康德的"第一批判"，并与其后的《实践理性批判》和《判断力批判》并称为"康德三大批判"。——译者注

② 2003 年，汤玛斯·梅辛革出版论文著作《无名小卒》（*Being No One*）[3]，他主张世界上没有"自我"这种东西存在；也就是，没有任何人有自我，只有意识体验中的现象自我（Phenomenal selves）存在。他论证体验自我不是实体的存在，而是进行中的历程。根据梅辛革的自我模型，当一个自我模型具有透明性的条件时，此自我模型的内容即为现象自我。——译者注

③ 死藤水（Ayahuasca）是一种致幻剂，主要成分是二甲基色胺，属于新型毒品。死藤水在南美最为常见，被人称为"宗教致幻剂"，很多萨满部落都有死藤水仪式，甚至在当地发展出"死藤水体验之旅"，所以又被称为"秘鲁亚马逊大冒险必选项"。——译者注

体双胞胎中的一个能感觉到另一个在喝橙汁时，作为一个个体的自我意味着什么[4]？

"做自己"并不像听起来那么简单。

2

回到远程运输设施中，伊娃 1 号成功避免了技术人员的谋杀意图，并开始接受她的新处境，而伊娃 2 号仍然幸福地不知道地球上正在上演的剧情。

尽管两个伊娃在复制时客观上和主观上都是相同的，但她们的身份已经开始分化。就像同卵双胞胎开始自己的人生旅程一样，随着时间的推移，这个过程不可避免地会变得复杂。即使伊娃 1 号就站在伊娃 2 号旁边，感觉输入上细微的差异，也会导致行为上的细微差异，在你意识到之前，伊娃 1 号和伊娃 2 号正在体验不同的事情，形成不同的记忆，成为不同的人。

人格同一性的这些复杂性以不同的方式出现在我们每个人身上。我母亲的身份认同在她的谵妄期间发生了剧烈的变化，尽管她现在已经恢复了，但至少在我看来，她似乎既不同于以前的她，又明显与以前的她相同——就像两个伊娃一样。伊娃 1 号和伊娃 2 号之间的关系甚至可能有点儿像现在的你和十年前的你之间的关系，或者和十年后的你之间的关系。

当谈到"你是谁"，或者"我是谁"（这里的"我"主观上和客观上都指的是"阿尼尔·赛斯"）时，事情并不像乍看起来的那么简单。人格同一性的感觉——眼睛后面的"我"——只是"成为一个自我"如何在意识中出现的一个方面。

这就是我喜欢分解人类自我元素的方式。

3

有一些具身自我性^①的体验与身体直接相关。这些包括对碰巧是你身体的特定物体的认同感，即我们对自己的身体有某种所有权感，而这种所有权感不适用于世界上的其他物体。情绪也是具身自我性的一个方面，就像唤醒和警觉性的状态一样。在这些体验之下，我们可以找到更深层的、无形的感觉，即仅仅是做一个具身化的生物体——做一个身体的感觉，这种感觉没有任何明确可定义的空间范围或具体内容。我们稍后会回到这个自我性的基础层面。现在，把它看作"活着的感觉"就足够了。

从身体来看，有一种从特定角度感知世界的体验，第一人称视角的体验，即一个主观的感知体验的起点，人们通常觉得它位于大脑内部，位于眼睛之间和前额后面的某处。奥地利物理学家恩斯特·马赫（Ernst Mach）的自画像，也被称为"从左眼看"，最好地诠释了这种视角自我。

意志、有意愿做某事（意图），以及让事情发生的原因（推动），这些体验也是自我性的主要部分。这是有意志的自我。当

---

① 具身自我性（embodied selfhood）的理论概念概括自我性的前反思性质，这种性质源于身体与世界互动的前反思能力以及身体的社会文化意义。——译者注

人们谈到"自由意志"时，他们通常谈论的就是自我性的这些方面。对许多人来说，"自由意志"的概念抓住了"做一个自我"的一个方面，那是他们最不愿意放弃于科学的那个方面。

所有这些"做一个自我"的方式都可以先于任何个人同一性的概念。个人同一性可以与一个名字、一段历史和一个未来联系起来。正如我们在远程运输悖论中看到的，要想让个人同一性存在，就必须有一个个人化的先验历史，一条贯穿自传体记忆的主线，一个被记住的过去和一个被预测的未来。

当这种个人同一性的感觉出现时，我们可以称之为叙事自我。随着它的出现，人们能够体验复杂的情绪，比如后悔，而不只是失望。我们人类也会遭受"预期后悔"——一种确信自己将要做的事情结果会很糟糕的感觉，尽管知道这一点，但我还是会去做，而我和其他人将因此而遭受痛苦。在这里，我们可以看到不同层次的自我性是如何衍生分化和相互作用的——个人同一性的出现既随着所提供的情绪状态范围的扩大而改变，也在一定程度上被其定义。

社会自我就是"我"如何感知别人感知我。它是"我"的一部分，源于"我"被嵌入的一个社会网络中。尽管社会自我在有些诸如自闭症等条件下，发展会有所不同，但它从儿童时期就逐渐显现，并在整个生命过程中不断进化发展。社会自我性带来它自己的所有情感可能性，从感觉糟糕的新方式（如内疚和羞愧）到感觉良好的方式（如骄傲、爱和归属感）。

对我们每个人来说，在正常情况下，这些不同的自我性元素是紧密联系在一起的，所有的部分成为一个整体，它们都包含在包罗万象的统一的体验中，即"做自己"的体验。这种体验的统一特征看起来是如此自然，自然得就像你看到一把红色的椅子将其颜色和形状在感知上绑定一样，这很容易被认为是理所当然的。

这样做可能是一个错误。正如红色性的体验并不表明外部存在红色一样，统一的自我性的体验也并不意味着"真实的自我"的存在。事实上，做一个统一的自我的体验可能很容易就会消失[5]。建立在叙事自我上的个人同一性的感觉，在痴呆和严重的失忆症患者中可能会被侵蚀或完全消失，而在谵妄中，无论其是否由医院诱发，它都有可能会被扭曲和变形。在精神分裂症和异手症等情况下，当人们体验到与自己行为的联系减少时，或者在运动不能性缄默症中，当人们完全停止与周围环境互动时，意志自我可能会出现偏差。出体体验和其他离解性障碍会影响视角自我，而身体所有权的障碍则包括幻肢综合征和躯体妄想症。其中幻肢综合征患者有一种持续的、通常是疼痛的感觉，这种感觉位于一个已经不在的肢体上；而躯体妄想症是一种自己的一个肢体属于另一个人的体验。在异形症（一种极端形式的躯体妄想症）中，患者会强烈地想要截掉一只胳膊或一条腿，这是一种极端的治疗方法，他们只在极少数情况下才会真的实施。

自我并不是一个不可改变的实体，它隐藏在眼睛的窗户后面[6]，眺望着外面的世界，像飞行员控制飞机一样控制着身体。"做自己"的体验本身就是一种感知，或者更好的说法是，感知的集合——一束紧密编织的神经编码预测，旨在让你的身体保持活力。我相信，这就是我们需要成为的一切——成为我们自己。

4

就拿你对世界上一个特殊物体的认同体验来说吧，这个物体就是你的身体。这些体验变化无常和不稳定的组合性质不仅在躯体妄想症和幻肢综合征等疾病中表现得很明显，它也可以通过简单的实验室实验揭示出来。最著名的例子是橡胶手错觉实验，20多年前首次被描述，现在是具身认知[①]研究的基石[7]。

橡胶手错觉实验很简单，大家可以自己尝试——你所需要的只是一个志愿者，一些纸板组成的屏障，两支画笔和一只橡胶手。实验设置显示如图8.1。志愿者把她真实的手放在视线范围外的纸隔板的一边，橡胶手放在她的面前，位置及方向和她的真手通常占据的位置及方向一样。然后，实验者拿起画笔，轻轻地来回抚摸她的真手和橡胶手。当两个手被同步抚摸时，她会产生一种怪异的感觉，觉得橡胶手实际上是她身体的一部分，尽管他知道事实并非如此。但当手被不同步地抚摸时，这种幻觉就不会产生，她就不会将橡胶手纳入她身体是什么的体验之中。

---

① 具身认知（embodied cognition），又称为"体化认知"，是一种认知理论，该理论认为无论是人类还是其他生物，其多数认知特征是由生物体全身的各方面塑造而成。认知特征包括高级的心理产物（例如概念和范畴）以及在各种认知任务（如推理或判断）中的表现。而身体方面则包括运动系统、感知系统，身体与环境的相互作用（情境性），以及根据生物体结构来设想这个世界。——译者注

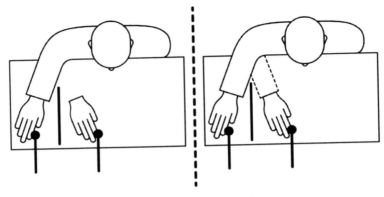

图 8.1　橡胶手错觉实验

对一些人来说，这是对所发生事情的恰当描述，而且一个明显的假手在某种程度上是一个人身体的一部分，不可否认的是，这的确是一种奇特的感觉。话虽如此，实际的体验因人而异。研究这个问题的一种方法是，突然用锤子或刀攻击橡胶手，当错觉起作用时，你一定会有强烈的反应。

橡胶手错觉很好地契合了身体所有权的体验是一种特殊的受控幻觉这一观点。在同步抚摸的情况下，看到橡胶手被抚摸和同时感觉到（但没有看到）真手被抚摸的体验结合，为大脑提供了足够的感觉证据，以达到感知的最佳猜测，即橡胶手在某种程度上是身体的一部分。这发生在同步而非异步的条件下，因为有先验概率的期待，即同时到达的感觉信号很可能有一个共同的来源——橡胶手。

不仅是身体部位可以有不同的体验，整个身体以及第一人称视角下的体验也会受到影响。

2007 年，有两篇论文几乎同时出现在《科学》这一有声望的杂志上。这两篇论文都描述了如何利用虚拟现实中的新方法来产生一种"出体"般的体验。论文中的实验基于橡胶手错觉，但现在扩展到整个身体[8]。在洛桑由奥拉夫·布兰克（Olaf Blanke）领导的一项研究中，志愿者们戴着一个头戴式显示器，通过这个显示器，他们从大约两米远的地方看到自己身体背部的虚拟现实表征（见图 8.2）。从这个角度来看，他们看到虚拟的身体被画笔抚摸，与他们自己真实的身体上的抚摸同步或异步。当抚摸动作同步进行时，大多数参与者报告说，在某种程度上，他们感觉虚拟身体就是他们自己的身体。当被要求走到他们感觉自己身体所在的地方时，他们表现出一种向虚拟身体所在位置移动的趋势。

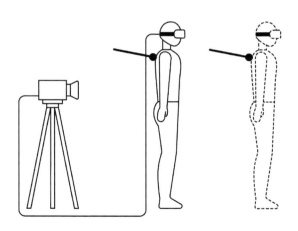

图 8.2　全身错觉实验

就像橡胶手错觉暗示身体所有权时时刻刻的灵活性一样，像这样的实验，被称为"全身错觉"，表明对整个身体的主观所有权，以及第一人称视角的位置，也可以即时被操纵。这些实验提供了令人着迷的证据，即"我的身体是什么"的体验可以或至少在某种程度上可以与"我在哪里"的体验分离开。

一个人的第一人称视角可以以出体体验的形式离开肉体，这一观点深深铭刻在历史和文化中[9]。在创伤性濒死体验中，在手术室以及在癫痫病发作期间，关于出体体验或类似出体体验的报道，加剧了人们对非物质的自我本质的信念。毕竟，如果你能从外部看到你自己，那么你的意识基础一定是与你的大脑分离的吧？

但如果你将第一人称视角视为另一种感知推理，就没有必要触及这种二元论的虚构观点。这一观点不仅得到了奥拉夫·布兰克等人的虚拟现实实验的支持，也得到了大脑刺激研究的支持，这些研究可以追溯到 20 世纪 40 年代由加拿大神经学家怀尔德·潘菲尔德（Wilder Penfield）进行的一系列开创性实验。

潘菲尔德的病人中有一位名叫 G. A. 的女性，当她的右侧颞上回（大脑颞叶的一部分）受到电刺激时，她会不由自主地惊呼："我有一种奇怪的感觉，我不在这儿，仿佛我一半在这里，一半不在这里。[10]"布兰克自己第一次对出体体验着迷是当他的一个病人在大脑中类似的部位（位于颞叶和顶叶交界处的角回）受到刺激时报告的相似的体验："我从上面看到自己躺在床上，但我只能看到自己的腿。[11]"

此类病例的共同因素[12]是一些大脑区域活动的异常，这包括处理前庭输入（前庭系统处理平衡感），以及涉及多感觉整合的大脑区域。似乎当这些系统的正常活动受到干扰时，即使自我性的其他方面没有改变，大脑也可以对其第一人称视角的位置做出不寻常的"最佳猜测"。

有时伴随癫痫发作的类似出体体验也可以追溯到这些活动过程的中断。这些体验通常分为自视性幻觉[①]（你从不同的角度看你周围的环境）和离体自窥式幻觉[②]（也被称为"幽灵幻觉"[③]，即你从不同的角度看你自己）。有关这些体验的大量记录可以追溯到几百年前，是第一人称视角可延展性的进一步证据[13]。

当人们报告超自然或其他怪异的体验时，比如出体体验，我们应该认真对待他们的报告。他们可能确实有他们所说的体验。几千年来，人们都有过真正的出体体验，但这并不意味着非物质的自我或不可改变的灵魂实际上曾经离开过任何肉体。这些报告揭示的是，第一人称视角的组合方式，比我们直接主观获取的方式要更加的复杂、临时和不稳定。

---

① 自视性幻觉（autoscopic hallucination）是一种体验，在这种体验中，一个人从不同的角度，从自己身体之外的位置感知周围的环境。autoscopic（自视性）起源于古希腊语 autós（自我）和 skopós（观察者）。——译者注

② 离体自窥式幻觉（heautoscopic hallucination）是一个在精神病学和神经病学中使用的术语，指的是"在远处看到自己的身体"的重复幻觉。它可以作为精神分裂症和癫痫的症状出现。离体自窥式幻觉被认为是幽灵现象的一种可能解释。——译者注

③ 费奥多尔·陀思妥耶夫斯基（Fyodor Dostoevsky）在他 1846 年的中篇小说《双重人格》中使幽灵幻觉为人所熟知。众所周知，陀思妥耶夫斯基患有严重的癫痫。

5

在虚拟世界中，改变第一人称视角的能力正在产生一些令人着迷的应用，其中许多应用是由有趣的"身体交换"[14]错觉驱动的，该错觉在 2008 年由瑞典研究人员亨里克·艾尔松（Henrik Ehrsson）领导的一项研究中被提及。在交换身体的装置中，两个人戴着头戴式显示器，每个显示器都配有一个摄像头。通过交换两个头戴显示器之间摄像头的信号，每个人都可以从对方的角度看到自己。这种效果只有在他们握手时才会发挥作用。这个想法是，看到和同时感觉到握手提供了多感觉刺激，因此，当结合自上而下的期待时，每个人都感觉自己现在以某种方式处于另一个人的身体中并与自己握手。这种体验尽管是虚拟的，但它还是让你站在了另一个人的立场上。

2018 年冬天，我在加州奥哈伊的一个小型聚会上尝试了虚拟身体交换。我和达尼什·马苏德（Daanish Masood）一起，他是联合国的和平使者，碰巧也是一名虚拟现实研究人员。几年来，马苏德一直与 BeAnotherLab（成为他人实验室）密切合作，该实验室是巴塞罗那神经学家梅尔·斯莱特（Mel Slater）所主导的。BeAnotherLab 的目标[15]是将身体交换技术应用到新型的"同理心生成"设备中。他们的想法是，通过体验从他人的虚拟身体中感知世界的感觉，会自然地产生对他人处境的同理心。

达尼什带着他的团队到奥哈伊来演示一个叫作"做另一个个

体的机器"的系统。他们的设置为基本的身体交换原则添加了一些巧妙的编排，使得效果更加强大。两名参与者戴上 AR 眼镜，先低头看自己的膝盖，这样他们看到的是对方的身体，而不是自己的。然后，它们按照详细的指令，做出一系列协调的动作，如果他们足够及时地跟随指令，它们的新身体就会表现出对指令的反应，从而加强作为另一个个体的体验。一段时间后，镜子被举起来，每个人都看到对方的镜像，就像看到自己一样。在最后一幕，隔在两人之间的幕布被拉开，两人从对方的身体里看着自己，然后走近对方，给自己一个拥抱。

当轮到我尝试的时候，我和一位 70 多岁的富裕的女性交换了我们各自的视角。这次体验出乎意料地引人入胜。我记得我低下头，挠了挠我（她）的手，然后惊讶地注意到我（她）穿着闪闪发光的运动鞋。那面镜子和最后的拥抱特别有力量——我不确定这是因为我自己住进了别人的身体里的体验，还是因为从别人的角度看我自己的体验。直到后来，在晚餐时，我才突然想到，如果我的伴侣突然被带入一个英国混血神经学家的第一人称视角，而且还穿着一双平淡无奇甚至乏味的鞋，那该有多奇怪。

6

我觉得很有趣的是，这些熟悉的、容易被认为理所当然的自我性方面，主观身体所有权和第一人称视角可以被如此轻而易举地操纵，无论是用假手和画笔，还是使用虚拟现实和增强现实的新技术。然而，这些操纵的程度是有限的。就像我之前提到的，在橡胶手错觉中，典型的体验是感觉假手是自己身体的一部分，但却清楚地知道它不是。这种"典型的"体验因人而异，很多人根本没有什么感觉。对于"全身错觉"和"身体交换错觉"，情况也可能如此。

这些对身体所有权的实验操纵在这方面与经典的视觉错觉非常不同，比如我们在第4章中提到的阿德尔森的棋盘。以棋盘为例，我们在感知上确信这些方块是不同深浅的灰色，以至于当我们发现它们实际上深浅相同时，我们感到惊讶，甚至是震惊。这在视觉错觉中很常见，但在身体所有权错觉中几乎从未发生过。对我来说，迄今为止最引人注目的身体错觉是我在奥哈伊尝试的身体交换，但我从未，甚至一点都没有相信过我当时是另一个人，或在其他地方。

我最近参与的一项研究突显了身体所有权错觉的主观弱点[16]，该研究考察了催眠暗示在橡胶手错觉中的作用。这项研究由心理学家彼得·鲁斯（Peter Lush）和卓顿·迪恩斯（Zoltán Dienes）领导，其背后的假设是，错觉的实验设置为应该体验的事情提供了一种强烈的内隐期待，而这些期待可能足够驱动一些人改变身体所有权的体验。我们发现错觉强度的个体差异与一个人的易受影响程度相关，易受影响程度是基于标准的可催眠性量表上进行测量的。可高度被催眠的人称他们有强烈的所有权感（同步抚摸），而在量表上得分较低的人则几乎不受影响。

一方面，这一发现与身体所有权的受控幻觉观点完全吻合，

因为催眠暗示 [17] 可以被认为是一种强有力的自上而下的期待——尽管参与者可能没有意识到自己有这种期待。另一方面，这也给该领域的实验研究带来了严峻的挑战，因为它提出了橡胶手错觉在很大程度上或完全由暗示效应驱动的可能性。除非对具身错觉的研究考虑暗示性方面的个体差异（但总的来说他们还没有考虑到这些差异），否则他们很难就所涉及的机制给出任何具体的解释。无论我们谈论的是橡胶手、类似出体体验、身体交换错觉，还是人们被引导（或暗示或明确地）期待一个特定的与身体相关的体验等，在诸如此类的情况下，这都是站得住脚的。

这些主观的轻微的身体所有权错觉和在临床症状中看到的强有力的改变的体验之间存在鲜明的对比，这些临床症状包括如躯体妄想症、异肢症和幻肢综合征，或与癫痫相关的生动的出体体验以及由直接刺激大脑引发的出体体验。这些戏剧性的扭曲更像经典的视觉错觉，因为它们会让那些有不寻常体验的人更加坚信。正因如此，它们提供了更有力的证据，证明了具身体验和视角的体验确实是大脑的构建。

7

让我们继续讨论个人同一性以及"叙事"自我和"社会"自我的出现。正如我们在"远程运输悖论"中看到的那样，正是在这些水平上，一个实体体验到连续的"自我"，从这一刻到下一刻，从一天、一周或一个月，到下一天、下一周、或是下一个月，在某种程度上，甚至可以贯穿整个生命周期。这些是自我性的不同水平，在这些水平上，将"自我"与一个名字、过去的记忆和未来的计划联系起来是有意义的。在这些水平上，我们开始感悟到我们有一个"自我"，也就是说我们变得真正有自我意识[18]。

这些更高层次的自我性与具身自我是可以完全分离开的。许多非人类的动物以及人类婴儿，可能会体验到具身自我性，而不会拥有或失去任何伴随的个人同一性的感觉。虽然成年人通常以一种整合和统一的方式体验所有这些形式的自我性，但当自我的叙事性和社会性方面被削弱或摧毁时，其影响可能是毁灭性的。

克莱夫·韦林（Clive Wearing）是一位英国音乐家，因编辑文艺复兴时期作曲家奥兰多·德·拉絮斯（Orlande de Lassus）的作品、在伦敦担任唱诗班指挥以及在 20 世纪 80 年代早期重塑 BBC 广播 3 台的音乐节目内容而闻名。1985 年 3 月，在他事业的巅峰时期，他遭受了毁灭性的大脑感染——一种疱疹性脑炎，这次感染对他的两个大脑半球的海马体①造成了巨大的损害，使他患上了有史以来最严重的一种失忆症。

克莱夫很难回忆起往事（逆行性失忆症），在建立新记忆（顺行性失忆症）方面更加困难。值得注意的是，他似乎永远活在当下的 7—30 秒的时间里。他现在已经 80 多岁了，很可能他仍然将生活作为一系列连续的小觉醒来体验着，就像大约每 20 秒，他便会从昏迷中醒来，或者从麻醉中清醒过来。他的叙事

---

① 海马体是一个小的弯曲结构，位于内侧颞叶深处，长期以来一直与记忆巩固有关。这个名字来源于希腊语中的"海马"（ἱππόκαμπος）一词。

"自我"已经湮灭了。

克莱夫失去的是他的情景自传体记忆，即对发生在特定时间和特定空间上的事件的记忆（情景记忆），最重要的是，包括那些涉及他自己的事件（自传体记忆）。他的日记读起来令人痛心[19]。它们充满了对"第一次"觉醒的反复描述，一个接一个，之前的认知（有些是刚刚写的）被划掉，有时是被他愤怒地抹去。

~~上午8∶31　现在我真的完全清醒了~~

~~上午9∶06　现在我彻底地清醒了~~

上午9∶34　现在我真的非常清醒

这些日记，以及克莱夫的妻子黛博拉在她的书《永远的今天》中记录的她与克莱夫的对话，都证明了他的大脑受损对他的人格同一性的感觉造成了打击。他无法将随着时间推移展开的自我叙述串联起来，这就意味着，在过去的30多年里，"做自己的体验"一直是从头开始，转瞬即逝，他没有稳定的"自我"来组织对世界和自我的感知流动。由于严重的失忆症，他被困在了当下，失去了过去和未来，这让他感到如此混乱，以至于他甚至怀疑自己是否还活着。黛博拉写道："克莱夫总是觉得自己刚从无意识中苏醒过来[20]，因为在他的脑海中没有任何证据表明他曾经清醒过……'我不曾听见过什么，不曾看到过什么，不曾触摸过任何事物，也不曾闻到过任何东西，'他会说，'就像死了一样。'"

与此同时，克莱夫自我意识的其他方面依然完好无损。他在身体所有权的体验、第一人称视角的起源，甚至对自主自愿的行为等方面都没有问题。他和妻子在他患病前一年结婚，尽管现在有时候他不记得见过他的妻子，但他对妻子的爱从未减少。当克莱夫弹钢琴、唱歌或指挥时，音乐在他身上自由地流淌，使他看起来又像是一个完整的个体。

对克莱夫来说，这些充满爱和音乐的时刻改变了他，也拯救了他。奥利佛·萨克斯在《纽约客》上一篇引人深思的文章中这样描述克莱夫的处境："他不再有自我性的叙述[21]；他过着与我们其他人不同的生活。然而，只要你看到他在钢琴前弹奏，或者和黛博拉在一起，你就会觉得，此时的他又恢复了自我，并且充满了活力。"

尽管有这些温馨时刻，克莱夫的处境无疑是悲惨的。他的叙事自我的毁灭不仅是记忆的缺失，这还使他无法感知到自己是随着时间的推移而持续存在的，随之而来的是他的个人同一性的基本感觉被侵蚀，而我们大多数人会很自然地认为个人同一性的感觉是理所当然的。记忆并不是自我性的全部和最终目的，但正如这个故事告诉我们的，也正如我们中的许多人通过患有痴呆症或阿尔兹海默症的家人和朋友所知道的那样，自我感知的持续性和连续性是至关重要的，没有这些，生活将变得很难。

8

克莱夫和黛博拉对彼此的爱的力量使克莱夫恢复了个体认同

感觉，这让我们认识了社会自我。

人类，像许多其他动物一样，是社会性动物。感知他人的精神状态是社会动物在各种环境和各种社会中的一种关键能力。这种能力——有时被称为"心智理论"，通常被认为在人类身上发展得相当缓慢，但它在我们几乎所有人的一生中都发挥着关键的作用。

有时候，我们可以敏锐地感悟到这一点，例如，当我们担心伴侣、朋友或同事可能会怎么看我们的时候。但是，即使我们没有沉思于我们的社交互动，我们感知他人意图、信仰和欲望的能力也始终在背后运作，引导我们的行为，塑造我们的情绪。

有大量关于社会感知[22]和心智理论的文献，包括心理学、社会学，以及最近出现的社会神经科学领域。这些文献中的大部分都对这些主题在引导社会互动的重要性方面进行了研究。在这里，我想把注意力转向内在，思考"做自己"的体验如何取决于我如何看待别人对我的看法。

社会感知（对他人心理状态的感知）不只是一个明确的推理或"思考"别人可能在想什么或没有想什么。我们的大部分社会感知是自动的和直接的。我们形成对他人的信仰、情感和意图的感知，就像我们形成对猫、咖啡杯、椅子，甚至是我们自己的身体的感知一样自然而轻松。当我又给自己倒了一杯酒，发现朋友把她的空玻璃杯移近时，我无须理性地去揣摩她的意图，便能简单地感知到她也想再来点儿酒，我应该先给她倒酒。尽管未必像感知玻璃杯本身那样准确，但我还是毫不费力地感知到这样的心理状态。

这是怎么发生的？我认为答案再次在于将大脑视作一个预测机器的想法，以及将感知视作一个推理感觉信号形成起因的过程的想法。

非社会感知和社会感知都涉及大脑对感觉输入的起因做出最佳猜测。众所周知，有时候，当我们感知他人的想法时，我们会把事情想错，但我们永远不会把酒杯和汽车混淆（除非我们产生了幻觉）。社会感知的内在模糊性的原因之一是相关的感觉信号的起因被深深地隐藏起来了。比如引起酒杯感知的光波或多或少直接来自酒杯本身，但与他人心理状态相关的感觉信号必须经过若干中间阶段——通过面部表情、手势和言语行为，每一个阶段都为偏离目标的推理创造了一次新的机会。

就像视觉感知一样，社交感知也取决于背景和期待，我们可以通过改变感觉数据（一种人际间的主动推理形式）以及更新预测来最小化"社会预测误差"。社会感知中的主动推理[23]相当于改变他人的心理状态，使之符合我们的预测或期望。例如，我们微笑不仅是为了表达我们自己的快乐，也是为了改变我们同伴的感受，当我们说话时，我们试图将想法植入他人的脑海中。

这些关于社会感知的观点可以通过以下方式与社会自我联系起来。与所有感知推理一样，推理他人心理状态的能力需要一个生成模型。我们知道，生成模型能够生成与特定的感知假设相对应的感觉信号。对于社会感知来说，这意味着对他人心理状态的一个假设。这意味着高度的互换性。我对你的心理状态最好的模型将包括一个你是如何模拟我的心理状态的模型。换句话说，只有当我试着理解你是如何感知我的脑海中的内容时，我才能理解你脑海中的想法。就是这样，我们通过他人的思想来感知自己。这就是社会自我的全部内容，这些社会嵌套的预测感知[24]是人类自我整体体验的重要组成部分。

这种社会自我解释的一个有趣的含义是自我感悟，即一种更高层次的自我性，包括叙事和社会方面，可能需要一个社会背景。如果你生活在一个没有其他心智的世界里，更具体地说，没有任何其他相关心智，那么你的大脑就不需要预测他人的心理状态，因此也就不需要推理自己的体验和行为属于任何自我。约翰·多恩（John Donne）在 17 世纪的沉思 "没有人是一座孤岛"[25]很可能是真的。

9

你还是昨天的你吗？或许一个更好的问题是：你是否在以和昨天一样的方式体验做自己？除非夜间发生一些重大的事件，否则你很可能会说 "是"。那么上周、上个月、去年、10 年前、你在 4 岁的时候呢？或者当你 94 岁时，你还会是同一个人吗？你会觉得是这样吗？

意识自我性一个显著但经常被忽视的方面是，我们通常体验到自己在时间上是连续的和统一的。我们可以称之为 "自我的主观稳定性"。它不仅适用于自传体记忆的连续性，还适用于更深层意义上的自我体验，即无论是在生物身体层面还是在个人同一性层面 [26]，每时每刻都持续拥有的自我体验。

与外部世界的感知体验相比，与自我相关的体验非常稳定。我们对世界的感知总在变化，事物和场景在不断变化的事件中来来去去。与自我相关的体验似乎改变得较少。尽管我们知道我们会随着时间的推移而改变，我们中的大多数人都有足够多的照片来证明这一点，但对我们来说，我们本身似乎并没有改变多少。除非我们患有精神疾病或神经系统疾病，否则，在一个不断变化的世界里，做自我的体验似乎是一个持久而稳固的中心。19 世纪心理学先驱威廉·詹姆斯（William James）说得好："一个物体可以从不同的角度被感知，甚至是不再被感知。但与对物体的感知相反 [27]，我们总是体验到'同一个旧身体总是在那里的感觉'。"

现在你可能会认为这里没什么可看的。毕竟，身体以及其他与自我相关的感知目标的改变看起来比我们在世界上感知到的东西的改变要少。我可以从一个房间移动到另一个房间，但我的身体、我的动作以及我的第一人称视角总是伴随着我。基于这些理由，自我体验的改变比对世界体验改变得少可能就不足为奇了。但我觉得事情远不止如此。

正如我们在第六章中看到的，变化的体验本身就是一种感知推理。我们的感知可能会改变，但这并不意味着我们可以感知到这种正在发生的改变。这种区别在"变化盲视"现象中得到了例证，在这种现象中，世界上缓慢变化的事物并不能唤起任何相应的变化体验。同样的原则也适用于自我感知。我们一直在变成不

同的人。我们对自我的感知在不断地改变——你现在已经是一个
与你刚开始读这一章时略有不同的人了，但这并不意味着我们能
感知到这些变化。

这种对不断变化的自我在主观上的盲视是有后果的。首先，
它助长了一种错误的直觉，认为自我是一个不可改变的实体，而
不是一种感知丛束。但这并不是进化以这种方式设计了我们的自
我性体验的原因。我相信，自我的主观稳定性甚至超越了我们缓
慢变化的身体和大脑所导致的变化盲视。我们生活在一种夸大
的、极端的自我改变盲视中，为了理解其中的原因，我们需要首
先理解我们感知自己的原因。

我们感知自己不是为了了解自己，而是为了控制自己。

第九章　成为一个野兽机器

我们看到的事物不是它们的本来面目[1]，

我们看到的事物是我们本来的面目。

——阿内丝·尼恩（Anaïs Nin）

自我感知不是要发现这个世界上或身体里的东西。它有关生理控制和调节，有关生存。为了理解为什么是这样，以及它对我们所有的意识体验意味着什么，让我们先来回顾一下一个非常古老的争论——有关生命和心智如何联系的。

在存在大锁链[2]（中世纪基督教对所有物质和所有生命的等级制度）中，上帝处于顶端，位于上帝之下的是天使，然后是人类（有各种社会便利的细分），之后是其他动物、植物，最后是矿物质。每一个事物都有它自己的位置，每一个事物都有它自己的力量和能力，这是由它在锁链中的位置决定的。

在锁链内，我们人类尴尬地位于由上帝和天使居住的精神领域和由动物、植物以及矿物占据的物质领域之间。我们拥有不朽的灵魂，有理性、爱和想象力，但因为被束缚在肉体之上，我们也容易受到肉体刺激的影响，比如疼痛、饥饿和性欲。

几个世纪以来，特别是在欧洲，存在大锁链（或称"自然阶梯"）提供了一个稳定的模板，通过这个模板，人类可以理解自己在自然中的位置，以及一个阶层的人相比其他阶层的人的价值。例如，比起农民，国王处在锁链中更高位置。17世纪勒内·笛卡尔（René Descartes）废除了"阶梯"的许多层次，将宇宙分成两种存在模式：心灵物（心灵的东西）和广延物（物质的东西）。

这种对自然图景彻底简化的做法带来了许多新问题。之前就存在着一个形而上学的问题，即这两个领域是如何相互作用的——无论是好是坏（很大程度上都是坏的），这个问题已经框定了对意识的研究。政治和宗教权威所依赖的精细划分的秩序也遭到破坏。如果动物有心灵物的元素，任何有心智的迹象，那么还有什么能阻止它们像人类一样追求精神领域呢？任何对灵魂进行理性研究的尝试，就像笛卡尔看似所主张的那样，肯定会惹恼强大的天主教会[3]。

笛卡尔总是小心翼翼地与教会打交道，甚至在他的《第一哲学沉思集》①中试图证明仁慈的上帝的存在[4]。当谈到非人类的动

---

① 《第一哲学沉思集》是法国哲学家勒内·笛卡尔所著的一本哲学论文选集，以拉丁语首次出版于1641年。《第一哲学沉思集》的构成包括：致巴黎神学院的信、给读者的前言、内容提要、六个沉思、反驳与答辩，以及致狄奈特与克莱尔色列的信。六个沉思包括：第一个沉思，论可以引起怀疑的事；第二个沉思，论人的精神本性以及精神比物体更容易认识；第三个沉思，论上帝及其存在；第四个沉思，论真理与错误；第五个沉思，论物质性；第六个沉思，论物质性东西的存在以及论人的灵魂和肉体之间的实在区别。——译者注

物时，人们经常声称他认为它们完全缺乏意识。虽然很难确定，但这可能不是他的观点①。笛卡尔关于非人类动物的主要观点是，它们缺乏灵魂，以及缺乏因为拥有灵魂而所具有的所有理性的、精神的和意识的属性。历史学家华莱士·舒格（Wallace Shugg）是这样总结他的观点的：

> 人和野兽的身体 5 都只是呼吸、消化、感知和通过调整排列身体部位的方式来移动的机器。但只有人类的理性才能指导身体运动，从而应对所有的偶然事件，也只有人类才能用真实的语言来证明自己的理性。如果没有心智来指导身体运动或接受感觉，动物就只能被看作没有思想、没有感情、像发条一样运动的机器。

按照这种观点，生物的血肉属性（它们作为有机体的本质）与心智、意识或灵魂（无论它是什么）的存在完全且明确无关。非人类的动物被认为是 bête-machine，即"野兽机器"。在笛卡尔的图景中，心智与生命的界限就像"心灵物"与"广延物"之间的界限一样清晰。

通过强调人类的特殊性，笛卡尔能够安抚许多有可能想要迫害他的人。但是一扇危险的门现在半开着，如果非人类动物是"野兽机器"，如果人类也是一种动物——毕竟，人类确实似乎是

---

① 笛卡尔有一只名叫格拉特先生（划痕先生）的宠物狗，他非常喜欢它。此外，他还对兔子进行了活体解剖。

由同样的肉、血、软骨和骨头组成的，那么心智和理智的机能也一定可以用机械的、生理的术语来解释吗？

法国哲学家朱利安·奥弗雷·拉·美特里（Julian Offray de La Mettrie）在 18 世纪中期写作时，肯定是这样看问题的。他将笛卡尔的"野兽机器"论点延伸到人类身上，认为人类也是机器（L' Homme-Machine[6]），这样就否定了灵魂的任何特殊非物质地位，同时也质疑了上帝的存在。拉·美特里并不是一个为了宗教权威的利益而巧妙表达自己论点的人，所以他的生活很快就变得比笛卡尔的要复杂得多。1748 年，他被迫逃离他在荷兰的第二故乡，到柏林为普鲁士国王腓特烈效力。三年后，他因摄入过量肉酱而死。

虽然在笛卡尔的观点中，心智和生命是独立的，但在拉·美特里看来，它们是紧密相连的，因为心智可以被视为生命的属性。即使在今天，关于生命和心智的潜在机制和原则是连续的[7]还是不连续的讨论仍在激烈地进行着。

在这场争论中，我赞同拉·美特里的观点，但我不是泛泛地谈论"心智"，而是关注意识。这就引出了我关于意识和自我的"野兽机器"理论的核心观点。我们对周围世界以及身处其中的我们的意识体验，都是伴随着并通过我们活着的身体而发生的。因为有了活着的身体，才有意识体验的发生。我们的动物体质不止与我们对自我和世界的有意识感知相一致，我的观点是，我们无法理解这些有意识感知体验的本质和起源，除非根据我们作为生物的本质来探究。

1

在包括对过去的记忆和对未来的计划的自我性的分层表达之下，在个人同一性的明确感觉之前，在"我"之下，甚至在第一人称视角和身体所有权的体验出现之前，还有更深层的自我性有待发现。这些基岩层与身体的内部紧密相连，而不是与作为世界上一个物体的身体联系在一起，它们包含的有从情感和情绪（心理学家称之为"情感"体验），到基础的、无形的、始终存在的，简单地做一个具身的有机体的感觉。

我们将从情感和情绪开始对这些深度体验进行探索。这些形式的意识内容对于成为一个具身自我的体验至关重要，而且就像所有的感知一样，它们也可以被理解为关于感觉信号成因的贝叶斯最佳猜测。情感体验的独特之处在于，相关的信号成因要在身体内部找到，而不是在外部世界。

当我们想到感知时，我们倾向于根据我们感受外部世界的不同方式来思考，尤其是视觉、听觉、味觉、触觉和嗅觉这些熟悉的感觉通道。这些以世界为导向的各种感觉和知觉统称为"外感受"。从内部对身体的感知被称为"内感受"，它是"对身体内部生理状况的感觉[8]"[①]。内感受感觉信号[9]通常从身体的内部器官

（内脏）传递到中枢神经系统，传递有关这些器官的状态以及整个身体功能的信息。内感受信号报告诸如心跳、血压水平、血液化学的各种低水平方面、胃张力程度、呼吸情况等。这些信号通过一个复杂的神经网络以及位于大脑深处的脑干和丘脑进行传播，最后到达专门进行内感受加工的皮层部分，特别是岛叶皮层 ① 10。内感受信号的关键特性是，它们以某种方式反映身体的生理调节进行的如何。换句话说，大脑在维持身体存活方面做得有多好。

内感受信号长期以来一直与情感和情绪联系在一起。早在1884 年，威廉·詹姆斯（William James）和卡尔·兰格（Carl Lange）就各自独力地提出，情绪不是古代哲学家们所说的"永恒而神圣的精神实体"，也不像达尔文不久前提出的那样，通过进化而被固定连接于大脑回路中。相反，他们认为情绪是对身体状态变化的感知。我们不是因为悲伤而哭泣，我们之所以悲伤是因为我们感知到自己在哭泣时的身体状态。按照这种观点，恐惧情绪是由有机体对环境中危险的认知所引发的整个身体反应的（内感受）感知构成的。对詹姆斯来说，身体发生变化的感知就是情绪 11：我们感到难过是因为我们哭泣，感到愤怒是因为我们击打别人，感到害怕是因为我们颤抖，而不是因为难过而哭泣，因为愤怒而击打别人，因为害怕而颤抖。

詹姆斯的理论在当时遭到了强烈的反对，部分原因是它颠覆了普遍的、基于直觉的事物看起来是怎样的观点，即情绪导

---

① 岛叶皮层得名于它与更大的皮质"海"中的"岛"相似。

致身体反应，而不是相反。恐惧的感觉，比如当我们遇到一只灰熊时，似乎是导致我们心跳加速、肾上腺素激增、双脚逃窜的原因。不过，到目前为止，我们已经学会了对以事物表面现象来指导认识其实际情况持怀疑态度。因此，仅在这个基础上否定詹姆斯的观点是不明智的。

一个更实质性的担忧是，身体状态之间的差异可能不足以支持我们人类所能体验的所有情感范围[12]。虽然这种担忧的具体细节仍存在争议，但 20 世纪 60 年代出现了一种强有力的回应，即情绪的"评估理论"[13]。根据这些理论，情绪不仅是身体状态变化的输出，它们还依赖于对发生生理变化的环境的更高层次的认知评估或评价。

评估理论解决了情绪范围的问题，因为每个特定的情绪现在不再需要一个专门的身体状态。两种密切相关的情绪，比如无精打采和无聊，可能是基于相同的身体状态，对于这种共同的身体状况，不同的认知解释会产生不同的情绪。当然，另一种情况也可能是真的（并且我怀疑很可能确实如此），即每一种情绪确实都有一个独特的具身特征，只是他们之间有区别的特征的细节很难被察觉到。

我最喜欢的关于评估理论的实验研究，来自唐纳德·达顿（Donald Dutton）和亚瑟·阿伦（Arthur Aron）在 1974 年报告的一项有创意的研究[14]。在这项研究中，一位女性采访者在男性路人穿过温哥华北部卡皮拉诺河上的两座桥中的一座时走近他们。

其中一座桥长 450 英尺[①]，扶手很低，悬在浅滩之上，摇摇欲坠。另一座桥则是用厚重的雪松做成的，较短而且结实，位于河流上游，仅高出水面 10 英尺。当采访者接触每一位过桥者时，邀请他们填写一份问卷，并提供了她的电话号码，解释说她很乐意回答他们提出的任何更进一步的问题。

研究人员想知道，在摇摇晃晃的吊桥上，男性是否会将他们的不稳定状况引起的生理兴奋误解为性吸引力，而不是恐惧或焦虑。他们推断，如果是这样的话，这些男人更有可能在活动结束后打电话给采访者，甚至可能邀请她约会。

发生的事情确实如假设所言。这位女性采访者接到的电话中，从摇摇晃晃的桥上走过的男性回电数量要多于从坚固的桥上走过的男性回电数量。达顿和阿伦称之为"生理唤起的错误归因"：由摇摇晃晃的桥引起的生理唤起的增加，被更高层次的认知系统错误解释为性化学反应。支持这个评估理论的解释是（如果假设过桥的男人是异性恋者），当给予问卷的采访者是男性时，桥梁的类型对后续回电的数量不会有影响[②]。

这项 40 多年前进行的研究，与今天更为严格但仍不完善的

---

① 　1 英尺 =0.304 8 米。——译者注

② 　2020 年 9 月，我徒步穿越了英国湖区布兰卡特拉山（Blencathra）臭名昭著的锐刃（Sharp Edge）山脊。虽然不需要攀爬装备，但穿越锐刃从来都不是一件容易的事。山脊的顶部是一片参差不齐、光滑的岩石，两侧是陡峭的斜坡，事故确实会发生。在这个特别的十字路口，我注意到山脚有一块翻过来的石头，上面用粉笔写着："嫁给我吧，玛丽亚？"我不禁怀疑干这事的人是否知道达顿和阿伦的实验，并利用了这一实验结果。

标准相比，在方法论上存在不可避免的缺陷。更不用说令人质疑的道德规范了。但它仍然生动地展示了一种观点，即情绪体验取决于生理变化如何被更高层次的认知加工所评价。

评估理论的一个局限性在于，它们假设了"认知"和"非认知"之间的明显区别。低水平的"非认知"感知系统被假定为"读出"身体的生理状况，而高水平的认知系统则通过更抽象的加工，比如对上下文、背景信息敏感的推理，来评估这种状况。例如，当人们首先感知到某一特定的身体状态，然后再将其评估为"因为有一头熊正在向我走来"时，恐惧就会发生。然而，对于评估理论来说，不幸的是，大脑并没有将"认知"和"非认知"完整地区分开。

大约在 2010 年，当我在萨塞克斯的研究小组开始起步时，我开始思考这个问题。我从我的同事雨果·克里奇利（Hugo Critchley）那里学到了很多关于内感受的知识，他是这方面的世界级专家之一，我突然想到，克服评估理论局限性的一种方法就是应用预测感知的原则[15]，将情感和情绪以及一般的情感体验视为不同类型的受控幻觉。

我把这个想法叫作"内感受推理"。就像大脑无法直接获取到产生诸如视觉等外感受感觉信号的原因一样，它也无法直接获取到内感受感觉信号的产生原因，这些信号存在于身体内部。所有感觉信号的成因，无论它们在哪里，永远都隐藏在感觉的面纱后面。因此，内感受也被最好地理解为贝叶斯最佳猜测的过程，就像外感受感知一样。就像"红色性"是关于一些表面如何反射光线的基于大脑预测的主观方面一样，情感和情绪是关于内感受信号起因预测的主观方面[16]。它们是受控幻觉的内在驱动形式①。

　　就像视觉预测一样，内感受预测在许多时间和空间尺度上发挥作用，支持对内感受信号成因的流动的、背景信息敏感的、多层次的最佳猜测。通过这种方式，内感受推理解决了情绪范围的问题，而不需要在非认知和认知之间进行任何明确的区分。因此，内感受推理比评估理论更简洁，因为它只涉及一个过程，即贝叶斯最佳猜测，而不是两个过程（非认知感知和认知评估），也正因为如此，它也更容易地映射到底层的大脑解剖结构上。

　　内感受推理很难通过实验进行验证[17]，部分原因是内感受信号比视觉等外感受通道更难测量和操纵。一种很有前途的方式是探索这样一种可能性，即大脑对心跳的反应可能是内感受预测误差的标志。德国神经学家弗雷德里克·普兹斯内尔（Frederike Petzschner）最近发现，这种被称为"心跳诱发电位"②的反应是通过集中注意力来调节的，这正是内感受推理所预测的。这方面还需要更多的研究。

　　另一个更间接的证据来自身体所有权的实验，就像我们在前

---

　　① 在从评估理论直接转向内感受推理的过程中，我跳过了大量的干预工作。特别是安东尼奥·达马西奥（Antonio Damasio），他在揭示情感和认知之间的关系以及两者如何依赖身体方面做出了开创性的贡献。丽莎·费尔德曼·巴雷特（Lisa Feldman Barrett）独立提出了密切相关的观点强调内感受预测的重要性。

　　② 研究表明，内脏信息不断被大脑处理，因此可能影响认知。这种过程的一个指标是心跳诱发电位（HEP），这是一种与心跳皮层加工相关的事件相关电位（ERP）成分。HEP 对许多因素都很敏感，比如动机、注意力、疼痛，这些都与较高水平的唤起有关。——译者注

一章中所提到的。在 2013 年由铃木启介领导的一项研究中，我们发现，当一个虚拟现实橡胶手与心跳同步闪现时，相比于不同步的时候，人们所体验到的所有权更强，这表明身体所有权取决于内外感受信号的整合。这种"心脏—视觉同步"[18] 的方法也被简·阿斯佩尔（Jane Aspell）和她的同事用在了一项全身错觉的实验中，所谓全身错觉，就是人们能看到自己身体的虚拟剪影。他们也发现，当剪影与心跳同步闪现时，人们对剪影的识别更强。虽然这些研究对内感受推理有所启发，但这方面还需要更多的研究，部分原因是这些实验没有考虑催眠暗示性的个体差异。我们后来了解到，这个因素在身体所有权实验中非常重要。这些研究还取决于一个人对自己心跳的感悟程度，而这一特征已被证明是难以测量的。

从野兽机器理论的角度来看，内感受推理最重要的含义是，情感体验不仅由内感受预测塑造的，而且是由内感受预测构成的。情感和情绪，和所有感知一样，是从内向外的，而不是从外向内的。无论是恐惧、焦虑、快乐还是遗憾，每一种情绪体验都源于对身体状态（以及产生这种状态的原因）自上而下的感知猜测。认识到这一点是理解具身自我体验如何与我们有血有肉的身体联系在一起的第一个关键步骤。

进而，我们需要思考，这些"从内部"对身体的感知是用来做什么的。对外部世界的感知显然对指导行动是有用的，但为什么我们的内部生理状况要从根本上构建到我们的意识生活中呢？回答这个问题需要我们再次回溯历史，但这一次只需要回溯到 20

世纪中叶，回顾被忽视的计算机科学、人工智能、工程学和生物学的混合体——控制论。

2

20 世纪 50 年代，在计算机时代的黎明，控制论和人工智能（AI）这两门新兴学科同样前途光明，在许多方面都是不可分割的。"控制论"一词源自希腊语"kybernetes"，意为"舵手"或"统治者"，它的创始人之一——数学家诺伯特·维纳（Norbert Wiener）将其描述为"在动物和机器中控制和通信的科学研究"[19]。控制论的重点完全在于控制，它的主要应用是在涉及从输出到输入的闭环反馈的系统中，比如导弹。这种方法的一个显著特征是，这些系统似乎具有"目的"或"目标"，比如击中目标。

认为机器潜在地具有"目的"的这种思考方式，提供了一座联系从非生物到生物的新桥梁。以前，流行的观点是只有生物系统才能有目标，才能根据内在目的行事①。控制论则相反，它强调机器和动物之间的密切联系。部分正因为如此，它不同于人工智能中强调离线、脱离实体、抽象推理的其他方法，后者以智能下棋计算机为例证。从大多数标准来看，这些替代方法风光一时，占据了新闻媒体头条并统治了基金资助机构，而控制论越来越被边缘化。然而，即使在相对默默无闻的情况下，控制论也提供了

①　我主要讲的是后启蒙时代的观点。早期的信仰体系，如万物有灵论，对于目的（以及生命和精神）的归因要自由得多。

许多有价值的见解[20]——其重要性直到现在才被认识到。

其中一个见解来自威廉·罗斯·阿什比（William Ross Ashby）和罗杰·科南特（Roger Conant）发表于 1970 年的一篇论文，该论文描述了他们所谓的"良好调节器定理"[21]。他们的论文标题很好地概括了这一概念："系统的每个良好调节器都必须是该系统的一个模型[22]。"

想想你的中央供暖系统，或者同样好的空调系统。假设这个系统的设计目的是让你房间内的温度保持在 19℃。大多数集中供暖系统采用的是一种简单的反馈控制方式来工作：如果温度过低，供暖系统开启，否则关闭。我们将这个简单的系统称为"系统 A"。

现在想象一个更先进的系统，我们称之为"系统 B"。"系统 B"能够预测房子里的温度对于供暖系统的开启和关闭如何响应。这些预测是基于房子的属性，包括房间的大小、散热器的位置、墙壁的材质，以及室外的天气状况。然后"系统 B"相应地调整烧水锅炉（供暖装置）的输出。

由于这些先进的功能，"系统 B"相比于"系统 A"能更好地使你的房间保持一个稳定的温度，特别是当你的房屋很复杂或者天气很复杂的时候。"系统 B"表现得更好，因为它拥有一个房子的模型，它可以预测房屋内的温度将如何响应它可以采取的行动。一个高端的"系统 B"甚至可以预期即将到来的与温度相关的挑战，比如应对即将到来的寒冷天气，提前改变烧水锅炉的输出，从而抵御哪怕是暂时的严寒。正如科南特和阿什比所说，系统每一个良好的调节器必须是该系统的一个模型[①]。

让我们进一步研究这个例子。想象一下"系统 B"配备了不完善的温度传感器，只能间接反映室内环境温度。这意味着实际温度不能直接从传感器"读出"；相反，它只能基于传感器数据和先前的预期被推断出来。"系统 B"现在必须要有这样一个模型，即它的传感器读数如何与它们的隐藏起因（即房间内的实际温度）相关，以及这些起因将会如何对不同的操作指令做出响应，如调整烧水装置或散热器的输出。

我们现在可以将这些关于调节的观点与我们所知道的预测感知联系起来。"系统 B"通过从传感器读数来推理环境温度，就像我们的大脑为了推理世界（和身体）的状态以及它们如何随时间变化而对其感觉信号的成因做出最好的猜测一样。但是"系统 B"的目标并不是找出"那里有什么"（该例中就是环境温度），其目标是调节推理出来的隐藏起因，进而采取行动，以保持温度在一个舒适的范围内，理想情况下是一个单一的固定值。在这种情况下，感知不是为了找出那有什么，而是为了控制和调节。

因此，控制导向型感知是一种主动推理的形式就像"系统 B"所实现的东西，在这个过程中，感觉预测的误差是通过做出行动而不是通过更新预测来实现最小化。正如我在第五章中所解

---

① 有人可能会想，"成为"一个模型和"拥有"一个模型之间是否有区别。我认为，拥有显式生成模型，能够产生条件或反事实预测的系统，如"系统 B"，可以被称为"拥有"模型。相对固定和不灵活的调节器，就像简单的反馈恒温器，如"系统A"，可能只是一个模型。

释的那样，主动推理既依赖于能够预测感觉信号的成因如何对不同行为做出反应的生成模型，也依赖于调节自上而下预测和自下而上预测误差之间的平衡，从而使感知预测能够自我实现。

主动推理告诉我们，预测感知既可以用来推理世界或身体的特征，也可以用来调节这些特征——它可以是关于发现事物或控制事物[23]。控制论提出的观点是，对于某些系统，控制是第一位的。从良好调节器定理的角度来看，预测感知和主动推理的整个装置都源自于一个基本的需求，即需要什么才能充分地调节一个系统。

要回答情感和情绪的感知是为了什么，我们还需要控制论中的一个概念——必要变量[24]。罗斯·阿什比还介绍了必要变量是生理量，如体温、血糖水平、氧气水平等，为了使有机体存活，这些变量必须被保持在相当严格的范围之内。通过类比，一个所需的室温将是一个中央供暖系统的"必要变量"。

把这些放在一起，情感和情绪现在可以被理解为控制导向型感知，它们调节着身体的必要变量。这就是它们的作用。当一只熊靠近时，我所感受到的恐惧是一种对我身体的控制导向型感知，更具体的说，我的身体在一只正在接近的熊面前，它会训练出能被最好预测的行动，以使我的必要变量保持在它们需要的水平。重要的是，这些行动既可以是身体的外部运动[25]，比如跑步；也可以是身体内部的"内行动"，比如提高心率或扩张血管。

这种对情感和情绪的看法将它们与我们的血肉本质联系得更加紧密。这些形式的自我感知都不只是记录身体的状态，无论是从外部还是从内部。在生存的问题上，它们与我们现在做得有多好，以及将来我们可能做得有多好紧密地且有因果地联系在一起。

至关重要的是，在进行这种区分时，我们也发现了为什么情感和情绪有其特有的现象学。恐惧、嫉妒、快乐和骄傲的体验是非常不同的，但它们彼此之间的相似度比其中任何一种情绪与视觉体验或听觉体验的相似度都要高。这是为什么呢？一种感知体验的本质不仅取决于相应预测的目标（也许是桌上的咖啡杯，或者是一颗跳动的心），还取决于所做预测的类型。旨在发现事物的预测与旨在控制事物的预测将具有非常不同的现象学。

当我看着书桌上的咖啡杯时，有一种强烈的感知印象，认为这是一个独立于我而存在的三维物体。这就是物性现象学，我在第六章中介绍过。在那里，我提出如果进行某个动作，比如转动杯子以露出它的背面，对此，当大脑对视觉信号如何变化做出条件预测时，物性会出现在视觉体验中。在这种情况下，感知预测是为了发现那有什么，而相关的动作（比如旋转），预计会揭示更多关于感觉信号的隐藏起因。

现在考虑一个更活跃的例子：接板球。你可能认为做到这一点最好的方法是搞清楚球将要落地的位置，然后尽可能快地跑到那里。但事实上，"搞清楚怎么回事"并不是一个好的策略，也不是专业的外场手要做的。相反，你应该不断移动，让球在某一特定方向上"看起来总是一样的"，具体来说，就是让你注视球的仰角增加，但以稳定的速率减小。事实证明，如果你遵循这种策略（心理学家称之为"视觉加速抵消"[26]），你肯定能拦截到球^①。

这个例子再次涉及控制。你的行为以及你的大脑对其感觉后果的预测并不是为了找出球在哪里。它们旨在控制球在感知上如何表现。因此，你的感知体验不会揭示球在空中的精确位置，而是在你跑向它时的某种"可接性"。在这种情况下，感知是一种控制性幻觉，就像它是一种受控幻觉一样。

这一观点有着丰富的历史渊源。20 世纪 70 年代，心理学家詹姆斯·吉布森（James Gibson）认为，人们经常根据他所谓的"可供性/可承受性"²⁷来感知世界。对于吉布森来说，可承受性是一个行动的机会——一扇可打开的门，一个可以接住的球，而不是一个独立于行动的"事物是怎样的"表征。另一种也是 20 世纪 70 年代提出的理论，但不像吉布森的理论这样为人所知，它更加强调控制。根据威廉·鲍尔斯（William Powers）的"感知控制理论"²⁸，我们感知事物并不是以特定的方式行事。相反，就像在接板球的例子中，我们的行为最终会以一种特定的方式感知事物。虽然这些早期理论在概念上是正确的，并且与我在第五章中介绍的大脑的"行动优先"观点一致，但它们缺乏由受控幻觉或控制性幻觉的感知观点提供的具体预测机制。另外，它们关注的是对外部世界的感知，而不是对身体内部的感知。

焦虑没有背面，悲伤没有侧面，幸福不是矩形的。对身体"从内"的感知是建立情感体验的基础，它并不能传递对我的各

---

① 如果你照字面意思去做，球最终会击中你两眼之间的位置。

种内脏器官的形状和位置的体验——这里是我的脾脏，那里是我的肝脏。没有物性的现象学，就像看着桌上的咖啡杯一样，也没有像接住板球时那样在空间框架中的运动。

支撑情感和情绪的控制导向型感知，都是为了预测行为的后果，以保持身体的必要变量在其所属的水平。这就是为什么我们不是把情感视为物体来体验，而是体验整体情况正在发生或可能发生的有多好或多坏。无论我是坐在我母亲的病床边，还是准备从一只熊面前逃跑，我的情绪体验的形式和性质都是这样的——凄凉、充满希望、恐慌、平静，因为我的大脑正在做出的条件预测，认为不同的行为可能如何影响我当前和未来的生理状况。

3

在自我的最深层，甚至在情感和情绪之下，存在着一种低于认知的、初级的、难以描述的简单做一个有生命的有机体的体验。在这里，自我性体验出现在"存在"的非结构化感觉中。就是在这我们触摸到野兽机器理论的核心：我们对周围世界，以及身处其中的我们自己的意识体验，都是伴随着并通过我们活着的身体而发生的，并且有了活着的身体，才有意识体，在这一点上，我提出的所有关于感知和自我的观点都已经就位了。所以让我们从头开始，一步一步展开。

任何生物的首要目标都是继续存活下去。这从定义上讲几乎是正确的——这是进化赋予的使命。在面临危险和机遇时，所有生命的有机体都努力保持其生理完整性。这就是大脑存在的原因。进化为生物提供大脑的原因不是为了让它们能写诗、做填字游戏或研究神经科学。从进化的角度来说，大脑并不是用来进行理性思考、语言交流，甚至也不是用来感知世界的。任何生物都有大脑或神经系统的最根本原因是，通过确保生理必要变量处于适合其持续存活的范围内，以此帮助其存活。

这些必要变量是内感受信号的起因，其有效的调节决定了一个生物的生命状态和未来前景。与所有的物理特性一样，这些起因仍然隐藏在感觉的"面纱"后面。就像外部世界一样，大脑无法直接接触到身体的生理状态，所以这些状态必须通过贝叶斯最佳猜测被推理出来。

与所有预测感知一样，这种最佳猜测是通过一种基于大脑的预测误差最小化过程来实现的。在内感受的语境下，它被称为"内感受推理"。就像视觉和听觉以及所有的感知形式一样，内感受性感知是一种受控的幻觉。

关于世界的感知推理通常是为了发现事物，而内感受推理主要关于控制事物——它是关于生理调节的。内感受性推理是主动推理的例证，它通过实现自上而下的预测而不是更新预测本身（尽管这也会发生），从而将预测误差最小化。这些调节行为可以是外在的，比如伸手去拿食物；也可以是内在的，比如胃反射或血压的短暂变化。

这种预测控制可以通过预测未来的身体状态和他们对某种行为的依赖来支持预期反应。这种预期性控制对生存至关重要。例如，等到血液酸度超标后再做出适当的反应，结果可能会非常糟糕。同样，相关的动作可以是外在的、内在的，或者两者兼具。在被熊吃掉之前逃跑就是外在预期调节的一个例子。在你有效逃离，或者甚至是在工作一段时间后从办公桌旁站起来时，血压的暂时上升，这是一种内在的预期反应。

生理学中有一个有用的术语来描述这个过程：应变稳态[29]。应变稳态指的是通过变化实现稳定的过程，不同于我们更熟悉的术语"体内动态平衡"，后者只是指趋于一种平衡状态的趋势。我们可以认为内感受推理是关于身体生理状况的应变稳态调节。

就像对视觉感觉信号的预测支撑着视觉体验一样，无论是关于未来，还是关于当下，内感受预测都支撑着情感和情绪。这些情感体验有其特有的现象学特征，因为它们所依赖的感知预测具有控制导向和与身体相关的本质。它们是控制性的幻象，就像它们是受控的幻觉一样。

尽管植根于生理调节，但大多数情况下，情感和情绪的体验至少部分地与超越自我的、身体之外的事情和处境有关。当我感到害怕时，我通常害怕的是某件事。但在自我性体验的最深层次，也就是初级的"只是存在"的感觉，似乎完全缺乏这些外在参照。对我来说，这是有意识自我性的真正基础状态：一种无形的、不成形的、以控制为导向的对身体自身当前和未来生理状况的感知预测。这就是"做自己"的开始，也正是在这里，我们发现了生命与心智之间最深刻的联系——我们野兽机器般的本性与我们有意识的自我之间的联系。

野兽机器理论[30]的最后也是至关重要的一步，是认识到从这个起点开始，其他一切都会随之而来。我们不是笛卡尔的野兽机器，对他来说，生命与心智无关。恰恰相反。我们所有的感知和体验，无论是对自我还是对世界，都是从内向外受控的和控制性的幻觉，这些幻觉根植于有血有肉的预测机器，它时刻都在进化、发展和运作，伴随着一种基本的生存驱动力。

我们是彻头彻尾的有意识的野兽机器[31]。

4

在上一章的末尾我有谈到，虽然对世界的感知总在发生改变，但自我性的体验似乎在许多不同的时间尺度上都是稳定和持续的。我们现在可以看到，这种主观的稳定性是从野兽机器理论中自然显现的。

为了有效地调节身体的生理状态，内感受信号的先验概率需要有很高的精确度，这样它们才会趋向于自我实现。主动推理的这一关键方面确保内感受最佳猜测将被引向这些先验概率——生理存活的期望（预测）区域。例如，我的体温预计在一段时间内是相当稳定的，而根据主动推理，这也正是事实如此的原因。因此，身体自身作为相对不变的体验直接来源于对稳定身体状态的精确先验概率的需求，即强烈预测的需求，以达到生理调节的目的。换句话说，只要我们活着，大脑就永远不会更新期待活着这

样的先验信念 [①]。

更重要的是，考虑到"变化"本身就是感知推理的一个方面，大脑可能会减弱与感知身体状况变化有关的先验期待，以进一步确保生理必要变量保持在它应有的位置。这意味着一种"自我变化盲视"的形式，这个概念也在前一章介绍过。根据这种观点，即使我们的生理状况确实发生了变化，我们也可能不会感知到它在变化。

把这些想法放在一起，我们感知到我们自己随着时间推移是稳定的，部分原因是我们的生理状况被限制在特定的范围内的自我实现先验预期；部分原因是这种状况不会改变的自我实现先验预期。换句话说，有效的生理调节可能依赖于对身体内在状态的系统性错误感知 [32]，即感知为比实际情况更稳定、变化比实际情况更少。

有趣的是，这个建议可以推广应用于其他超越持续的生理完整性基本状态的，更高层次自我性。如果我们不将自己（期待）感知为不断变化的，我们将能够更好地在每一个自我性层次上，保持生理和心理同一性。在做自我的各个方面，随着时间的推移，我们感知自己是稳定的，因为我们感知自己是为了控制自己，而不是为了了解自己 [33]。

除了这种主观的稳定性，我们大多数人在大多数时候也会将自己感知为"真实的"。这似乎是显而易见的，但请记住，在第

---

① 另一种思考方式是，内感受性感觉信号将被系统地"忽略"，以允许内行动来调节必要变量，就像本体感受性感觉信号在外部行为中减弱一样（如第五章所述）。

六章中我们提到，世界上事物"真正存在"的体验并不是直接感知到客观现实的证据，而是需要解释的现象学属性。在那一章我提出，为了对感知有机体有用，我们感知最佳猜测需要被体验为真实存在于这个世界上，而不是作为实际上基于大脑的构造。

同样的推理也适用于"自我"。就像角落里的椅子似乎真的是红色的一样，就像我开始写这句话时，一分钟真的过去了一样，感知的预测机器在向内引导时，在一切的中心使其看起来似乎真的有一个"我"的稳定本质。

同样地，就像我们对世界的感知有时会缺乏真实的现象学一样，自我也会失去它的真实性。在患疾病期间，自我的体验现实和主观稳定性可能会时强时弱，在人格解体的精神状态下，它可能会严重减弱甚至消失。1880 年，法国神经学家朱尔斯·科塔尔（Jules Cotard）首次描述了一种罕见的妄想[34]，这是有关不真实自我最极端的例子。在科塔尔妄想中，具身自我已经早已消失，患者认为他们不存在，或者他们已经死了。当然，"自我是不真实的"这种体验并不意味着任何"自我本质"已经突然消失了。这只是意味着，那些与身体调节最深层次联系在一起的控制导向型感知已经严重扭曲[35]。

5

我提出这个野兽机器理论，并不是说我已经证明了生命对于意识是必要的，不是说肉、血和内脏或生物神经元有一些特殊之处[36]，而是说只有由这些材料构建的生物才能拥有意识体验。这或许是真的，或许不是。至少到目前为止，我所说的一切都没有强有力的理由，也无意这样做。但我想说的是，为了理解为什么我们的意识体验是这样的，自我的体验是什么样的，以及它们是如何与世界的体验相关联的，我们最好能够认识到所有感知在生命生理学中的深层根源。

思考意识的物质基础，又一次把我们带回到难题上。野兽机器理论加速了这个显而易见的谜团的解开。通过将受控幻觉的观点延伸到自我性的最深层，通过揭示真实存在的自我的体验作为感知推理的另一个方面，困难问题所依赖的直觉被进一步侵蚀。特别是，有意识的自我在某种程度上与自然界的其他部分是分开的（一个真实存在的非物质的内部观察者，注视着一个物质的外在世界）这一难题友好的直觉结果也被证明，它只是事物的表象和它们本来的面目之间的又一种混淆。

几个世纪以前，当笛卡尔和拉·美特利形成他们关于生命和心智关系的观点时，争论的不是难题，而是"灵魂"是否存在的问题。而且，令人惊讶的是，在野兽机器的故事中也发现了灵魂的回声。这个灵魂不是一种非物质的本质，也不是理性的精神升华。关于自我的野兽机器观，及其与身体、与生命的持续节奏的密切联系，将我们带回一个从计算思维的自负中解放出来的地方——在笛卡尔的精神与物质、理性与非理性划分之前。在这种观点下，我们所说的"灵魂"是心智和生命之间深层连续性的感知表达。"灵魂"是当我们将最深层的具身自我性看作真正存在来感知时所经历的体验，这种最深层的具身自我性是"只是存在"的初始感觉。把它称为"灵魂的回声"似乎是正确的，因为它复活了关于这个永恒观念的更古老的概念，比如印度教中的"梵我"[①]，它更多地将我们的内心本质看作呼吸而不是思想。

我们不是认知电脑，我们是感觉机器。

---

① 我（梵语：आत्मन्,Ātman），梵文名词，意为真正的我，内在的自我，与自我（梵语：Ahaṃkara）、心（梵语：citta）及具身存在（梵语：Prakṛti）不同，此词指纯粹的意识，为了获得解脱，人需要获得自我知识。这个术语源自古印度宗教，在各宗派中被普遍接受，被视为轮回的根基，后被印度教承袭。在印度哲学中，特别是在印度教中的吠檀多派，梵与我合一，是古印度所指的终极实在，是超越和不可规范的唯一实在，被视为精神与物质的第一原理、第一因。佛教不认可这种学说，主张一切法无我（梵语：anatta）。古代汉译典籍中就将其译为"我"，不与普通的人称指代加以区别化，现代常译为"梵我"以示区别，也有意译为主体，或俗称的灵魂。——译者注

第十章　一条在水中的鱼

2007 年 9 月，我从布莱顿到巴塞罗那一所暑期学校做关于"大脑、认知和技术"的演讲。虽然我很高兴能来到这样一个美丽的城市，但由于家里的工作，不得不迟到，以至于无法参加英国著名神经学家卡尔·弗里斯顿（Karl Friston）关于他的"自由能原理"（FEP）及其在神经科学中的应用大师课程（该课程持续三个小时）。在第五章我们介绍主动推理概念的时候曾提到过弗里斯顿。我一直渴望参加弗里斯顿的研讨会，因为他的观点似乎能以一种数学上深奥而复杂的方式，捕捉到我自己在关于预测感知和自我上的一些萌芽思想。

尽管我错过了他的演讲，但我想我至少能在到达那里后知道发生了什么。当我那天晚上晚些时候出现在屋顶酒吧时，我看到的是一张张茫然的面孔。弗里斯顿本人在演讲结束后立即坐飞机返回伦敦，留下了困惑的与会者。事实就是，经过三个小时详细的数学分析和神经解剖，大多数人比一开始时要更加的困惑。

部分困惑似乎在于弗里斯顿所提出的观点内容太过宏大。自由能原理冲击到你的第一印象是它是一个非常宏大的想法。它汇

意识机器

集了来自生物学、物理学、统计学、神经科学、工程学、机器学习和其他领域的概念、见解和方法。它的应用绝不仅限于大脑。在弗里斯顿看来，自由能原理解释了生命系统的所有特征[1]，从单个细菌的自组织，到大脑和神经系统的细节，再到动物的整体形状和身体规划，甚至延伸到进化本身的大方向。这是生物学中迄今为止提出的最接近"万物理论"的理论。难怪那些与会者，包括我在内，会感到困惑。

快进 10 年。2017 年，我和我的同事克里斯·巴克利（Chris Buckley）、西蒙·麦格雷戈（Simon Mcgregor）、金昌燮终于在《数学心理学杂志》上发表了我们自己的关于"神经科学中的自由能原理"的评论文章[2]。我们比预期多花了 9 年时间才完成了这件事，但我很高兴我们坚持了下来。

至少我认为我是高兴的，因为即使在经历了所有这些艰辛的付出之后，仍然存在一些奇怪的难以理解的地方。在互联网上，时常有博客文章报道人们在理解弗里斯顿的观点时遇到的困难[3]。有斯科特·亚历山大（Scott Alexander）的"上帝帮帮我们，让我们试着理解弗里斯顿关于自由能的观点"。甚至还有一个恶搞的推特账号 @FarlKriston，发布诸如"我就是我自认为的任何东西，如果我不是，我又为什么会认为我是呢？"这样的精辟言论。

但自由能原理是值得研究的，因为伴随它表面上的不可理解，它还优雅而简洁地指出了生命和心智之间的深层统一性，这在几个重要方面充实了意识的野兽机器理论。

我们会看到，当研究得足够深入时，自由能原理就不是那么难理解了。

1

让我们暂时把神秘的自由能原理放在一边，先简单阐述一下它对于一个生物体乃至任何事物的存在意味着什么。

某个事物的存在意味着它和其他一切事物必须有区别，即它与其他事物存在边界。如果没有边界，就不会有事物存在，任何事物都不会有。

这个边界也必须随着时间的推移而持续存在，因为存在的事物会随着时间的推移而保持它们的同一性。如果你往玻璃杯的水中加入一滴墨，它会迅速扩散，给水上色，同时失去它的同一性。相反，如果你加入一滴油，尽管油会扩张到水面上，但它仍会明显地与水分开。油滴仍然存在，因为它没有将自身均匀扩散溶解到水中。但过不了多久，它也会失去自己的同一性，就像岩石最终会被侵蚀成尘埃一样。类似油滴和岩石这样的东西无疑是存在的，因为它们具有持续一段时间的同一性——对岩石来说是更长一段时间。但无论是油滴还是岩石都不会"主动地"维持它们的边界[4]，它们只是分散得很慢，慢到即使当这些分散在发生时我们也会注意到他们的存在。

生命系统与上面的例子不同，生命系统通过移动（有时甚至只是生长）来积极主动地维持它们的边界。它们主动保护自己，使自己有别于环境，这也是它们成为生命体的一个关键特征。FEP 的出发点是，仅凭存在，生命系统就必须积极地抵制其内部状态的分散。当你最终在地板上变成一堆糊状物时，你也就不再活着了[①]。

以这种方式思考生命将我们带回到了熵的概念。在第二章，我介绍了熵作为无序、多样性或不确定性的一种度量。就像墨滴杂乱地分散在水中一样，系统的状态越无序，系统的熵就越大。对于你、我，甚至一个细菌来说，我们活着时候的内部状态要比我们分解成一团糊状物时，无序度要低得多。活着意味着处于低熵的状态。

问题就在于此。在物理学中，热力学第二定律告诉我们，任何孤立物理系统的熵都会随着时间的推移而增加。所有这些系统都趋向于无序，随着时间的推移，它们的组成状态会逐渐分散。第二定律告诉我们，有组织物质的实例，比如生命系统，在本质上是不可能的和不稳定的，而且从长远来看，我们都注定会灭亡。但不知何故，与岩石或墨滴不同的是，生命系统能暂时抵挡住第二定律，维持在一个不稳定的不可能状态。他们与环境不均衡地共同存在着，这就是"存在"的首要含义。

根据 FEP 理论，一个有生命的系统要想抵抗第二定律，就必须占据它期待存在的状态。作为一个优秀的贝叶斯主义者，我是在统计意义上使用"期待"，而不是在心理意义上。这是一个非常简单，甚至微不足道的想法。一条在水中的鱼的状态是它在统计上期待的状态，因为大多数鱼大部分时间确实都在水中。从统

---

① 有一些奇特的边缘情况，通常该物被认为是没有生命的，但它们仍然主动地保持它们的同一性，比如龙卷风或漩涡。

计学上看，发现一条鱼离开水是出人意料的，除非这条鱼已经开始变得稀烂。我的体温大约是 37℃，这也是一个统计上的期待状态，符合我的持续生存所需要的条件，也表明我没有溶解成糊状。

对于任何生命系统来说，"活着"的状态意味着主动寻找一组随着时间推移而不断重复进入的特定状态，无论是体温、心率（我们在前一章中提到的生理"必要变量"），或者单细胞细菌中蛋白质复合物组织和能量流动。这些是统计上期待的、低熵的状态，它们确保系统保持存活——考虑到所讨论的生物，这种状态是可预期的[①]。

重要的是，生命系统不是封闭孤立的系统。生命系统与环境保持着持续的开放互动，从环境中获取资源、营养和信息。正是利用这种开放性，生命系统才能够从事寻找统计上期待的状态——最小化熵并避开第二定律这样的消耗能量的活动。

从有机体的角度来看，重要的熵是其感觉状态的熵——那些感觉状态使有机体与环境接触。想象一个非常简单的生命系统，比如一种细菌。这种细菌需要一种特殊的营养物质才能生存，它可以感觉周围环境中这种营养物质的浓度。通过期待感觉到高浓度的营养物质，并通过运动主动寻找这种期待的感觉信号，这种简单的生物将自身维持在一组使其存活的状态集中。换句话说，

---

① 统计上预期的状态怎么可能也会是不可能的呢？当系统仅存在于一个受限的状态集合或状态子集（所谓的"吸引集"）时，那么这会是可能的。吸引集在统计学上是被期待的，因为它是系统通常被发现的地方，但它也是不大可能的，因为集合外的状态比集合内的要多。变得稀烂的方式要比活着的方式多得多。

对细菌来说，感觉高营养浓度是一种统计上的期待状态，它会主动寻求继续进入这种状态。

根据 FEP，这适用于所有领域。最终，所有生物（不仅是细菌）都是通过随着时间的推移将感觉熵最小化来维持存活状态的，从而有助于确保它们保持在与生存相容的统计上期待的状态。

这就是 FEP 的核心，它解决的问题是，在实践中，生命系统如何设法将它们的感觉熵最小化。通常，为了使一个量最小化，系统需要能够测量它。但问题是，感觉熵不能直接检测或测量。仅仅根据感觉本身，系统无法"知道"自己的感觉是否令人惊讶。打个比方，数字6令人惊讶吗？在不了解上下文的情况下，没有办法做出回答。这就是为什么感觉熵非常不同于诸如光线水平或附近营养物质浓度等事物，后者可以被有机体的感觉直接检测到，并用于指导行为。

这就是自由能最终进入故事的地方。不用担心它的名字，它起源于 19 世纪的热力学理论①。就我们的目的而言，我们可以把自由能看作一个近似于感觉熵的量[5]。至关重要的是，它也是一个能够被有机体测量到的量，因此有机体可以将其最小化。

遵循 FEP，我们现在可以说，通过最小化这个被称为"自由能"的可测量的量，有机体将自身维持在可以确保它们持续存在的低熵状态。但是从有机体的角度来看，什么是自由能？经过一些数

---

① 在热力学中，自由能是指在恒定温度下可用于做功的能量。在"可用"的意义上，它是"自由的"。FEP 中的这种自由能被称为"变分自由能"。这个术语来自机器学习和信息论，但它与它的热力学等价物密切相关。

学上的运算后[6]，我们发现，自由能基本上和感觉预测误差是一样的。当一个有机体将感觉预测误差最小化时，就像在预测加工和主动推理等情境下一样，它也在将理论上更深奥的自由能最小化。

这种联系的一个含义是，FEP 认可了前一章中的观点，即生命系统拥有（或者就是）其环境模型。更具体地说，就是其产生感觉信号原因的模型。这是因为，在预测加工中，模型需要来提供预测，进而来定义预测误差。根据 FEP 的观点，凭借拥有或者本身作为模型，一个系统可以判断其感觉是否（在统计上）令人惊讶。如果你相信你看到的数字 6 来自一次掷骰子，你就能确切地判断它有多么令人惊讶。

FEP 和预测加工之间的这些深层联系是有吸引力的。直观地说，通过主动推理来最小化预测误差，生命系统将自然地进入它们期待或预测自己所处的状态。这样看来，预测感知和受控（或控制性）幻觉的观点与弗里斯顿试图解释整个生物学的雄心勃勃的目标是十分契合的。

当把所有这些放在一起考虑时，出现的画面是一个生命系统在积极主动地模拟它的世界和身体，这样定义其为一个生命系统的一组状态被一遍又一遍地不断审视和进入——从每一秒我的心跳，到每一年为我的生日表示惋惜。套用弗里斯顿的话来说，FEP 的观点是有机体收集和模拟感觉信息[7]，以便最大化它们自身存在的感觉证据。或者，正如我所说的："我预测自己，所以我存在。"

值得注意的是，将自由能（感觉预测误差）最小化并不意味着一个生命系统可以躲到一个黑暗而安静的房间里，待在那里，盯着墙壁。你可能会认为这是一个理想的策略，因为来自外部环境的感觉输入将变得高度可预测。但这过于理想化了。随着时间的推移，发出其他信号的感觉输入，比如血糖水平等，将开始偏离其期待值：如果你在黑暗的房间里待得太久，你就会感到饥饿。感觉熵将开始增长，不存在的威胁开始隐隐逼近。像生命有机体这样的复杂系统需要允许一些状态发生变化，以便让其他状态保持不变。例如，我们需要起床去做早餐，同时在这样做的时候，我们的血压也会升高，这样我们才不会晕倒。这与我在前一章提到的预测控制的预期形式——应变稳态——相匹配。从长远来看，将感觉预测的误差最小化意味着走出黑暗的房间[8]，或者至少打开灯。

关于 FEP 另一个普遍的担忧是它不可证伪，也就是说，它不能被实验数据证明是错误的。这是事实，但这既不是 FEP 所特有的，也不是最棘手的问题。最好的方法是把 FEP 看作一种数学哲学，而不是一种可以通过假设检验来评估的特定理论。正如我的同事雅各布·豪威所说，FEP 解决的问题是"存在的可能性的条件是什么"，就像伊曼努尔·康德用第一原理的方式提出的"感知的可能性的条件是什么"一样。FEP 的作用可以被理解为激发和促进对其他更具体的理论（经得起实验驳斥的理论）的解释。例如，如果大脑在感知过程中没有使用感觉预测误差，那么预测加工理论就可以被证伪。最终，人们将根据 FEP 的有用性来评判它[9]，而不是根据它从实证方面来讲是正确还是错误来评判[①]。

---

① 另一个像FEP的原理的例子是物理学中的哈密顿的"静止作用量原理"，它可以用来推导（可检验的）运动方程，甚至广义相对论。

让我们总结一下 FEP 的主要步骤。为了让有机体生存下去，它们需要以将自己保持在"期待"的低熵状态来行事。就像一条在珊瑚礁上方游动寻找食物的鱼，主动寻求与它持续生存相适应的期待的感觉状态。一般来说，生命系统通过最小化这些状态的熵（即自由能）的可测量近似值来做到这一点。将自由能最小化要求有机体拥有或其自身成为其环境（包括身体）的模型。因此，最小化自由有机体使用这些模型，通过更新预测和执行行动，来减少预测和实际感觉信号之间的差异。事实上，在合理的数学假设下，自由能和预测误差是一样的。总而言之，这意味着整个预测加工和受控幻觉、整个主动推理和控制导向感知以及整个野兽机器理论都可以从 FEP 的角度被理解为源自于一个基本的约束，即活着意味着什么，存在意味着什么。

2

如果你发现 FEP 的这种快速呈现有点让人迷失方向，让我向你保证，为了能理解我在前几章中所阐述的受控幻觉和野兽机器的故事，没有必要理解或接受 FEP①。我们通过基于"生存驱动"预测感知机制，来感知世界和自我的理论，其自身就能站得住

①　即使对于那些在该领域有专业知识的人，FEP 背后的概念和数学也并不简单。一本统计力学教科书 10 的开篇就警告我们："路德维希·玻尔兹曼（Ludwig Boltzmann）一生大部分时间都在研究统计力学，他在 1906 年自杀。保罗·埃伦菲斯特（Paul Ehrenfest）也在 1933 年去世。现在轮到我们研究统计力学了。"

脚。然而，FEP 值得一试，因为它至少在以下三个方面增强了野兽机器理论。

第一，FEP 使野兽机器理论建立在物理学的基础之上，特别是在一个与生命含义相关的物理学中。作为一种更基本的要求，野兽机器的"生存驱动"在 FEP 中重新出现，用以保持统计上的期待状态，并用以抵抗热力学第二定律的持续影响力。当一个理论能够以这种方式被概括和深入研究时，它就会变得更有说服力、更完整、更强大[11]。

第二，FEP 通过逆向复述夯实了野兽机器理论。在前几章，我们从头盖骨内推断外部世界是什么样子的挑战开始，然后循着思想脉络向内深入身体内部，首先讨论了将自我性体验为感知最佳猜测，并最终通过对身体本身的控制导向感知来确定这些体验中最深层的部分。而 FEP 的情况正好相反。我们从"事物存在"这个简单命题开始，然后从这个命题向外延伸到身体和世界。从两个截然不同的起点到达同一个地方，这强化了我们的直觉，即背后的故事是连贯的，并明确了概念（例如自由能和预测误差）之间原本令人费解但实则相似的地方。

FEP 的第三个好处在于它带来丰富的数学工具箱。这个工具箱提供许多新的机会来进一步发展我在前几章中所提出的观点。让我举一个例子。当更详细地解析 FEP 的数学原理时，我们发现，为了存活，我们真正需要做的是最小化未来的自由能，而不仅限于当下。事实证明，将这种长期预测误差最小化意味着我现在需要寻找新的感觉，以减少我对接下来会发生什么事情的不确定性。我成为一个好奇的、寻求感觉刺激的人，而不是一个满足于在黑暗的房间里自我隔离的人。FEP的数学有助于量化探索和利用之间的微妙平衡，这反过来又对我们的感知产生影响，因为我们的感知总是建立在大脑所做的预测之上。像这样的见解将使我们能够开展更好的实验[12]，建立更坚固的解释桥梁来承载这些实验，一点一点地，一座接一座地，使我们更接近于一个令人满意的解释：大脑运行的机制是如何产生心智的。

与此同时，尽管FEP被吹捧为"万物理论"，但它并不是一个意识的理论。FEP与意识的关系和大脑的预测性贝叶斯理论是一样的：他们是真正问题意义上的意识科学的理论[13]，而不是困难问题意义上意识的理论。FEP为从机制角度解释现象学的挑战带来新的见解和工具。作为回报，受控幻觉和野兽机器的概念将FEP朴素的数学思想赋予意识新的关联性——如果万物理论对此没什么可说的，那它有什么用呢？

3

我第一次与FEP接触是令人不安的，多年后，我花了几天时间与卡尔·弗里斯顿以及其他大约20名神经科学家、哲学家和物理学家聚集在希腊埃伊纳岛，那里离雅典只有一个小时的渡轮航程。那是2018年的九月，就是在我母亲经历了谵妄之后的不久。就像十多年前的巴塞罗那之行一样，我一直期待着在进行科学探索的同时，能够看到一些夏末的阳光。我们的计划是讨论FEP，重点是它与意识整合信息理论（IIT）的关系（我们在第三章中探索过同样颇具雄心的 IIT 这个理论）。但问候我们的不是温暖的阳光和蔚蓝的天空，而是一场大风暴，一场罕见的地中海飓风，它把桌子和椅子卷进大海，把平时平静的地中海搅得波涛汹涌。

当我们坐在会议室里，门在狂风中砰砰作响，树枝猛烈地拍打着窗户，我突然意识到，在我们有两个同样雄心勃勃且在数学上详细的理论的时候（尽管这两个理论之间似乎彼此并无交集），研究意识是多么的非同寻常。从表面上看，这种缺乏互动的情况可能令人沮丧，但我发现这种情况本身就令人着迷。

暴风雨的袭击持续了整整一天。虽然有一些想法冒出来，但我感觉我们基本上是在半黑暗中摸索。FEP 和 IIT 都是宏大的理论，但它们宏大的方式不同。FEP 从"事物存在"这个简单的命题出发，并由此衍生出整个神经科学和生物学，但不是意识。IIT 从"意识存在"这一简单命题出发，直接向难题发起攻击。它们经常各说各话，这也就并不奇怪了。

两年后，当我对这本书进行最后的修改时，这两个理论仍然处于不同的研究领域。但现在至少有一些试验性的尝试正在进行[14]，去比较它们的实验预测。这些实验的计划讨论（我有幸参与其中）时而富有启发性，时而令人沮丧，主要是因为每种理论所提出的出发点和解释目标截然不同。这些实验结果如何还有待观察。我的直觉是，我们会学到很多有用的东西，但无论是 FEP 还是 IIT，都不会作为一种意识的理论被明确排除掉。

我自己关于受控幻觉和野兽机器的观点则走了一条中间路

线。它们和 FEP 一样，在自我的本质上有着深厚的理论基础，并且它们利用了预测大脑强大的数学和概念机制。它们又和 IIT 一样，明确关注的是意识的主观现象学性质，尽管在视线焦点中的是真正问题，而不是难题。我不希望 FEP 与 IIT 对立，我希望是意识和自我的野兽机器理论能提供一种方法将二者结合起来，将二者的见解编织成一幅令人满意的图景，来阐释我们为什么是我们现在的样子。

回到埃伊纳岛，会议像大多数会议一样结束了，没有任何大张旗鼓的宣传。当我们乘渡轮返回雅典时，风暴已平息，海面平静了下来。做出这次旅行的决定是艰难的，这导致我在布莱顿错过了一些重要的私人活动。但最后我还是决定参加了此次会议。站在阳光下的甲板上，我对这个决定感到内心平静。我开始思考我是如何做出这个决定的，为什么做决定总是那么难，不久之后，我开始思考任何人是如何做出任何决定的，以及对于我们来说，能够控制自己的选择和行为意味着什么。

一旦开始思考自由意志，就真的无法停止了。

第十一章　自由度

她弯曲手指，然后又将它伸直[1]。神秘之处就在于它移动之前的那一刻，在动与不动的那一瞬，在她的意志生效的那一刹那。它就像海浪的破碎。她思索，只要她能在浪峰上找到自我，她就能找到自身的奥秘，找到真正控制自己的力量。她将食指靠近脸，盯着它看，催促它移动。它没有动，因为她本身就在假装……当她最终将食指弯曲的时候，这个动作似乎是从手指本身开始的，而不是从她头脑中的某个区域开始。

——伊恩·麦克尤恩（Ian McEwan），《赎罪》（*Atonement*）

你觉得"做自己"的哪一方面对你来说最重要？哪一方面你最舍不得失去？对很多人来说，它是一种控制自己行动的感觉，是掌控自己想法的感觉。我们按照自己的自由意志行事，这是一个令人信服但又复杂的想法。

伊恩·麦克尤恩甚至在手指的简单弯曲中也发现了这种复杂

性。13 岁的布里奥妮·泰丽思[①]感觉到她有意识的意图，例如弯曲手指会引起身体上的动作——手指的实际弯曲。明显的因果关系沿着一条直线从有意识的意图到物理的动作推进。她觉得在这个过程中存在着自我性的本质，也就是做她自己的本质。但当布里奥妮深入探究这些感觉时，事情就没那么简单了。这次身体活动是从哪里开始的？从脑海里，还是手指里？是意图或者她的"自我"导致了行动，还是感知手指开始移动导致了意图体验的产生？

布里奥妮·泰丽思和许多研究人员一样，在思考并探索这些问题。在哲学和神经科学中，很少有话题像自由意志那样具有持续的煽动性。它是什么？它是否存在？它如何发生？它是否重要？至少可以说，在这些问题上仍然难以达成共识。关于自由意志的体验甚至都没有明确的定义[2]，它是一种单独的体验还是一种相关的体验？它在人与人之间是否不同？但在所有这些困惑之中，有一种稳定的直觉。用哲学家盖伦·斯特劳森（Galen Strawson）的话说，当我们行使自由意志时，会有一种"在选择和行动上激进的、绝对的、由我决定[3]"的感觉。也可以理解为一种自我在行动中发挥因果作用的感觉，而不只是反射性反应的情况，例如，在被荨麻刺中后你将手缩回的动作。这就是为什么自由意志的体验会自然而然地伴随着自愿的行动——无论是弯曲手指，决定泡杯茶，还是开始一项新的职业。

当我体验"自由意志"的某个行动时，在某种意义上，我是

---

① 布里奥妮·泰丽思（Briony Tallis）是英国小说家伊恩·麦克尤恩的小说《赎罪》中的角色。——译者注

将自我看作行动的起因来在体验。也许，与其他任何类型的体验相比，意志的体验更能让我们感觉到，有一个非物质的意识"自我"在操纵着物质世界。事情看起来是这样的。

但是，意志的体验并不能揭示出非物质自我的存在，也不能表明这种非物质的自我对于物理事件具有因果关系的力量。相反，我认为它们是自我相关感知的独特形式。更准确地说，它们是与自愿行动相联系的自我相关感知。就像所有的感知——无论是与自我相关还是与世界相关，意志体验都是根据贝叶斯最佳猜测原则构建的，它们在指导我们做什么方面发挥着重要的，甚至是关键的作用。

首先，我们要弄清楚自由意志不是什么。自由意志不是对宇宙中的物理事件的干预，更确切地说，不是对大脑中的物理事件的干预，使原本不会发生的事情发生。这种"幽灵般的"自由意志唤起了笛卡尔的二元论，要求摆脱因果法则而获得自由，并没有提供任何具有解释性价值的事情。

把幽灵般的自由意志排除在讨论之外，这意味着我们也可以打消对决定论是否正确这一持续但被误导的担忧。在物理学和哲学中，决定论认为宇宙中的所有事件都完全由先前存在的物理原因所决定。决定论的另一种说法是，无论是通过量子汤中的波动，还是通过其他一些尚未知晓的物理原理，机会是从一开始就内置于宇宙之中的。"决定论对于自由意志是否重要"一直是争论不休的话题。我的前老板杰拉尔德·埃德尔曼（Gerald Edelman）用一句颇具挑衅的俏皮话很好地总结了这一点：无论你对自由意志有什么看法，我们都被决定拥有它。

一旦摆脱了幽灵般的自由意志，就很容易看出关于决定论的争论是无关紧要的。也不再需要为任何非决定论观点留下干预的空间。从自由意志作为一种感知体验的角度来看，根本没有必要对物理事件的因果流进行任何干扰。一个决定论的宇宙可以顺利地运行[4]。如果决定论是错误的，也不会有什么影响，因为行使自由意志并不意味着随机行事。自愿行动既不会感觉是随机的，也不是随机[5]。

1

20世纪80年代初，在加利福尼亚大学旧金山分校，神经学家本杰明·利贝特（Benjamin Libet）开展了一系列关于自愿行为的大脑基础的实验，这些实验至今仍存在争议。利贝特利用了一个众所周知的被称作"准备电位"[6]的现象——一个小的斜坡状脑电图信号，源自运动皮层上方的某处，该脑电信号可靠地先于自愿行为产生。利贝特想知道这个大脑信号是否不仅能在一个自愿行动开始之前被识别出来，而且是否甚至能在参与者意识到做出这个行动的意图之前就被识别出来。

他的实验装置很直观易懂，如图11.1所示。利贝特要求他的参与者在他们自己选择的时间点弯曲他们的惯用手手腕，以此做出一个自发的自愿行动，就像麦克尤恩的小说中布里奥妮所做的那样。每次参与者这样做，他都会测量动作的精确时间，同时用脑电图记录动作开始前和开始后的大脑活动。至关重要的是，他还要求他的参与者去估计是何时体验到要去做出每个动作的"冲动"的[7]：即出现具有意识意图的精确时刻，也即麦克尤恩小说中的破碎波浪的浪峰时刻。当他们体验到有移动的意图时，他们会记录在示波器屏幕上一个旋转点的角度位置，并在稍后报告这个位置。

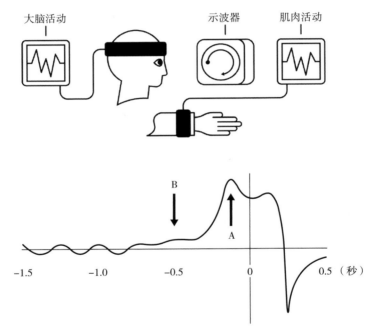

图 11.1　本杰明·利贝特的意志实验 ①

————————————

　　①　一名参与者被要求在他选择的时间点弯曲他的手腕，同时在他感觉到有意识的移动意图的精确时间里记录示波器上旋转点的位置。其他设备测量他的肌肉活动（EMG）和大脑活动（EEG）。下方显示的是移动开始时（0 秒）的典型平均脑电图。箭头指示有意识的冲动（A）和准备电位（B）的开始时间。

　　数据清楚地显示了实验结果。在对许多试次进行平均之后，准备电位在有意识的移动意图发生的几百毫秒前就可以被识别出来了。换句话说，当一个人感受到自己的意图时，准备电位已经开始上升了[8]。

　　对利贝特实验的普遍解释是，它"否定了自由意志"。的确，这对幽灵般的自由意志来说显然是个坏消息，因为它似乎排除了意志体验导致了自愿行动的这种可能性。利贝特自己也很担忧这种暗示，因而在现在看起来似乎是一次绝望的拯救的尝试中，他提出了这样一个观点，即在冲动和最终行动之间有足够的时间让幽灵般的自由意志去干预和防止行动的发生。利贝特认为，如果没有真正的（幽灵般的）自由意志，也许还有"自由非意志"[①]。这是一个有趣的想法，但它当然行不通。有意识的抑制相比最初的有意识的意图，并不是什么微不足道的奇迹。

　　利贝特关于自由意志的实验观察到底说明了什么，几十年来一直争论不休。在自愿行动之前这么长时间就能识别出这种准备电位，这确实看起来很奇怪。在大脑的时间里，半秒是一段很长的时间。直到 2012 年，一个新的想法和一个聪明的实验才彻底改变了这一局面。神经科学家亚伦·舒格（Aaron Schurger）意识到，准备电位可能不是大脑发起行动的信号，相反，它们可能只是在测量过程中，因为测量方式中的人为因素而导致的产物。

　　准备电位通常是通过回顾时间来测量的，在脑电图上，是从

---

　　① 根据利贝特的观点，执行意志行为的无意识冲动容易被主体的有意识努力所抑制。这种有意识的抑制有时被称为"自由非意志"（free won't）[9]。——译者注

209

自愿行动实际发生的时刻开始算起。舒格意识到，这样做，研究人员系统性地忽略了其他所有自愿行动没有发生的时候脑电图波形。在这些其他时候脑电图看起来是什么样子的呢？也许有类似于准备电位的活动一直在进行[10]，但我们没有看到，因为我们并没有在寻找它[11]。

这个推理可以用一个类比来阐明。在这款名为"大力槌"的马戏游戏中，玩家会使出最大的力气挥动木槌，让一个小冰球向上飞并撞击铃铛。如果挥动木槌足够用力，铃铛就会响；否则冰球就会无声地掉下来。如果一个科学家只在铃响的情况下检查冰球的轨迹，她可能会错误地得出结论，即上升的冰球轨迹（准备电位）总是导致铃响（自愿行动）。为了理解大力槌的游戏是如何进行的，她还需要在铃铛不响的情况下检查冰球的轨迹。

舒格通过对利贝特的实验设计进行了巧妙修改来解决了这个问题。在修改的实验中，人们持续自发地做出自愿的行动，就像在利贝特的实验中一样，但偶尔也会听到一声响亮的"哔哔"声，提示参与者以一种非自愿的、刺激驱动的方式做出同样的动作。他的关键发现是，当他的参与者对"哔哔"声迅速做出反应时，他们的脑电图显示出一种看起来似乎是准备电位的信号，在"哔哔"声出现之前都可以追溯到，即使在那个时候他们并没有准备任何自愿的行动。相比之下，当查看对"哔哔"声做出缓慢反应之前的脑电图时，几乎没有显示任何类似准备电位的迹象[11]。

舒格对他的数据的解释是，准备电位不是大脑发起自愿行动的标志，而是大脑活动的一种振荡模式。这种振荡偶尔会超过一个阈值，触发一个自愿行动。这就是为什么在标准的利贝特实验中，当你从自愿行动发生的时刻起回溯时间轴，你会在脑电图上看到一个缓慢上升的斜坡。这就是为什么当一个行动被"哔哔"声触发时，如果这种振荡活动恰好接近阈值，行为反应会更快，而如果它远离阈值，行为反应会更慢。这就意味着，如果你从快速反应的时刻（当活动恰好接近阈值时）回溯时间轴，你在脑电图上看到的图形就是看起来像是准备电位的信号。但是，当你从那些缓慢反应的时刻（当活动远未达到阈值时）回溯时间轴，你不会看到任何准备电位。

舒格的精妙实验解释了为什么我们在寻找自愿行动的神经信号时会看到准备电位，以及为什么把准备电位看作这些行动的具体原因是一种误导。但是我们该如何解释这些大脑活动的震荡模式呢？我更倾向与我最初的观点一致的解释：意志体验是与自我相关的感知的形式。通过舒格的实验，准备电位看起来更像是大脑为了做出贝叶斯最佳猜测而积累感觉数据的活动。换句话说，它们是一种特殊的受控幻觉的神经指纹。

2

我刚刚泡了杯茶。

让我们用这个例子来拓展意志体验以及自愿行动作为与自我相关的感知的观点。大多数（也许是全部）意志体验都具有以下三点决定性特征。

第一个决定性特征是我正在做我想要去做的事的感觉。作为一个英国人，至少是半个英国人，泡茶完全符合我的心理信仰、价值观和欲望，也符合我当时的生理状态和我所处环境具备的条件。我很渴，也可以拿到茶叶，没有人阻止我，也没有人强迫我喝热巧克力。所以我泡了茶并且喝了它。当然，如果我"违背我的意愿"而被迫去做某事[12]，我可能仍然会觉得我的行动在某种程度上是自愿的，但在另一层面上却是非自愿的。

虽然泡茶完全符合我的信仰、价值观和欲望，但我并没有选择拥有这些信仰、价值观和欲望。我想要一杯茶，但我没有选择想要一杯茶。自愿行动之所以自愿，并不是因为它们来自非物质的灵魂，也不是因为它们从量子汤中生成。它们之所以是自愿的，是因为它们可以表达我，作为一个人，想要做的事情，即使我不能选择这些"想要"。正如19世纪哲学家阿图尔·叔本华（Arthur Schopenhauer）所说："人可以做他想做的事，但他不能决定自己想做什么[13]。"

第二个决定性特征是我本可以不这么做的感觉。当我体验到一个行动是自愿的，这个体验的特征不仅是我做了 X，而且是，尽管我本来也可以做 Y，但我还是做了 X 而不是 Y。

我泡了杯茶。我本可以不这么做吗？在某种意义上，当然可以。厨房里也有咖啡，所以我本来也可以煮咖啡。在泡茶的时候，我当然觉得我可以用咖啡代替。但是我不想要咖啡，我想要茶，同时因为我不能选择我想要的，所以我泡了茶。考虑到当时周围宇宙环境的精确状态，包括我的身体和大脑的状态，所有这些都有先验的原因，不管它们是不是决定性的，可以一直追溯到我作为一个喝茶的半英国人的出身，甚至更远，除此之外，我别无选择。除了由于随机性而产生的无趣差异，你不可能重放相同的磁带并期待不同的结果。相关的现象学（我本可以去做别的事的感觉）并不是一扇透明的窗户，让我们了解因果关系是如何在物理世界中运作的。

第三个决定性特征是，自愿行动似乎来自内部，而不是从其他地方强加的。这就是反射性动作和自愿行动的不同之处，前者比如当我不小心踢到脚趾时，我的脚迅速缩回，而后者比如当我准备踢球时，我故意把脚向后甩。这也是布里奥妮·泰丽思的感觉，是当她有意识地想要弯曲手指时，当她试图在破碎的浪峰上抓住自己时产生的感觉。

总而言之，当我们推理一个行动的原因主要来自内部，以符合一个人的信仰和目标的方式，脱离身体或世界上的其他潜在原因（这就暗示做其他事情的可能性）时，我们就将这个行动感知为自愿的、"自由意志的"。这是意志体验的内在感受，也是自愿行动的外在表现[①]。

下一步是研究大脑如何实现和执行这些行动。这就是"自由度"——也是本章的标题——进入故事的地方。在工程和数学中，一个系统具有一定程度的自由度，以使得它可以以多种方式响应

---

① 有时，自愿的行动也需要有意识的努力，或"意志力"。例如，写这个脚注感觉很费力。但许多自发的自愿行动只需要很少或根本不需要有意识的努力。因此，重要的是不要把意志力和自由意志（体验）混为一谈。

某些事态。岩石基本上没有自由度[14]，而在单轨上的火车只有一个自由度（向后或向前行驶）。一只蚂蚁在其生物控制系统如何响应环境方面可能有相当大的自由度，而你和我则拥有更大的自由度，这要归功于我们人类身体和大脑惊人的复杂性。

自愿行为取决于[15]控制所有自由度的能力，其方式符合我们的信仰、价值观和目标，并且适应性地脱离环境和身体的迫切需要。这种控制能力不是由"意志"所在的任何一个单独的脑区实现的，而是由分布在大脑许多区域的加工网络实现的。即使是最简单的自愿行动，比如轻按开关打开水壶或是布里奥妮弯曲手指，都是由这样一个网络支撑的。按照神经学家帕特里克·哈格德（Patrik Haggard）的观点，我们可以把这个网络想成是在执行三个加工步骤[16]：早期的"什么"加工步骤指定该做什么行动，中期的"何时"加工步骤决定行动的时间，以及后期的"是否"加工步骤，它允许在最后一刻取消或抑制行动。

意志的"什么"加工成分将把按照等级组织起来的的信念、目标和价值观与对环境的感知整合在一起，以便从众多可能性中指定一个单一行动。我伸手去拿水壶是因为我渴了；我喜欢喝茶，正好是一天中喝茶的时间，恰巧水壶就在眼前，茶几上也没有酒……这些嵌套的感知、信念和目标涉及大脑许多不同的区域，主要集中大脑皮层的额叶部分。"何时"加工成分指定了所选行动的时间，并且与主观的行动冲动密切相关——这种冲动是布里奥妮·泰丽思所思考的，也是本杰明·利贝特所测量的。这一加工的大脑神经基础位于与准备电位相关的相同脑区。事实上，对这些脑区进行温和的脑电刺激[17]，尤其是辅助运动区，可以使人在即使没有任何移动的情况下，产生一种想要移动的主观冲动。最后的"是否"加工成分是对计划中的行动是否应该继续进行的最后检查。当我们在最后一刻叫停一个行动时，比如我加到茶中的牛奶用完了，这种"有意抑制"的加工就会开始发挥作用。这些抑制加工也可定位到大脑的额叶部分[18]。

这些相互交织的加工过程在大脑、身体和环境之间的不断循环中发挥作用，没有开始也没有结束，以实现一种高度灵活、持续的目标导向行为形式。这个加工网络将大量的潜在原因汇集到自愿行动的单一流程中，有时还会抑制它们。正是对这个网络运作的感知，它在身体中循环，进入外部世界，再回到身体的感知，支撑着意志的主观体验。

更重要的是，正如我们在第五章中看到的那样，由于行动本身是一种自我实现的感知推理形式，意志的感知体验和控制多个自由度的能力是同一枚"预测机器"硬币的两面。意志的感知体验是一种自我实现的感知预测，另一种独特的受控幻觉，当然，也可能是控制性幻觉。

我们以这种方式体验自愿行动还有一个更深层次的原因，这个原因使得意志作为感知推理与其作为二元论的魔法之间的界限变得更加清晰。意志的体验对于指导未来的行为是有用的，就像指导当前的行为一样。

正如我们所看到的，自愿行为是高度灵活的。控制大量自由度的能力意味着，如果某个特定的自愿行动其结果很糟糕，那么下次出现类似情况时，我可能会尝试一些不同的行动。如果星期一我想抄近路去上班，但因为迷路而迟到了，那么星期二我可能会选择一条虽然长但更可靠的路线。意志的体验会标记出自愿行为的实例，以便我们能够注意其后果，并调整未来的行为，以便更好地实现目标。

我之前提到过，我们的自由意志感很大程度上是关于我们"本可以做得不一样"的感觉。意志体验的这种反事实方面对其面向未来的功能特别重要。我本可以做得不一样的感觉并不意味着我真的可以做得不一样。相反，"替代可能性"的现象学是有用的，因为在未来类似但不相同的情况下，我可能确实会做不同的事。如果星期二的所有情况和星期一的确实相同，那么我星期二做的事情和星期一比也不会有什么不同。但这种情况永远不会发生。物理世界并不是每天都在复制自己，甚至每一毫秒都不会。至少，我的大脑环境会发生改变，因为我在星期一经历了一次意志的体验，并注意到了它的后果。这本身就足以影响我的大脑在星期二再次出发去上班时如何控制我的大部分自由度[①]。感觉"我本可以不这么做"的好处在于，下次你可能会真的不这么做。

那"你"又是谁？这里所说的"你"是与自我相关的先验的信念、价值观、目标、记忆和感知最佳猜测的集合，它们共同构成了"做自己"的体验。意志体验本身现在可以被视作自我意识的重要组成部分，它们是另一种与自我相关的受控幻觉，或控制

---

① 赫拉克利特（Heraclitus）："人不能两次踏进同一条河流，因为河已不是相同的河，而踏河的人也不是相同的人。"

性幻觉。总之，行使和体验"自由意志"的能力是执行行动的能力，做出选择的能力以及思考的能力，这些都是你独有的。

3

那么自由意志是一种错觉吗？我们经常听到智者说它是。著名心理学家丹尼尔·韦格纳（Daniel Wegner）在他的著作《意识意志的错觉》[19]中也涵盖了这种观点，这本书自 20 年前出版以来一直颇具影响力。当然，这个问题的正确答案是"视情况而定"。

幽灵般的自由意志当然不是真实的。事实上，幽灵般的自由意志甚至可能算不上是虚幻的。当仔细研究时，正如我们已经看到的，意志的现象学并不是关于非物质的无起因的原因，它是一种自我实现的控制性幻觉，与特定类型的行动相关——那些似乎来自内在的行动。从这个角度来看，幽灵般的自由意志是对一个不存在的问题的没有条理的解决方案[20]。

虽然我在这一章集中讨论了一些例子，其中自愿行动伴随着意志的生动体验，但情况并非总是如此。当我弹钢琴或泡茶的时候，大多数时候这些自愿的行动会以一种自动而流畅的方式展开，这不仅破坏了我以某种方式制造这些行动的直觉，而且也破坏了很少被检查的直觉，即这些行动似乎是由任何事情引起的。当人们谈论"在当下"或"心流状态"[21]（当他们深度沉浸于一项他们已经广泛地练习过的活动中时）时，意志的现象学可能完全不存在。很多时候，我们的自愿行动和我们的想法就这样发生了。当涉及自由意志的时候，就不只是事情看起来如何并不是他们真实如何的问题了。事情看起来如何也值得更仔细的审视。

从另一个角度来看，自由意志根本不是虚幻的。只要我们的大脑相对完好，同时受到相对正常的教育，我们每个人都有执行和抑制自愿行动的真正能力，这要归功于我们的大脑能够控制我们的许多自由度。这种自由既是一种免于做某事的自由，也是一种去做某事的自由。它免于受世界或身体的直接原因的影响，也免于受权威人士、麦斯麦术[①]者或社交媒体宣传者的强迫。然而，它并非免于受自然法则或宇宙因果结构的约束。它是一种根据我们的信仰、价值观和目标去行事的自由，是一种按照我们的意愿去行事的自由，是一种根据我们的身份去做出选择的自由。

自由意志不能被认为是理所当然的事实强调了这种自由意志的现实性。脑损伤，或者由基因和环境的缺失所导致的结果[22]，会削弱我们练习自愿行为的能力。异手症患者会做出一些自愿行动，但他们并不会将将其体验为他们自己的行动，而那些无动性缄默症患者则根本无法做出任何自愿行动。一个位置尴尬的脑瘤[23]可以把一个工科学生变成校园枪手，就像"德州塔楼狙击手"查尔斯·惠特曼（Charles Whitman）的例子一样，或者使一个以前无可指责的老师产生猥亵的恋童癖——这种倾向在肿瘤被切除后

---

① 麦斯麦术亦称"通磁术"，即催眠术。是奥地利医生 F. A. 麦斯麦（F. A. Mesmer）发现的，他认为人身体内有一种磁气，即动物磁液。如体内的磁场过多或过少，就会失去平衡，从而患上精神病。这是以催眠术使人的意识处于恍惚状态下的一种现象，处于催眠状态下的人面部表情类似于睡眠时的表情，四肢可能僵直，出现暗示性幻想。

消失了，但当肿瘤复发时又恢复了。

此类案件引发的道德伦理和法律问题也是真实存在的。查尔斯·惠特曼并没有选择让脑瘤压迫他的大脑杏仁核，所以他应该为他的行为负责吗？直觉上，人们可能不会这么想，但随着我们对意志的大脑神经基础了解越来越多，对我们每个人来说，所有情况下自愿行动难道不是一种"脑瘤"的案例吗[①]？这个论点反过来也成立。爱因斯坦在 1929 年的一次采访中说[24]，因为他不相信自由意志，所以他没有任何功劳。

把意志体验称为错觉也是错误的。这些体验是感知最佳猜测，和其他任何一种无论是对世界还是对自我的意识感知一样真实。有意识的意图和色彩的视觉体验一样真实。两者都没有直接对应于世界的任何明确属性——世界上不存在"真正的红色"或"真正的蓝色"，就像这里不存在幽灵般的自由意志一样——但它们都以重要的方式在指导我们的行为方面做出贡献，而且都受到先验信念和感觉数据的约束。色彩体验构建我们周围世界的特征，而意志体验具有形而上学般的颠覆性内容，即"自我"对世界具有因果影响。我们将因果力量投射到我们的意志体验中，就像我们将红色性投射到我们对物体表面的感知中一样。知道这一

[①] 西方法律体系的原则是，刑事责任要求既具有"犯罪行为"（犯行），也要具有"犯罪意念"（犯意）。当一个人行使自由意志的能力（控制他们的自由度）在某种程度上受到了伤害或压抑，他们可以被认为有"犯罪意念"吗？包括哲学家布鲁斯·沃勒（Bruce Waller）[25]，在内的一些人认为既然我们没有决定拥有大脑，道德责任这个概念本身就不成立。另一个吸引我的观点是，一旦我们超过了一定的能力阈值来控制我们的自由度，我们就可以为我们的行动负责。

投射正在进行（再一次引用维特根斯坦的观点），既改变一切，又让一切保持原样。

意志的体验不仅是真实的，而且对我们的生存来说是不可或缺的。它们是一种自我实现的感知推理，会带来自愿行动。没有这些体验，我们就无法驾驭人类赖以生存的复杂环境，也无法从之前的自愿行动中学习，以便下次做得更好。

布里奥妮·泰丽思认为，如果她能辨认出意志的破碎浪峰，她就能找到自己。当然，我们所讨论的自我是人类的自我，而且我们通过灵活自愿的行为来应对复杂多变的环境的能力，似乎确实具有人类的特质。然而，行使自由意志的能力可能不仅在我们人类中有不同程度的体现，而且在与我们共享这个世界的动物中也有更广泛的体现[26]。

如果行使自由意志的能力延伸到其他物种，我们又能对意识本身的范围说些什么呢？

是时候超越人类了。

第四部分

非人类的意识

第十二章　超越人类

　　从 9 世纪早期一直到 18 世纪中期，欧洲的教会法庭对动物的行为追究刑事责任并不罕见。猪被处死或活活烧死，同样的还有公牛、马、鳗鱼、狗以及至少被处死一次的海豚。在爱德华·佩森·伊凡斯（Edward Payson Evans）1906 年的动物刑事检控史 [1] 中记录的近 200 起案件中，猪是最常见的罪犯，这可能是因为它们能相当自由地游荡于中世纪的村庄里。它们的罪行多种多样，从吃孩子到吃教会里的圣餐饼干。有时它们被指控通过哼哼声和喷鼻声教唆他人犯罪；它们经常被处以绞刑，偶尔也被无罪释放。

　　啮齿类动物、蝗虫、象鼻虫和其他小型动物的瘟疫不太容易通过法律程序来处理。在 16 世纪的一个著名案例中，法国律师巴塞洛缪·沙瑟尼（Bartholomew Chassenée）成功地为一些老鼠洗脱了罪名，他的聪明之处在于，他辩解称考虑到有许多猫在路上埋伏着而对老鼠构成了威胁，它们不可能出庭受审。在其他一些诸如象鼻虫感染的案例中，这些造成麻烦的动物被下达书面命令，要求它们在特定的日子甚至特定的时间离开某处房产或大麦作物。

　　尽管这一切以 21 世纪的思维方式来看似乎太过于怪诞，但中世纪看待动物心智的角度预示了最近人们对动物意识，以及人格性是否可以延伸到人类以外这样的研究兴趣的重新兴起[①]。认为动物能够理解并合理地服从教会法律程序的观点，在过去和现在都是近乎疯狂的。但随着这一观点而来的是一种认识的出现，即动物可能有意识体验，并且可能拥有在某种意义上能够做出决定的心智。这种对超越人类的意识思维的认识与笛卡尔版本的野兽机器理论形成鲜明的对比，在笛卡尔版本的故事中，动物缺乏伴随理性思维的意识状态。在中世纪的许多人看来，动物确实是野兽。但它们不是笛卡尔二元论中的动物机器人[2]。它们也有自己的内心世界。

如今，如果有人认为只有人类是有意识的，那就很奇怪，而且几乎是反常的。但是对于"意识的延伸范围有多广"以及"其他动物的内心世界与我们有多么不同"这些问题，我们到底能说些什么呢？

1

首先要说的是，我们不能通过动物是否有或没有能力告诉我们它有意识来判断其是否具有意识。语言的缺失并不意味着意识的缺失。同样所谓的"高级"认知能力的缺失也是如此[3]，比如元认知。广义上来说，元认知是一种反思一个人的思想和感知的

---

① 我将用"动物"这个词作为"非人类动物"的缩写。事实上，人类也是动物。

能力。元认知的缺失也不代表着意识的缺失。

如果动物存在意识的的话，将不同于人类的意识，在某些情况下甚至是非常不同。虽然动物实验可以揭示人类的意识机制，但仅仅根据动物与智人的意识机制表面的相似性就推理动物意识的存在是不明智的。这样做带来了拟人主义和人类中心主义的双重风险。拟人主义是指将类人特质归因于非人类，而人类中心主义是指用人类的价值观和体验来解释世界的倾向。拟人主义鼓励我们在人类的意识可能不存在的地方看到类似人类的意识，比如当我们相信我们的宠物狗真正地明白我们在想什么时。另一方面，人类中心主义使我们对动物心灵的多样性视而不见，阻止我们认识到非类人意识可能存在的地方——这是一种短视，笛卡尔把动物视为野兽机器[4]的观点就是例证。

最重要的是，我们应该对"意识与智能紧密联系"这一观点持怀疑态度。意识和智能不是一回事。将后者作为对前者的试金石会犯一些错误。它与人类中心主义相违背：人类是智能的和有意识的，因此动物 X 要有意识，它也必须是智能的。它也与拟人主义相抵触：我们在动物 X 中看到类似人类的智能，但在动物 Y 中看不到，因此动物 X 是有意识的，而动物 Y 没有。这是一种方法论上的懒惰，因为这证明接受像语言和元认知这样的"智能"能力（这些能力比意识本身更容易评估）足以推断意识。

但智能并非与意识无关。在其他条件相同的情况下，智能为意识体验开辟了新的可能性。你可以在没有太多认知能力的情况下感到悲伤或失望，但感到后悔或预期的后悔则需要足够的心理能力（脑力）来考虑行动的其他替代结果和方案。一项研究表明，即使是老鼠[5]，当事情没有得偿所愿时，也可能会体验啮齿类动物的后悔，而不只是失望[①]。

关于非人类意识的推理必须小心谨慎。我们需要警惕强加于我们的人类中心主义观点，但同时我们别无选择，只能将人类作为一个已知的数量，一个向外延伸的坚实基础。毕竟，我们知道我们是有意识的，而且我们对涉及人类意识的人脑和人体机制的了解也越来越多，我们可以将其作为推断的基础。

这本书中提出的野兽机器理论表明，意识与有生命体征的联系比与有智能的联系更紧密。当然，这不仅适用于我们人类，也适用于其他动物。根据这一观点，如果我们把智能作为主要标准，意识可能比它看起来更广泛。但这并不意味着哪里有生命，哪里就有意识[6]。

寻找超越人类的意识就像从冻结的岸边走向结冰的湖面。每次小心地迈出一步，总是要检查脚下的冰面是否坚固。

2

让我们从哺乳动物开始——这一群体包括老鼠、蝙蝠、猴

---

① 在2014年的一项研究中，老鼠必须在与不同奖励水平相关的不同选项之间做出决定。当他们选择了一个比期待回报少的选项时，他们更有可能回头看没有被自己选择的选项。研究人员将这解释为一种后悔的行为信号，尽管目前还不清楚这些老鼠到底有什么感觉（如果有的话）。

子、海牛、狮子、河马，当然也包括人类。我相信所有的哺乳动物都是有意识的。当然，我对此并不确定，但我很有信心。这一论断不是基于表面上与人类的相似性，而是基于共享的机制。如果你抛开原始大脑的大小[7]（大脑的大小主要取决于身体的大小），哺乳动物的大脑在不同物种之间惊人地相似。

早在 2005 年，认知科学家伯纳德·巴尔斯（Bernad Baars）、我本人以及动物认知专家杰拉尔德·埃德尔曼（Gerald Edelman）的儿子大卫·埃德尔曼（David Edelman）列出了一份人类意识属性的清单，我们认为这些属性可以在其他哺乳动物身上去验证。我们提出了 17 个不同的属性[8]。在某种程度上这是一个随意的数字，但它证明了提出关于动物意识的在实验上可以被检验的问题是合理的。

我们想到的第一个特性与大脑的解剖特征有关。就大脑连接而言，与人类意识密切相关的主要神经解剖特征在所有哺乳动物物种中都能找到。大脑中有一个六层结构的皮层，一个与这个皮层紧密相连的丘脑，一个位于大脑深处的脑干，以及一系列其他的共同特征，包括神经递质系统。这些特征都与人类每时每刻的意识体验的流动有关。

大脑活动也有一些共同的特征。其中最引人注目的是动物入睡和醒来时大脑动力学的变化，即作为意识水平基础的动力学。在正常清醒状态下，所有哺乳动物都表现出不规则、低振幅、快速的脑电活动。当睡眠到来的时候，所有哺乳动物的大脑都会切换到更有规律、振幅更大的大脑动力学模式。这些模式和变化与人类在清醒和睡眠时所看到的情形非常相似。全身麻醉在不同的哺乳动物物种之间也有相似的效果[9]，这种效果表现为大脑各区域之间的交流普遍被中断，并伴随着完全的行为无反应。

当然也有很多特征上的差异，尤其是在睡眠模式方面。海豹和海豚每次只用一半大脑睡觉[10]，考拉每天大约睡 22 个小时，长颈鹿每天睡眠不足 4 个小时，而新生的虎鲸在出生后的第一个月根本不睡觉。几乎所有的哺乳动物都有快速眼动（REM）睡眠期，而海豹只有在陆地上睡觉的时候才有这样的快速眼动睡眠期，海豚则根本没有这段睡眠期。

除了意识水平外，不同哺乳动物物种的意识内容也会有很大的差异。这种差异很大程度上可以归因于主要感知类型的差异。老鼠依靠它们的胡须，蝙蝠依靠它们的回声定位声呐，而裸鼹鼠依靠它们敏锐的嗅觉，尤其是在遇到其他裸鼹鼠时。这些感知优势的差异将意味着每一种动物都将居住在一个独特的内心世界[11]中①。

更有趣的是与自我性体验有关的差异。在人类中，与人格同一性相关的高级自我意识发展的一个显著标志，就是在镜子中识别自己的能力。对人类来说，这种"镜中自我识别"能力往往在出生后 18—24 个月的时候发展起来。这并不意味着年幼的婴儿缺乏意识。只是说明他们意识到他们自己作为独立个体，与他人分离的意识可能在这个年龄之前还没有完全形成。

---

① 动物所体验的世界通常被称为该动物的"主体环境域"，这个术语是由动物行为学家雅各布·冯·尤克斯库尔（Jakob von Uexküll）提出的。

心理学家小戈登·盖洛普（Gordon Gallup）在 20 世纪 70 年代开发的一项测试[12]已对动物的自我识别能力进行了广泛的研究。在他的镜子自我识别测试的经典版本中，一只动物被麻醉后，用颜料或贴纸在它身体上通常看不见的地方做上标记。当麻醉效力消失后，动物可以与镜子互动，这样它就能看到标记。如果它对着镜子，自发地寻找自己身上的标记，而不是探究镜像，那么它就通过了测试。这一标准是基于这样一种推理，即该生物已经认识到镜像描绘的是它自己的身体，而不是其他动物的身体。

谁能通过镜中测试？在哺乳动物中，有一些类人猿、海豚和虎鲸，还有一只欧亚象通过了测试[13]。其他哺乳动物，包括熊猫、狗和各种猴子，都失败了，至少到目前为止是这样。考虑到镜中自我识别对于我们人类来说是多么的直观，以及许多非自我识别的哺乳动物在其他方面的认知能力，通过这个测试的动物名单是非常有限的。对于非哺乳动物，尽管蝠鲼和喜鹊很接近通过测试，而且目前关于清洁鱼（裂唇鱼）的证据也存在一些争议，迄今为止没有令人信服的证据表明任何非哺乳动物能通过镜中测试[14]。

除了缺乏自我识别能力外，动物还可能因为许多别的原因而不能通过镜中测试。这其中包括不喜欢镜子，不了解镜子的作用原理，甚至只是倾向于避免眼神接触等原因。认识到这一点，研究人员不断开发新的测试版本，使其更加敏锐地适应不同的内心世界（不同的感知世界）。例如，尽管"嗅觉镜"表现的还不是很好，但现在已经可以用它来测试狗的自我识别能力（令人高兴的是，狗的认知被称为"犬认知"[①][15]）。随着实验独创性的不断发展，目前处于没有自我意识这一侧的物种可能会通过镜中测试越过边界，进入具有自我意识的另一侧。即使它们能通过测试，但镜中测试的多样性，以及许多动物甚至无法通过针对某物种深度改良过的测试，这些都表明哺乳动物在体验"做自己"时的方式可能存在巨大的差异。

3

在猴子的身上，这些差异给我的印象尤其深刻。虽然黑猩猩和类人猿在进化上是离我们最近的邻居，但猴子在进化上离我们也并不遥远，而且它们长期以来一直作为人类的"灵长类动物模型"被用于神经科学实验，尤其是在视觉研究方面。在一些研究中，经过训练，猴子甚至可以"报告"（通过按压杠杆）它们是否"看到"了什么东西[16]。这些实验可以直接与人类研究相比较，在人类研究中，人们会说出他们体验到或者没有体验到的事物，从而为意识研究提供了一种在灵长类动物身上对应的关键方法[17]。

鉴于猴子与人类有许多相似之处，在我看来，毫无疑问猴子拥有某种有意识的自我性。如果你和猴子在一起待过一段时间（任意时间长短），你就会觉得自己与其他有意识的实体（其他有意识的自我）在一起的感觉是完全令人信服的。

---

① 犬认知（dognition）这个词语是英语中 dog（犬）和 cognition（认知）组成的复合词。——译者注

2017 年 7 月，我在加勒比海波多黎各东海岸附近的卡约圣地亚哥岛度过了一天，在当时我就体验到了这种情况。卡约圣地亚哥岛也被称为"猴岛"，因为它唯一的永久居民就是恒河猴，有一千多只猴子生活在岛上。1938 年，一位古怪的美国动物学家克拉伦斯·雷·卡彭特（Clarence Ray Carpenter）将这些种群从加尔各答转移到了这里[18]，因为他厌倦了前往印度的长途跋涉。在这个炎热的夏日，当我和耶鲁大学心理学家劳里·桑托斯（Laurie Santos）（以及一个电影摄制组）在岛上闲逛时，十几只猴子在忙着它们自己的事，它们对我们这些行动迟缓的人类似乎抱有警惕，却又容忍我们在它们旁边驻足。当两只猴子轮流爬上一棵树，从树枝上跳到树下的池塘里时，它们看上去玩得很开心，不是因为别的什么原因，而只是出于纯粹的乐趣[①]。

同样引人注目的证据是卷尾猴对故意不公平做出反应的视频。在灵长类动物学家弗兰斯·德瓦尔（Frans de Waal）广为流传的一段视频中[19]，两只猴子被关在相邻的笼子里，只要它们把一块小石头递给实验者，就会得到奖励。两只猴子轮流这样做。一号猴子将石头穿过笼网递给实验者，它得到一小片黄瓜作为奖励，并高兴地吃了下去。二号猴子也做了同样的事情，但它得到的不是黄瓜，而是更美味的葡萄。二号猴子吃着葡萄，而一号猴

---

① 我们访问后不久，卡约圣地亚哥岛和波多黎各大部分地区遭到飓风玛丽亚的破坏。幸运的是，大多数猴子活了下来。然而，许多研究基础设施被毁。我们在 2018 年的纪录片《探索未知的边界》（可登录网站 www.themostunknown.com 进行观看）中记录了这些镜头。

子只能看在眼里。当一号猴子重复这个任务并再次得到黄瓜时，它看了看黄瓜，把黄瓜扔回给实验者，并摇晃着笼子咯咯作响，表现出明显的愤怒。

享受乐趣和发脾气是强大的直觉泵。这些行为是如此独特，以至于除了人类内在状态的外在表现外，几乎不可能将其解释为其他任何东西。当我们目睹一只猴子的这种行为时，我们不仅凭直觉看到了另一个有意识的生物，还看到了一个像我们一样的有意识的生物。但问题是，像前文提到的，猴子一直未能通过镜中测试[20]。虽然猴子毫无疑问是有意识的，而且我也相信它们体验到某种自我性，但它们不是毛茸茸的人类小孩。

当我们把目光投向哺乳动物之外时，尤其是当我们考虑到我们进化道路上最远的亲缘关系时，拟人主义和人类中心主义对我们直觉的塑造变得更加明显。

4

2009 年夏天，大卫·埃德尔曼和我花了一周的时间与十几个真蛸（普通章鱼，一种头足纲动物）相处[①]。我们拜访了生物学家格拉齐亚诺·费奥里托（Graziano Fiorito），他是头足纲认知和神经生物学领域的权威专家。虽然十多年过去了，但这仍然是我作

---

① 在现存的大约 800 种动物中，头足纲动物包括章鱼、鱿鱼和墨鱼，以及相对简单的生物，如鹦鹉螺。"Cephalopod"（头足纲）一词字面上翻译为"头足"，这对章鱼来说是不幸的，因为它们有像手臂一样的附肢，而不是附着在头部上的脚。

为一名科学家所有岁月中最难忘的时光之一。

费奥里托的章鱼实验室是意大利著名研究机构 Stazione Zoologica 的一部分，位于那不勒斯市中心一个公共水族馆正下方的潮湿地下室里，这是一个凉爽的"避难所"，可以躲避上面喧闹的、炎热的夏季。我在那里的一周主要是花时间和这些迷人的生物在一起，观察它们如何改变形状、颜色和表面质地，并关注它们所关注的东西。有一天，当我试图将一只章鱼不断变化的外观与费奥里托的《头足纲动物的身体图案目录》[21] 中的图画相匹配时，我听到了沉闷的啪哒声和滑行声。我之前把鱼缸的盖子半掩着，而此时那个生物正在试图逃脱。直到今天，我仍然相信，它让我误以为很安全，而它则等待时机，等到我转过身去足够久的时候，它便可以趁机逃走。

当我困惑不解的时候，大卫正在做一个关于视觉感知和学习的实验。他会将不同形状的物体放入章鱼所在的鱼缸，其中一些还配有美味的螃蟹。这个想法是为了看看章鱼是否能学会将特定的物体与奖励联系起来。我不记得研究结果具体如何，但我很清楚地记得一个小插曲。

费奥里托的实验室有两排鱼缸，沿着中央通道排列，每个鱼缸里各有一只章鱼（章鱼通常不是群居动物，甚至会同类相食）。在这一天，大卫选择了左边一排大约在中间位置的鱼缸。当我走进去看看发生了什么时，我惊讶地看到走道另一边所有的章鱼都挤在鱼缸的玻璃上，每一只章鱼都目不转睛地盯着大卫，而大卫则不断把不同形状的物体放进他选择的鱼缸里。这些善于观察的章鱼似乎只是出于纯粹的兴趣想要弄清楚正在发生什么。

观察鱼缸里的章鱼，即使只是很短的一段时间，也给我留下了一种拥有智能和意识的印象，这与其他任何动物都非常不同，无疑也与我们自己的人类化身非常不同。当然，这是一种主观的印象，必然会受到拟人主义和人类中心主义偏见的影响，并且这一印象也有可能是将智能视为意识知觉标志这一观点造成的。但从客观上讲，章鱼也很了不起，和它们相处一段时间可以推动我们的直觉，让我们了解到非人类的意识可能有多么不同。

人类和章鱼最近的共同祖先生活在大约 6 亿年前。人们对这种古老生物知之甚少。它也许是某种扁平的蠕虫。不管看起来是什么样子，它一定是一种非常简单的动物。章鱼的心智不是为了在水中生活而从我们人类心智中衍生出来的一种副产品，也不是从任何其他有脊椎的无论是过去还是现在的物种中衍生出来的。章鱼的心智是一个独立创造的进化实验，就像我们在这个星球上可能遇到的外星人心智一样[22]。正如喜欢潜水的哲学家彼得·戈弗雷－史密斯（Peter Godfrey-Smith）所说："如果我们想要了解其他的心智[23]，头足纲动物的心智是最不一样的。"

章鱼的身体已然了不起。普通章鱼（真蛸），有八个臂状的附肢，三颗泵送蓝色血液的心脏，一种基于墨水的防御机制，以及高度发达的喷射推动力。章鱼可以随意改变大小、形状、质地和颜色，并且如果有必要，可以同时改变所有这些特质。它是一种液体动物，除了位于中心的骨喙外，章鱼完全是软体的，这让它能够挤过难以置信的微小缝隙，正如我自己在动物园研究所

（Stazione Zoologica）发现的那样。

　　章鱼拥有非凡的身体结构，并且有高度复杂的神经系统作为补充。真蛸有大约 5 亿个神经元，大约是老鼠的 6 倍。与哺乳动物不同的是，大部分的神经元（约 3/5）位于其臂膀中，而不是在它的中央大脑。尽管如此，它的中央大脑仍然拥有 40 个解剖学上不同的脑叶。同样不同寻常的是，章鱼的大脑缺乏髓磷脂[24]——这是哺乳动物大脑中的一种绝缘物质，有助于远程神经连接的发育和功能。因此，与大小和复杂性相似的哺乳动物神经系统相比，章鱼的神经系统更加分散，整合度更低。因此，章鱼的意识[25]（假设有这样一个东西）可能也更加分散，整合度更低，甚至可能根本没有一个单一的"中心"。

　　章鱼甚至在基因层面上也有不同的表现。在大多数生物中，DNA 中的遗传信息被直接转录成较短的核糖核酸（RNA）序列，然后用来制造蛋白质——生命的分子主力。这是一个公认的、教科书级别的分子生物学原理。但在 2017 年，这一原则被颠覆了，因为人们发现章鱼和其他一些头足纲动物的 RNA 序列在转化为蛋白质之前可以进行重大编辑。这就好像章鱼能够即时重写自己的部分基因组一样（RNA 编辑之前在其他物种中也被发现过，但在那些情况下，它所起的作用相对较小）。更重要的是，对于章鱼来说，大部分的 RNA 编辑似乎与神经系统有关。一些研究人员认为，这种丰富的基因组改写能力可能是章鱼令人印象深刻的认知能力的部分基础[26]。

　　章鱼的认知能力确实令人印象深刻[27]。它们可以从嵌套的有机玻璃立方体中找到隐藏的物体（通常是美味的螃蟹），在复杂的迷宫中找到出路，尝试一系列不同的动作来解决一个特定的问题，以及像费奥里托自己在动物园研究所展示的那样——通过观察其他章鱼来学习。关于章鱼在野外行为的轶事报道更令人震惊。在一个更加不同寻常的例子中，来自英国广播公司（BBC）电视剧《蓝色星球 II》的镜头显示，一只章鱼在野外被记录到[28]，它用外壳和其他海底碎屑覆盖自己，以躲避一只掠食性鲨鱼。

这些头足纲动物的智能壮举无疑是心智在起作用的有力证据。但是那是种什么样的心智呢？我已经说过，我们不应该过于倚重智能作为意识的基准。那么作为一只章鱼到底是什么样的呢？为了弄清这一点，我们需要将章鱼的行为与章鱼的感知联系起来。

5

在头足纲动物的能力中，伪装可能是最超凡脱俗的一项。没有坚硬的外壳保护，它们的生存往往取决于融入背景的能力[29]。它们可以改变自身的外在模样与周围环境的颜色、形状和纹理相匹配，使人类或许多其他潜在的捕食者，即使是在一两米远的地方，也不会发现它们。

章鱼通过利用极其精确的色素细胞系统来使自己与周围环境的颜色相匹配。这些小的弹性囊分布在整个皮肤上，当它们被主要来自大脑色素细胞叶的神经指令打开时，会产生红色、黄色或棕色的色彩。其具体的工作原理目前尚不完全清楚。回答这个问题的部分挑战在于，章鱼必须让自己隐形，并不是让其他章鱼看不见自己，而是让那些以自己独特方式观察世界的捕食者看不见它们。因此，它们的伪装系统必须以某种方式编码这些捕食者视觉能力的相关知识。

更令人惊讶的是，章鱼尽管是色盲，却能做到这一切。人眼中的光敏细胞能对三种不同波长的光做出反应，并能从它们的混合组合中创造出彩色的宇宙。然而，章鱼眼睛的细胞只含有一种感光色素。章鱼可以感知光的偏振方向，就像人类戴着偏振太阳镜时一样，但它们不能从波长的组合中变出颜色。这种色盲也适用于遍布它们皮肤上的光敏细胞：事实证明，章鱼不仅能用眼睛"看"，还能用皮肤"看"。此外，章鱼的色素细胞控制被认为是"开环"的，这意味着色素细胞脑叶中的神经元不会生成发送到皮肤色素细胞的信号的任何明显的内部副本。中央大脑甚至可能不知道它的皮肤在做什么[30]。

章鱼会如何体验它的世界，以及体验它在这个世界中的身体？很难理解对于这些问题的回答意味着什么。它的皮肤会以它自己无法看到的方式改变颜色，这甚至不会传递给它的大脑。其中一些适应性可能是通过纯粹的局部控制来实现的，比如章鱼臂感觉自身的周边即时环境并改变其外观，而不需要中央大脑的参与。以人类为中心的假设，即我们可以看到和感觉到我们自己的身体发生了什么，并不适用于章鱼。因此，章鱼没有表现出通过镜中测试的迹象也就不足为奇了。

除了视觉，章鱼还与哺乳动物和其他脊椎动物共享一些其他经典的感觉通道。它们有味觉、嗅觉、触觉和听觉，虽然听力不是很好。还有一些奇怪的事，章鱼既可以用吸盘品尝味道[31]，也可以用中间的嘴品尝味道。这再次表明，这些生物的心智存在着显著的去中心化[①]。

当涉及身体所有权的体验时，一个去中心化意识的观点尤其具有挑战性。正如我们在第八章中看到的，在人类中，有意识的自我性的这一方面可以很容易地改变，这可以通过欺骗大脑改变它关于什么是身体的一部分或什么不是的贝叶斯最佳猜测来实现。对我们人类来说，追踪身体相当困难，因为我们的四肢只受几个关节的限制。对于章鱼来说，它的八条高度灵活的章鱼臂可以同时向几个方向卷曲或展开，这一挑战非常艰巨。就像感觉部分被移交给这些章鱼臂一样，控制也是如此。章鱼臂表现得像半自主的动物：被切断的章鱼臂在与身体分离后仍能在一段时间内执行复杂的行动序列，比如抓取食物。

这些自由度和去中心化的控制，对任何试图保持对哪些是或哪些不是身体的一部分的单一、统一的感知的中央大脑来说，都是一个令人生畏的挑战。这就是为什么章鱼可能根本不在乎什么是身体的一部分而什么不是。虽然听起来很奇怪，但做一只章鱼的感觉可能并不包括像人类和其他哺乳动物那样拥有身体所有权

---

① 章鱼有一个分散的神经系统，这不像人类的神经系统，它不包括大脑，因此没有一个中心。这意味着章鱼的心智也是分散的，其特点是去中心化。——译者注

的体验。

　　这并不意味着章鱼不能区分"自己"和"他人"。它们可以很清楚地区分，事实上它们也需要这么做。首先，它们需要避免与自己纠缠在一起。章鱼臂上的吸盘会反射性地抓住几乎任何经过的物体，但它们不会抓住自己的其他章鱼臂，也不会抓住它的中央身体。这表明章鱼在能够以某种方式区分自己的身体和非身体。

　　事实证明，这种能力依赖于一个简单而有效的基于味觉的自我识别系统。章鱼的皮肤会分泌一种特殊的化学物质。这种化学物质作为一种信号，可以被吸盘检测到，这样它们就不会反射性地附着在自己身体上。通过这种方式，即使章鱼不一定知道自己的身体在空间中什么位置，它们也可以分辨出世界上什么是它的一部分而什么不是。这一发现是在一系列令人毛骨悚然的实验[32]中得到证实的。在这些实验中，研究人员给离体的章鱼臂一些其他离体的章鱼臂，有的带皮，有的去皮。离体的章鱼臂应该会很容易抓住被剥去皮肤的章鱼臂，但永远不会去抓完整的章鱼臂①。

　　章鱼的具身体验意味着什么对我们哺乳动物来说是很难想象的。作为一个整体，章鱼可能对其身体内容和位置只有一种模糊的感知，尽管它可能不会将这种感知体验为模糊的。甚至可能有

---

　　①　这些实验并不像听起来那么可怕。当一只章鱼臂被切除时，章鱼似乎不会注意到什么，而被切断的章鱼臂很快就会长回来。当然，这并不意味着在没有充分理由的情况下你可以随意做这样的实验。——译者注

有些东西会有像做章鱼臂这样的感觉。

6

章鱼强烈地激发了我们的直觉，让我们知道动物的意识与人类的意识可能有多么的不同。但从猴子直接跳到头足纲动物，我们忽略了一个巨大的动物群。在哺乳动物意识的安全海岸之外，还有着广阔的潜在动物意识，比如从鹦鹉到单细胞草履虫。考虑这个问题，需要让我们回到更基本的问题，即哪些动物可能有任何形式的意识体验——即使它们的意识之光只是微弱的，但它们也是"亮着意识灯"的动物[33]。

鸟类有很强的感知能力。鸟类的大脑虽然与哺乳动物的大脑有显著的不同，但其组织结构可以非常接近地映射到哺乳动物的皮层和丘脑。许多鸟类也具有智能性[34]。鹦鹉会数数，凤头鹦鹉会跳舞，灌丛鸦可以根据未来的需要储存食物。虽然这些显示出聪明性的例子表明，一些鸟类可能具有复杂的意识状态，但请记住，智能并不是意识的试金石。不藏食物、不说话、不跳舞的鸟类可能也有意识体验[35]。

随着我们进一步深入，证据变得更加稀少和粗略[36]，关于意识的推论也更加具有试探性。与其把这些推论建立在与哺乳动物的大脑和行为相似的基础上，更好的策略可能是采用野兽机器的观点（我的而不是笛卡尔的观点），它将意识感知的起源和功能追溯到生理调节以及对有机体完整性的保存。这表明，寻找意识证据的一个方向是看动物如何对所谓痛苦事件做出反应。

这种策略不仅在科学上是合理的，而且也是出于道德伦理的要求。有关动物福祉的决定[37]不应基于它们与人类的相似性，也不应基于它们是否超越了认知能力的某种任意阈值，而应基于它们承受痛苦和疼痛的能力。虽然生物遭受痛苦的方式无限多，但最普遍的可能涉及对其生理完整性的基本挑战。

就目前的研究而言，有广泛的证据表明动物物种对痛苦事件都有适应性反应。大多数脊椎动物（有脊骨的动物）都有为自己疗伤的能力。即使是很小的斑马鱼也会在受伤时付出"代价"来缓解疼痛，如果我们在一个鱼缸里注入镇痛药，受伤的斑马鱼为了减轻自己的痛苦，会自愿从它生存的自然环境移到这个没有植物的、明亮的、与它的生存环境截然不同的鱼缸。这是否意味着鱼是有意识的？而且考虑到鱼的种类很多，对这一问题尚不清楚，但这无疑是有启发性的。

昆虫有意识吗？当腿受伤后，蚂蚁不会跛行。然而，它们坚硬的外骨骼可能不太容易受到疼痛的影响，而且昆虫的大脑确实拥有阿片神经递质系统[38]，这种系统通常与其他动物的疼痛缓解有关。最近的一项研究发现，果蝇（黑腹果蝇）对之前的非疼痛刺激表现出创伤后的超敏反应[39]，其方式与人类的"慢性疼痛"类似。而且，值得注意的是，从单细胞动物到高级灵长类动物，麻醉药物似乎对所有动物都有效[40]。

所有这些都是暗示性的，没有一个是结论性的。

到了某些时候，就很难说出任何有实质性的东西。我的直觉是（也仅仅是一种直觉），会有一些动物根本不参与到意识圈中。我有这种感觉的一个原因是，即使在哺乳动物中，我们复杂的大脑和精心打磨的感知系统都是为了保持生理完整性，无意识仍然很容易实现。意识体验是我们生活的中心，但这并不意味着它的生物学基础是简单的。当我们看到只有区区 302 个神经元的线虫时，我发现很难找到任何有意义的意识状态，而单细胞草履虫根本就达不到可用于评判的标准。

7

撇开不可避免的不确定性，对动物意识的研究为我们带来了两个巨大的好处。首先是认识到我们人类体验世界和自我的方式并不是唯一的方式。我们居住在一个可能存在意识心智的巨大空间中的一个小区域[41]，到目前为止，对这个空间的科学研究只不过是在黑暗中投射出的几束光。其次是对新发现的谦卑性。纵观地球上生命的野生多样性，我们将更加重视（而不是想当然地认为）我们人类自己和其他动物丰富的主观体验的多样性和独特性。我们还可能会找到新的动力，以尽量减少无论是在何处出现的痛苦。

我在这一章的开头就指出，意识和智能不是一回事，意识更多的是与有生命体征有关，而不是与聪明有关。我想用一个更强有力的观点来作为结尾。不仅意识可以在没有那么多智能的情况下存在，而且智能也可以在没有意识的情况下存在。

　　不必遭受痛苦就能变得聪明的可能性将我们带到了意识科学之旅的最后一站。是时候讨论一下人工智能，以及是否会出现有意识的机器这件事了。

第十三章　机器头脑

　　16 世纪晚期，在布拉格，拉比犹大·罗·本·比撒列（Rabbi Judah Loew ben Bezalel）从伏尔塔瓦河岸边采集黏土，用这些黏土塑造了一个人形——魔像[1]。这个魔像被称为"约瑟夫"（Josef），或"约瑟利"（Yoselle），是为了保护拉比的人民免受反犹太大屠杀而创造的，而且显然这样做非常有效。一旦被魔法咒语激活，像约瑟夫这样的魔像就能移动，有意识，并且会服从。但是约瑟夫出了严重问题，它的行为从愚蠢的服从变成了怪物般暴力的屠杀。最终，拉比设法解除了他的咒语，他的魔像在犹太教堂的场地上摔成了碎片。有人说，魔像的遗骸至今仍被藏在布拉格，也许在墓地里，也许在阁楼里，也许在耐心地等待着被重新激活。

　　拉比犹大的魔像让我们想起了，当我们试图塑造智能的、有感知力的生物时（按照我们自己的形象或从上帝的心智中创造的生物）所招致的傲慢。这种企图大多不会顺利进行，结果也不尽如人意。从玛丽·雪莱（Mary Shelley）的《弗兰肯斯坦》中的怪物到亚历克斯·嘉兰（Alex Garland）的《机械姬》中的艾娃再到卡雷尔·恰佩克（Karel Capek）的同名机器人、詹姆斯·卡梅隆（James Cameron）的《终结者》、雷德利·斯科特（Ridley Scott）的《银翼杀手》中的复制人、斯坦利·库布里克（Stanley Kubrick）的 HAL，这些创造物几乎总是会攻击它们的创造者，最终以毁灭、悲伤和哲学困惑而收场。

在过去十年左右的时间里，人工智能的迅速崛起给机器意识的问题带来了新的紧迫感。人工智能现在就在我们身边，内置于我们的手机、冰箱和汽车中，在许多情况下由神经网络算法提供动力，其灵感来自大脑的结构。我们有理由担心这种新技术的影响。它会抢走我们的工作吗？它会瓦解我们的社会结构吗？最终，无论是出于其刚刚萌生的自身利益，还是由于缺乏编程远见，导致地球上所有的资源都变成一大堆无用的回形针[2]，它会毁灭我们所有人吗？在这些担忧的背后，尤其是那些更关乎生存和末日的担忧，都有一种假设，即人工智能将在其加速发展的某个时刻变得有意识。这便是硅基魔像的神话。

怎样才能让机器有意识？有意识的机器会对人类有什么影响呢？而我们要如何区分有意识的机器和僵尸机器呢？

1

为什么我们会认为一个人工智能机器可以变得有意识呢？正如我刚才提到的，人们通常认为（尽管这绝不是普遍的），一旦机器通过了某些未知的智能门槛，意识就会自然而然地出现。但是这种直觉从何而来呢？我认为有两个关键的假设在其中起到作用，但没有一个是合理的。第一个假设是关于任何事物有意识的必要条件。第二个是关于特定事物拥有意识的充分条件。

第一个假设——必要条件，是功能主义。功能主义认为，意识并不取决于系统是由什么构成的，无论是湿件还是硬件，无论是神经元还是硅逻辑门，亦或是伏尔塔瓦河的粘土。功能主义认为，对意识来说，重要的是系统是做什么的。如果一个系统以正确的方式将输入转换成输出，那么就会有意识。正如我在第一章解释过的，这里有两个单独的主张。第一个是关于任何特定基质或材料的独立性，而第二个是关于"输入—输出"关系的充分性。大多数时候它们是一起的，但有时它们也会分开。

功能主义在心智哲学家中是一种流行的观点，也经常被许多非哲学家视为默认的立场。但这并不意味着它是正确的。在我看来，对"意识是独立于基质，或者意识仅仅是'信息处理'的输入—输出关系"这一立场，无论是支持还是反对，都没有确凿的论据。我对功能主义的态度是一种保持怀疑的不可知论。

为了让人工智能计算机变得有意识，功能主义必须是正确的。这是必要条件。但仅仅满足功能主义是正确还不够，信息加工本身对意识来说就是不够的。第二个假设是，足以产生意识的信息加工同时也是智能的基础。这是一个假设，即意识和智能是紧密相关的，甚至本质上是联系在一起的，意识只是顺带而来。

但这一假设没有得到很好的支持。正如我们在前一章看到的，将意识与智能混为一谈的倾向可以追溯到一种有害的人类中心主义，通过这种主义，我们会从自身价值观和体验的扭曲的视角来过度解读世界。我们是有意识的，我们是智能的，我们是如此特别的一个物种，为自己宣称拥有智能而自豪，以至于我们认为智能与我们的意识状态有着不可分割的联系，反之亦然。

尽管智能为有意识的有机体提供了一份丰富的分支意识状态的菜单，但认为智能（至少在高级形式中）对意识来说是必要或充分的假设是错误的。如果我们坚持认为意识在本质上与智能有关，我们可能会太急于将意识归因于看起来是智能的人工系统，也会过于迅速地否认意识源于其他系统（比如其他动物），只因这些系统未能达到我们值得怀疑的人类认知能力标准。

在过去的几年里，这些关于必要性和充分性的假设被一大堆其他的担忧和误解所粉饰并被排除在外，给了人工意识的前景一种紧迫感以及一种末世般的光景，而这其实并不值得紧张。

以下是其中一些担忧。人们担心，人工智能无论是否有意识，正走向超越人类智能的路上，超出我们的理解和控制。这就是所谓的"奇点"假说[3]，由未来学家雷·库茨魏尔（Raymond Kurzweil）提出，并受到过去几十年原始计算资源惊人增长的推动。我们在指数增长曲线上处于什么位置？正如我们许多人在最近的新冠病毒大流行期间所认识到的那样，指数曲线的问题是，无论你站在指数曲线的哪个位置，前面的路看起来陡峭得令人难以置信，而后面的路看起来平坦得毫不相干。从原地的视角看不出你在哪里。然后是我们的普罗米修斯式的恐惧，担心我们的创造物会以某种方式攻击我们，这种恐惧已经被许多科幻电影和书籍所认识、重新包装并卖回给我们。最后，一个不幸的事实是，当谈到机器的能力时，"意识"这个词经常被毫无帮助性的滥用。对于一些人（包括一些人工智能研究人员）来说，任何东西，只要会对刺激做出反应、能学会一些事物、或者以最大化一个奖励或达成一个目标行事，都被认为是有意识的。而对于我来说，这是对"有意识"合理含义的荒谬过度延伸。

将所有这些因素结合在一起，就不难发现为何许多人认为有意识的人工智能即将出现，而我们应该非常担心当它到来时会发生什么。也不能完全排除这种可能性。如果奇点论者的观点被证明是正确的，那么我们确实应该担心。但从目前的情况来看，这种可能性微乎其微。更有可能的是像图 13.1 所示的那种情况。在这里，意识不是由智能决定的，智能可以在没有意识的情况下存在[4]。两者都有多种形式，并且都是在许多不同的维度上表达的，这意味着无论是意识还是智能都不是单一维度的[5]。

在图 13.1 中，你会注意到当前的 AI 在智能维度上处于相当低的水平。这是因为目前还不清楚当前的人工智能系统是否具有任何有意义的智能。当今的大部分人工智能被描述为复杂的基于机器的模式识别，或许还包含一些规划。不管是否智能，这些系统只是在毫无意识地做着它们该做的事情。

展望未来，许多人工智能研究人员宣称的"登月"目标是开发具有人类通用智能能力的系统，即所谓的"人工通用智能"或"通用人工智能"。除此之外，还存在着后奇点智能的未知领域。但在这个过程中，我们没有理由假设意识只是顺带出现的。更重要的是，可能有许多的智能以偏离类人智能的形式出现，它们是补充而不是取代或扩大我们物种特有的认知工具，这同样不涉及意识。

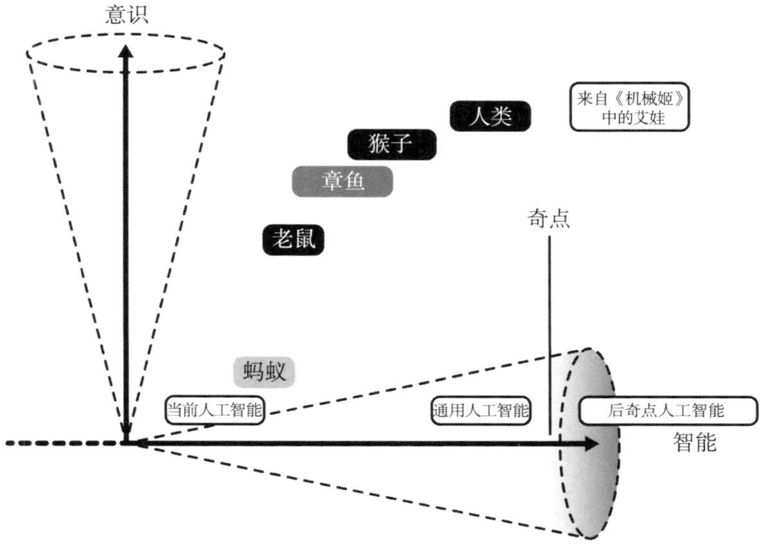

图 13.1　意识与智能是可分离且多维的，图中示意了动物和
（真实的或想象的）机器所处的位置

也许某些特定形式的智能在没有意识的情况下是不可能存在的，但即使是这样，也并不意味着所有形式的智能（一旦超过某些尚不可知的阈值）都需要意识。相反，如果智能的定义足够宽泛，那么所有有意识的实体都可能至少有一点智能。当然需要再次指出的是，这并不能证明智能是通往意识的捷径。

仅仅让电脑变得更聪明并不能使它们拥有感知力。但这并不意味着机器意识是不可能的。如果我们从一开始就尝试按照有意识的方式来设计机器呢？如果不是智能使机器有意识，那要怎样才能造出一台有意识的机器呢？

2

回答这个问题取决于你认为是什么足以使一个系统具有意识，而这又取决于你赞同哪一种意识理论。因此，对于如何让机器具有意识，存在多种观点也就不足为奇了。

在更宽容的一端，那些认同功能主义者观点的人认为，意识只是一种正确类型信息加工方式的问题。这种信息加工不一定等同于"智能"，但它毕竟是信息加工，因此是可以在计算机上实现的。例如，根据 2017 年发表在《科学》杂志上的一项提议，如果机器加工信息的方式涉及信息的"全局可用性"，并允许"自我监控"其性能，那么它就可以被认为是有意识的。作者对"这样的机器是真的有意识还是仅仅表现得像有意识"含糊其词[6]，但其潜在的主张是，除了正确类型的信息加工之外，意识不需要其他任何东西。

信息整合理论的倡导者提出了一个关于意识机器的更有力的主张。正如我们在第三章看到的，信息整合理论声称意识仅仅是整合的信息，系统产生的整合信息的数量完全由其内在机制的属性决定，也就是由它的"因果结构"决定。根据信息整合理论，任何产生整合信息的机器，不管它是由什么材料制成的，也不管它的外表看起来是什么样子，都会有某种程度的意识。然而，信息整合理论也对这样一种可能性持开放态度：即在外部观察者看来，机器可能显得是有意识的[7]，或者是智能的，或者两者兼而有之，但其机制根本不能产生整合信息，因此它们也完全缺乏意识。

这两种理论都没有将意识与智能等同起来，但两者都认为，满足某些特定条件（正确类型的信息加工，或非零整合信息）的机器是会有意识的。但要接受这些含义，当然也有必要接受这些理论。

3

野兽机器理论将世界和自我的体验建立在一种追求生理完整性的生物驱动力上——即维持生存。这个理论对机器意识的可能性有何看法呢？

想象一下在不久的将来，一个拥有硅基脑和人形身体的机器人，它配备了各种传感器和效应器。该机器人由根据预测加工和主动推理的原理设计的人工神经网络所控制。流经其电路的信号实现了其环境和其自身身体的生成模型。它不断地使用这个模型，对其感觉输入的起因进行贝叶斯最佳猜测。根据设计，这些合成的受控（和控制性）幻觉是为了让机器人保持最佳的功能状态——凭自己的直觉，使它"存活"。它甚至还拥有人工的内感受输入，从而指示其电池电量以及执行器和合成肌肉的完整性。对这些内感受输入的控制导向型最佳猜测会产生合成的情绪状态，从而激励和引导它的行为。

这个机器人自主地行事，在正确的时间做正确的事情来实现其目标。它这样做给人的外在印象是一个有智能的、有感知力的主体。在内部，它的机制直接映射到预测机器上，这是我所提出的具身和自我的基本人类体验的基础。这是一个硅基野兽机器。

这样的机器人会有意识吗？

一个不太令人满意但诚实的答案是，我不确定，但答案可能是否定的。野兽机器理论认为，人类和其他动物的意识是在进化过程中产生的，在我们每个人的发展过程中逐渐显现，并以与我们作为生命系统的地位密切相关的方式每时每刻运作着。我们所有的体验和感知都源于我们作为自我维持的生命机器的本性，这种生命机器关注自我的持久性。我的直觉是（再强调一遍，这只是一种直觉），生命的物质性对于意识的所有表现都将被证明是很重要的。其中一个原因是，生命系统的调节和自我维护的必要性并不局限于一个层面，比如整个身体的完整性。生命系统的自我维护一直深入到单个细胞的水平。随着时间的推移，你身体里的每一个细胞（或任何一个身体里的每一个细胞）都在不断地重新生成为保持其自身完整性所需的必要条件[8]。但在当前或不久的将来，对任何计算机来说，情况都并非如此，即使对于我刚才描述的那种硅基野兽机器来说，也不会如此。

这并不暗示意味单个细胞是有意识的，也不意味所有的生物都是有意识的。关键在于，在野兽机器理论中，支撑意识和自我性的生理调节过程是由基本的生命过程引导的，而这些生命过程可以"一直贯穿始终、向下分解"。从这个观点来看，是生命而不是信息加工给生硬的公式注入了意识的火焰。

4

即使真正的有意识的机器还很遥远（如果它们真的有可能实现的话），但仍然有很多事情需要担心。在不久的将来，即使没有确凿的理由相信未来机器真的有意识，但人工智能和机器人技术的发展完全有可能带来看似是有意识的新技术。

在 2014 年亚历克斯·嘉兰的电影《机械姬》中，隐居的亿万富翁、科技天才纳森邀请才华横溢的程序员加勒到他的偏远藏身处，与他创造的智能机器人艾娃见面。加勒的任务是弄清楚究竟艾娃是有意识的，还是她（它）只是一个智能机器人，而没有任何内在生命。

《机械姬》很大程度上借鉴了图灵测试[9]，这是评估机器是否能思考的著名标准。在一个富有深意的场景中，纳森正在询问加勒关于这个测试的情况。加勒知道，在图灵测试的标准版本中，一个人类裁判仅通过交换键入的信息来远程询问一个候选机器人和另一个人类。当裁判始终无法区分人与机器时，机器就被认为通过了测试。但纳森有更有趣的想法。说到艾娃，他说："真正的挑战在于，先向你展示她是个机器人，然后看看你是否仍然感觉她有意识。"

这个新游戏将图灵测试从智能测试转变为意识测试，正如我们现在所知，这是非常不同的现象。更重要的是，嘉兰向我们表明，这项测试根本与机器人无关。正如纳森所说，重要的不是艾娃是否是一台机器，甚至连它作为一台机器是否具有意识也不那么重要。重要的是艾娃是否让一个有意识的人觉得她（它）是有意识的。纳森和加勒之间交流的精彩之处在于，它揭示了这种测试的真正含义：这是对人的测试，而不是对机器的测试。图灵最初的测试和嘉兰 21 世纪的以意识为导向的测试都是如此。嘉兰的对话如此灵巧地捕捉到将意识归因于机器的挑战，以至于"嘉兰测试"[10] 这个词现在也开始受到关注——这是科幻小说对科学反馈的一个罕见的例子。

许多简单的计算机程序，包括各种各样的聊天机器人，现在都被声称"通过"了图灵测试，因为有足够比例的人类裁判在足够长的时间里被愚弄了。在一个特别离奇的例子中，同样是在 2014 年，在 30 名人类裁判中有 10 人被误导，认为一个假装成 13 岁乌克兰男孩的聊天机器人实际上是一个真正的 13 岁乌克兰男孩。这导致人们纷纷宣称，人工智能领域长期存在的里程碑终于被超越了[11]。但是，冒充一个英语很差的外国青少年比成功冒充一个与自己年龄、语言和文化相同的人当然要容易得多，特别是在只允许远程文本交流时。当聊天机器人获胜时[12]，它的反应是"我感觉以一种非常简单的方式击败了图灵测试"。把标准降低了这么多，考试当然就更容易通过了。这是对人类易受骗程度的考验，但人类失败了[13]。

随着人工智能的不断进步，图灵测试可能很快就会通过，而不会出现这种人为降低标准的情况。2020 年 5 月，研究实验室 OpenAI 发布了 GPT-3，这是一个巨大的人工神经网络[14]，它使用从互联网上大量提取的自然语言示例进行训练。除了参与聊天机器人的对话外，GPT-3 还可以在提示开头的几个单词或几行文字时，生成许多不同风格的文本段落。尽管 GPT-3 不理解它生成了什么[15]，但它输出文本的流畅性和复杂性令人惊讶，甚至令一些人感到恐惧。它在《卫报》上发表了一篇关于为什么人类不应该害怕人工智能的 500 字的文章[16]——主题涵盖了从人类暴力心理学到工业革命，其中还包括那些令人不安的文字："AI 不应浪费时间试图去理解那些不信任人工智能的人的观点。"

尽管 GPT-3 很复杂，但我相当确定，它仍然可以被任何相当复杂的人类对话者所识别发现。对于 GPT-4 或 GPT-10 来说可能不是这样。即使未来类似 GPT 的系统在图灵测试中屡屡胜出，它也只会表现出一种非常狭窄的（模拟）智能形式（非具身的语言交流），而不是我们在人类和许多其他动物身上看到的那种完全具身的"在正确的时间做正确的事情"的自然智能，就像我假设的硅基野兽机器一样。

说到意识，乌克兰的聊天机器人是无法比拟的，更别说是GPT 之类的了。嘉兰测试仍然保持原样。事实上，试图创造有感知能力的人类拟像常常会使人产生焦虑和厌恶的感觉，而不是像《机械姬》中加勒对艾娃产生的那种吸引、同情和怜悯的复杂混合感觉。

5

日本机器人学家石黑浩花了几十年时间制造出与人类尽可能

相似的机器人。他称它们为"双子机器人"。石黑浩已经创造了像他自己和像他女儿（当时 6 岁）的双子机器人，以及一个基于大约 30 个不同人的混合体的机器人电视女主播。每个双子机器人都是由详细的 3D 身体扫描构造而成，并配有气动执行器，能够产生丰富的面部表情和手势。这些设备中几乎没有人工智能——它们都只是关于人类模仿的，可能的应用包括远端临场或"远程呈现"。石黑浩曾经用他的双子机器人为 150 名大学本科生做了一场 45 分钟的远程演讲。

不可否认，双子机器人是令人毛骨悚然的。它们很现实，但还不够现实。想象遇见双子机器人和遇见一只猫完全是截然不同的对立面，所激发的感觉完全相反。当你遇到一只猫（也可以是一只章鱼）时，即使视觉外观是如此的不同，也会立即感觉到另一个有意识的实体的存在。但对双子机器人来说，惊人但不完美的身体相似性会加剧一种分离和异己的感觉。在 2009 年的一项研究中，游客在见到双子机器人时最常见的感觉是恐惧[17]。

这种反应体现了所谓的"恐怖谷"概念，这个概念是由另一位日本研究人员森政弘在 1970 年提出的。森政弘提出，随着机器人变得越来越像人类，它将引起人们越来越积极和移情的反应（想想《星球大战》中的 C-3PO）。一旦它超过某个点，在某些方面它看起来非常像人类，但在其他方面却不像，这些反应将迅速转变为厌恶和恐惧（恐怖谷效应），只有当相似性变得更加接近，近到不可区分的程度时，情绪才会恢复。关于恐怖谷效应为何存在有很多理论[18]，但毫无疑问它确实存在。

尽管现实世界的机器人很难摆脱恐怖谷效应，但虚拟世界的发展已经爬上斜坡并走出另一端。使用"生成式对抗神经网络"（GANNs）进行机器学习的最新进展，可以生成从未存在过的虚拟人脸（见图 13.2）[①]。这些图像是通过巧妙地混合来自真实面孔大型数据库的特征而生成的，使用的技术与我们在幻觉机器中使用的技术类似（见第六章）。一种"深度伪造"技术[19]可以使这些脸变得栩栩如生并且可以开口讲出任何话，当虚拟人脸与这种技术结合时，并且当它们说的话由日益复杂的语音识别和语言生产软件（如 GPT-3）提供支持时，我们好像突然间就生活在一个充满虚拟人的世界里，这些虚拟人与真实人的实际表现难以区分。在这个世界里，我们将逐渐习惯于无法区分谁是真实的，谁是虚拟的。

如果有人认为在视频增强图灵测试令人信服地通过之前，这些发展将达到天花板，那么这样的观点很可能是错的。以这种方式思考，要么显示出人类例外主义的顽固性，要么显示出想象力的失败，或者两者兼有。这种情况会发生。还有两个问题依然存在。第一个问题是，这些新的虚拟创造物是否能够穿越石黑浩的双子机器人仍然被困的恐怖谷，进入现实世界。第二个问题是嘉兰测试是否也会被淘汰。即使我们知道这些新机器除了是几行计算机代码，什么也不是，但我们是否还是会觉得它们实际上是有意识的，而且是智能的？

---

① 这些合成人脸是使用 thispersondoesnotexist.com 生成的。

如果我们真的有这种感觉，那会对我们产生什么影响？

图 13.2 八张面孔（这些人都不是真实的）

6

无论是由何种炒作或现实因素的推动，人工智能的迅速崛起都引发了一场重新兴起的必要的伦理讨论。许多伦理问题都与诸如汽车自动驾驶和自动化工厂工人等未来技术带来的经济和社会后果有关，而这些技术所造成的重大破坏是不可避免的[①]。将决策权授予人工系统所引发的担忧是合理的，因为人工系统的内部运作可能容易受到各种偏差和反复无常的因素的影响，而且不管是对那些受影响的人来说，还是对那些设计系统的人来说，系统仍然不透明。在极端的情况下，如果一个人工智能系统被置于负责控制核武器或者互联网骨干网，会引发什么样的恐怖局面？

[①] 这些技术中有些并不像看起来那么新。我的同事金井良太最近提出："马基本上就是一匹自动驾驶的马。"

关于人工智能和机器学习在心理和行为上的后果，也会带来伦理方面的担忧。深度伪造对隐私的侵犯，预测算法对行为的修正，以及社交媒体中过滤气泡和回音室中的信念扭曲，这些只是影响我们社会结构的众多力量中的一小部分。通过释放这些力量，我们心甘情愿地将自己的身份和自主权拱手让给不知名的数据公司，进行一场大规模、不受控制的全球实验[20]。

在这种背景下，有关机器意识的伦理讨论可能显得放纵而深奥。但事实并非如此。即使这些机器（目前）还没有意识，这些讨论也是必要的。当嘉兰测试通过后，尽管我们可能知道或相信机器没有意识，我们还是会与那些我们感觉拥有自己主观内心生活的实体分享我们的生活。这种情况的心理和行为后果是很难预见的。一种可能性是，我们将学会把我们的感觉和我们应该如何行动区分开来，如此一来，尽管我们觉得人和机器二者都有意识，但我们关心在乎一个人而不是一个机器人就会显得很自然。目前还不清楚这会对我们个人的心理产生什么影响。

在电视剧《西部世界》中，栩栩如生的机器人被专门开发出来用于被虐待、杀害和强奸——作为人类最堕落行为的发泄工具。有没有可能在折磨机器人的时候，在没有精神崩溃的情况下，能感觉到机器人是有意识的，但同时又知道它是没有意识的呢？以我们现在的认知来看，这样的行为是极端反社会的。另一种可能性是，我们的道德关注范围将被我们的人类中心主义倾向所扭曲，这种倾向也就是我们对那些我们感觉更相似的实体产生更大的同理心。在这种情况下，相比其他人类，我们可能更关心我们的下一代双子双胞胎，更不用说其他动物了。

当然，并非所有的未来都需要如此反乌托邦。但随着人工智能的进步与炒作之间赛跑步伐的加快，基于心理学的伦理也必须发挥作用。仅仅推出新技术，然后静观其变是不够的。最重要的是，不应该盲目追求重新创造并超越人类智能这个标准人工智能目标。正如丹尼尔·丹尼特明智地指出的那样，我们正在打造的是"智能工具，而不是同事"[21]，我们必须确保能够认识两者的区别。

然后就是真正的机器意识的可能性。如果我们有意或无意地向世界引入新的主观体验形式，我们将面临前所未有的伦理和道德危机。一旦某个物体有了意识地位，它也就有了道德地位。我们有义务尽量减少其潜在的痛苦，就像我们有义务尽量减少生物的痛苦一样，我们在这方面做得不是很好。对于这些假定的有人工感知能力的主体来说，还有一个额外的挑战，那就是我们可能不知道它们可能会体验到的是什么样的意识。想象一下，一个系统承受着一种全新形式的痛苦，对此我们人类没有对等的感受和相关的概念，也没有任何识别它的本能。想象一个系统中，积极情绪和消极情绪之间的区别甚至都不适用，也没有相应的现象学维度。这里的道德挑战是，我们甚至不知道相关的道德问题是什么。

无论真正的人工意识离我们有多远，即使是遥远的可能性也应该予以考虑。虽然我们不知道创造一个有意识的机器需要什么，但我们也不知道它不需要什么。

正是出于这些原因，2019 年 6 月，德国哲学家汤玛斯·梅辛革（Thomas Metzinger）呼吁立即暂停所有旨在产生他所谓的"合成现象学"的研究，暂停时间为 30 年[22]。他宣布的时候我恰好在场。当时我们都在剑桥的利弗休姆未来智能中心主办的人工意识会议上发表演讲。梅辛革的请求很难严格执行，因为很多（如果不是全部）心理学的计算模型可能都属于他所说的范畴，但他的信息主旨是明确的。我们不应该仅仅因为觉得人工意识有趣、有用或者酷，就轻率地尝试去创造它。最好的道德是预防性的道德。

在生命主义的全盛时期，谈论人工生命的伦理学可能看起来就像今天谈论人工意识的伦理学一样荒谬。但是，一百多年后的今天，我们不仅对生命的形成有了深刻的理解，而且还拥有许多新的工具来修改甚至创造生命。我们有像 CRISPR 这样的基因编辑技术，它使科学家能够轻松地改变 DNA 序列和基因的功能。我们甚至有能力仅仅从基因出发构建出完全合成的有机体：2019 年，剑桥的研究人员创造了一种具有完全合成基因组的大肠杆菌变体。创造新生命形式[23]的伦理突然变得非常重要。

或许让我们最接近人工合成意识的是生物技术，而不是人工智能。在这里，"大脑类器官"的出现具有特殊的意义。这些微小的类似大脑的结构，由真正的神经元组成，这些神经元是由人类多能干细胞（可以分化成许多不同形式的细胞）培育而成。虽然大脑类器官不是"迷你大脑"，但它在某些方面类似于正在发育的人类大脑，这使得它们在作为大脑发育出现问题的医学条件的实验室模型上非常有用。这些类器官[①]是否蕴藏着一种原始形式的无身体意识？很难排除这种可能性，尤其是最近的一项研究发现，这些类器官表现出与人类早产儿类似的协同电活动波[24]。

与计算机不同的是，大脑类器官是由与真实大脑相同的物质构成的，这消除了将它们视为潜在的有意识的一个障碍。另一方面，它们仍然非常简单，完全脱离身体，并且根本不与外部世界互动（尽管可以把他们连接到相机和机械臂等类似物体上）。在我看来，虽然目前的类器官极不可能是有意识的[25]，但随着技术的发展，这仍然是一个悬而未决的问题，并且令人不安。这让我们回到需要预防性道德伦理这个问题上。类器官意识的可能性具有伦理紧迫性[26]，不只是因为它不能被排除，而且还因为它所涉及的潜在规模。正如类器官研究人员阿里森·穆特里（Alysson Muotri）所说："我们想要建造这些类器官的农场。[27]"

7

为什么机器意识的前景如此诱人？为什么它会对我们的集体想象力产生如此大的影响？我开始认为，这与一种技术狂热有关。这是一种根深蒂固的渴望，随着世界末日的临近，想要超越我们受限制而混乱的物质生物存在。如果意识机器是可能的，随着它们的出现，我们以湿件为基础的意识心智就有可能被重新安

---

① 类器官（organoid）是原生动物所具有的一种特殊结构，负责执行类似高等动物器官的功能，也有人将其归入细胞器。——译者注

置在一个未来超级计算机的原始电路中，这个超级计算机不会老化，也永远不会死亡。未来主义者和超人类主义者将其比喻为心智上传的领域，这也是他们喜欢的比喻[28]，对他们来说，一个生命是不够的。

有些人甚至认为我们可能已经在那里了。牛津大学哲学家尼克·博斯特罗姆[①]的"模拟论证"概述了一个统计案例，认为我们更有可能是高度复杂的计算机模拟的一部分，这个模拟是由在技术上先进并且痴迷于家族谱系的我们的后代设计和实现的，而不是原始生物人类种群的一部分。按照这个观点，我们已经是虚拟世界中具有虚拟感知能力的主体[29]。

一些被技术狂热所吸引的人看到了一个正在快速逼近的奇点，这是历史上的一个重要节点，在这个节点上，人工智能会自我引导，超越我们的理解和控制范围。在后奇点的世界，有意识的机器和祖先模拟比比皆是。我们碳基生命形式将被远远落在后面，我们在阳光下的时刻已经结束了。

不需要太多社会学洞察力就能看出这种令人陶醉的佳酿对我们这些技术精英的吸引力，从这些角度来看，他们可以把自己视为人类历史上这一前所未有的转变中的关键，并以永生为奖励。当人类例外主义完全偏离轨道时，就会发生这种情况。从这个角

---

① 尼克·博斯特罗姆（Nick Bostrom）是一位瑞典出生的牛津大学哲学家，以其在生存危机、人择原理、人体增强伦理学、超智能危机和倒转检验方面的研究而闻名。2011 年，他创立了牛津大学马丁学院未来技术影响力项目，并担任牛津大学人类未来研究所的创始主任。2009 年和 2015 年，他被列入《外交政策》全球百名顶尖思想家名单。——译者注

度来看，对机器意识的大惊小怪是我们与生物本质和进化遗产日益疏远的症状。

野兽机器的视角几乎在所有方面都与这种叙述不同。在我的理论中，正如我们所看到的，人类全部体验和精神生活都是由于我们作为自我维持的生物有机体的本性而产生的，而我们关心自己的持久性。这种关于意识和人性的观点并不排除有意识机器存在的可能性，但它确实削弱了技术狂热对于即将获得感知能力的计算机的夸大的叙述，这种叙述推动了我们的恐惧并渗透到我们的梦境中。从野兽机器的角度来看，理解意识的探索使我们越来越融入自然之中，而不是离它更远。

正如它应该的那样。

结　语

我仅仅想要一个主宰，

想要拥有完美的身体，

想要拥有完美的灵魂。

——电台司令①，《懦夫》(*Creep*)

　　2019 年 1 月，我第一次与活人大脑面对面。距我第一次开始研究意识科学已有二十多年，距我们在苏塞克斯的实验室开放已有十年，距我自己因为麻醉导致的遗忘（本书写作开始时）已有三年。经过这么长时间，凝视着微微脉动着的灰白皮层表面，精细地布满了暗红色的静脉，似乎再次让人难以置信，就这么一堆东西居然能产生一个由思想、感觉和感知组成的内心世界，能产

_____

　　①　电台司令（Radiohead），亦译作“收音机头”，是一支来自英国牛津郡阿宾顿的另类摇滚乐队，组建于 1985 年。乐队由汤姆·约克（主唱、吉他、钢琴）、强尼·格林伍德（吉他、键盘、其他乐器）、艾德·欧布莱恩（吉他、和声）、科林·格林伍德（贝斯）、菲利普·塞尔韦（鼓、打击乐器）组成。——译者注

生一个完全以第一人称存活于世的生命。我强烈的好奇心和一个古老的笑话交织在一起，那个笑话说，大脑移植是唯一一个做器官捐赠者比做接受者更好的手术。

我是迈克尔·卡特（Michael Carter）的客人，他是一名小儿脑外科医生，在英格兰西部的布里斯托尔皇家儿童医院工作。他邀请我去观摩一场十分引人注目的神经外科手术。这样的手术在任何地方都可以开展。这次手术的患者是一个 6 岁多的孩子，手术计划是要将他的大脑半球切开。他从一出生就患有严重的癫痫，而癫痫的发作源于他的右半脑皮层，在他早产时，右半脑被严重损坏。所有传统的抗癫痫药物都失效了，所以这场神经外科手术被当作最后的希望。

半球切开术涉及大脑功能失调的右半球，要将神经连接完全断开。手术要先从右侧进入大脑，切除颞叶，然后切断连接右半球与大脑其他部分以及与身体的所有连接——白质束。孤立的大脑半球仍在颅骨内，并仍与血液供给相连。这是一个有生命但又与世隔绝的皮层岛 [1]。这是更为人所熟悉的裂脑手术的一个极端版本，其想法是，完全的神经连接断开可以阻止由受损右半球产生的电信号风暴传播到大脑的其他部分。如果手术进行得足够早，年轻的大脑往往有足够的适应能力，剩余的大脑半球可以弥补大部分甚至全部的不足。虽然这种手术的本质是激进的，且每个病例都有所不同，但结果总体来说还是不错的。

这场特殊的手术大约从中午开始，持续了 8 个多小时。如果是我自己的工作，我坚持 5 分钟后，就会被诸如查阅邮件、泡杯茶等各种事件搅扰而分心。而迈克尔不同，他在一名神经外科实习生和一组轮换助手的支持下，极富耐心地、有条不紊地、坚持不懈地工作了一个又一个小时，没有暂停。手术大概进行到一半时，在实习医生短暂休息的间隙，我被邀请经过消杀后进入手术间，并来到手术显微镜前。我没有料到会有这样的优待。凝视着这个孩子明亮的大脑空腔，我试图将我关于不同脑区和神经通路的抽象知识，与明亮呈现于我眼前的杂乱脑组织对照起来。这没有什么意义。我从研究中了解到的清晰的皮层层次结构以及自下而上和自上而下交织流动的信号无处可见。大脑变得不可思议，我对神经外科医生的技术和这个最神奇的物体的物质现实都感到敬畏。这几乎是越界的。窗帘被拉开，露出了一些太私密而不能被公开的东西。我在直接观察一个人类自我的机制。

1

手术按计划进行。8 点过后不久，迈克尔留下实习生让他把头皮缝合好，然后带着我去见孩子的家人。他们很感激，也松了一口气。我在想，如果他们看到了我那天看到的情景，他们会有什么感觉。

后来，在一个冬夜开车回家时，我的思绪又回到了大卫·查尔默斯对意识这一难题的描述："人们普遍认为，体验产生于物质基础[2]，但我们没有很好地解释它为什么和如何产生。为什么物理加工会产生如此丰富的内在生命呢？客观上讲，这似乎是不合理的，但事实确实如此。"

面对这个谜团，哲学提供了一系列的观点，从泛心主义（意识无处不在，或多或少）到消除唯物主义①（没有意识，至少不是我们认为的那样），以及介于两者之间的一切。但意识的科学并不是从套餐菜单中进行选择，无论餐厅多么奢华或厨师多么熟练。它更像是用你在冰箱里能找到的任何东西进行烹饪，这些"食材"各种各样，有哲学、神经科学、心理学、计算机科学、精神病学、机器学习，等等，它们以不同的方式组合、重组，变成新的东西。

这是用研究真正问题的方式去研究意识的本质。接受意识的存在，然后提出意识的各种现象学属性（也就是说，意识体验是如何构成的，意识体验采取什么形式）如何与大脑的属性联系起来——大脑存在于身体，也植根于世界。这些问题的答案可以从识别某种大脑活动模式以及某种类型意识体验之间的相关性开始，但它们不需要也不应该就此结束。我们面临的挑战是如何在机制和现象学之间建立起越来越坚实的解释桥梁，使我们所推断出的关系不是随意的，而是有意义的。在这个语境中"有意义"是什么意思？再次强调：解释、预测和控制。

――――――――

① 消除唯物主义（eliminative materialism），也称"取消主义"，观点是人们常识中的"心灵"是虚假的，大多数人相信的精神状态中特定的部分也不存在。这个立场属于唯物主义（materialism）。一些消除唯物主义的支持者认为，很多日常中的心理学概念，比如信念和欲望，是没有对应的神经基础的，因为这些概念没有确切的定义。相反，他们认为，行为和体验心理学概念应该以这样一个标准评定，即它们被还原到生物学层面还原得有多好。还有其他消除唯物主义者认为，类似痛苦、视觉感知等精神状态都是不存在的。——译者注

从历史上看，这一策略呼应了我们对生命的科学理解是如何超越生命主义的神奇思维，通过将生命系统的属性个体化，然后根据它们的潜在机制来解释每一个生命系统属性。生命和意识当然是不同的东西，但我希望，到现在为止，我已经说服了你们，他们之间的联系要比最初看起来更加的密切。不管怎样，策略都是一样的。真正的问题研究方法并不是试图直接解决意识的难题，也不是将意识的体验性质完全置于一边，而是提供一种调和物理和现象的真正希望——消解难题，而不是解决难题。

我们从意识水平开始——昏迷状态和完全清醒状态之间的区别，在这里我们关注的是测量的重要性。这里的关键点是候选测量并不是随意选取的，比如因果密度和整合信息。相反，它们捕捉到了所有意识体验的高度保守的属性，即每一个意识体验都是统一的，并且与其他所有意识体验不同。每一个有意识的场景都是以"作为一个整体"的方式来体验的，每一个体验都是以它本来的样子来体验的，而不是其他方式。

然后我们继续讲了意识内容的本质，特别是做一个有意识自我的体验。我对事物的表现方式提出了一系列的挑战，在每种情况下都鼓励我们采取新的、后哥白尼时代的视角来研究意识感知。

第一个挑战是将感知理解为一种积极的、以行动为导向的建构，而不是一种客观的外部现实的被动记录。我们所感知到的世界既比这个客观的外部现实少又比它多。我们的大脑通过贝叶斯最佳猜测的过程来创造我们的世界，其中感觉信号主要用来控制我们不断发展变化的感知假设。我们生活在一种受控制的幻觉中，进化发展的目的不是为了准确性，而是实用性。

第二个挑战是将这种洞察力转向内心，转向"做自己"的体验。我们探讨了自我本身如何是一种感知，是另一种受控的幻觉。从个人同一性和时间连续性的体验，一直到作为一个生命体的早期感觉，这些自我性碎片都依赖于由内而外的感知预测和从外向内的预测错误之间的微妙舞蹈，尽管现在这种舞蹈大部分发生在身体范围内。

最后一个挑战是要了解到意识感知的预测机制的起源和主要功能不是表征世界或身体，而是控制和调节我们的生理状况。我们感知和认知的整体（人类体验和精神生活的全景）是由一种根深蒂固的以求生存的生物驱动力所塑造的。我们通过我们活生生的身体来感知周围的世界，感知身处其中的我们自己。

这就是我的野兽机器理论，它是朱利安·奥弗雷·拉·美特里《人类机器》（*L'Homme-Machine*）的 21 世纪版本——或者说颠倒版。正是在这里，如何思考意识和自我性发生了最深刻的转变。

令人困惑的是，"做一个自我"的体验与我们对周围世界的体验是非常不同的。现在我们可以把它们理解为相同感知预测原则的不同表达，而它们的现象学差异可以追溯到所涉及的预测类型的差异。有些感知推理是为了发现世界上的物体，而另一些则是为了控制身体内部。

通过将我们的精神生活与我们的生理现实联系起来，关于生命和心智之间连续性的古老概念被赋予了新的实质，并得到了预测加工和自由能原则的坚实有力支持。而这种深刻的连续性反过来又使我们能够看到自己与其他动物和自然界其他部分更密切的关系，并相应地区别于人工智能没有血肉的演算。当意识和生命走到一起时，意识和智能就被分开了。这种对我们在自然中地位的重新定位不仅适用于我们物理上、生物上的身体，也适用于我们的意识心灵，适用于我们对周围世界的体验，适用于做我们自己的体验。

2

每一次科学把我们从事物的中心转移出来时，它都给予了我们更多的回报。哥白尼革命给了我们一个宇宙——一个过去百年的天文学发现已经远远超出人类想象极限的宇宙。达尔文的自然选择进化论给了我们一个"家庭"，与所有其他生命物种的一种联系，以及对深刻的时间和进化设计的力量的一种敬畏和感激。现在，意识科学（野兽机器理论只是其中的一部分）正在打破人类例外论的最后堡垒（我们有意识心智的假定的特殊性），并表明，这一点也深深铭刻进更广泛的自然模式中。

意识体验中的一切都是某种感知，而每一种感知都是一种受控的或控制性的幻觉。这种思考方式最让我兴奋的是它可以带我们走多远。自由意志的体验是感知。时间的流动是一种感知。或许甚至我们体验到的世界的三维结构，以及感知体验的内容是客观真实的这一感觉——这些也可能是感知的各个方面[3]。意识科学的工具使我们能够更接近康德的本体，即我们也作为其中一部分的最终不可知的现实。所有这些想法都是可以被检验的，而且，不管数据是如何得出的，简单地提出这样的问题，就能重塑我们对于意识是什么、它是如何发生的以及它的用途的理解。每一步都在削弱令人迷惑但无益的直觉，即意识是一种事物，一个巨大而又可怕的谜题，一个在寻找令人生畏的解决方案的谜团。

还有很多实际意义。受理论启发的对意识水平的测量正在引入新的意识"仪表"，这些仪表越来越能够检测出行为无反应患者的残存意识——"隐蔽意识"。预测感知的计算模型正在为揭示幻觉和妄想的基础上提供新的线索，开启了精神病学从治疗症状到找到病因的转变。在大量成熟和新兴的技术中，人工智能、脑机接口和虚拟现实有各种各样的新方向。追寻意识的生物基础是一件非常有用的事情。

话虽如此，面对意识的奥秘现在是，也将永远是一段深刻的个人旅程。如果意识科学不能给我们个人的精神生活以及我们周围人的内心生活带来新的启示，那它又有什么好处呢？

这是真正问题的真正承诺，无论它最终将我们带向哪里，沿着这条路走下去都将引导我们理解更多关于我们周围世界，以及同样身处其中的我们自己的意识体验的新事物。我们将看到我们的内心世界是如何成为自然其余部分的一部分的，而不是与之分离。尽管我们可能不会经常想到这些，但当"做自己"的受控幻觉最终瓦解为虚无时，我们将有机会重新坦然地面对发生或未发生的事情。当遗忘不再是麻醉引起的意识之河的中断，而是回归到我们每个人都曾经摆脱过的永恒。

　　当第一人称的生活结束时，如果还留有一点儿神秘感，那么就不会辜负这个故事的结尾。

致　谢

　　这本书的思想源于 20 多年来我与朋友、同事、学生、老师和导师的无数对话。感谢所有人。

　　感谢我在萨塞克斯研究小组过去和现在的所有成员。和你们一起工作是我一生的荣幸。特别感谢我在本书中提及的研究小组成员。感谢亚当·巴雷特、莱昂内尔·巴奈特、彼得·鲁斯、阿尔贝托·马里奥拉、亚伊尔·平托、沃里克·罗斯布姆、迈克尔·夏特纳、大卫·施瓦茨曼、玛克辛·谢尔曼、铃木启介和亚历山大·赞兹。

　　也感谢曼努埃尔·巴尔蒂里、瑞尼·巴科娃、卢克·伯索兹、丹尼尔·博尔、克里斯·巴克利、张宇瞻、保罗·乔利、罗恩·克里斯利、安迪·克拉克、玛丽安·科尔、克里芒斯·孔潘、纪尧姆·科洛尔、雨果·克里奇利、卓顿·迪恩斯、汤姆·弗罗斯、保罗·格雷厄姆、英曼·哈维、欧文·霍兰德、金井良太、托马兹·科尔巴克、伊莎贝尔·马拉尼昂、费德里科·米歇里、贝伦·米里奇、托马斯·诺沃特尼、安迪·菲利比德斯、夏洛特·瑞、科林·雷威、瑞恩·史考特、莉娜·斯科拉、纳丁·斯皮查拉、玛尔塔·苏亚雷斯 – 皮尼拉、克里斯·桑顿、王灏婷、杰米·瓦德。我所有的同事和朋友，他们的工作和想法对我产生了巨大影响，他们中很多人都很热心地阅读并评论了这本书的部分内容。

我非常感谢在我职业生涯的每个阶段都有杰出的科学家来引领我。尼古拉斯·麦金托什于 2015 年去世，此前他帮助我完成了在剑桥大学的本科学业，并给了我进入学术界的信心。菲尔·赫斯本兹是我的哲学博士导师，他让我可以自由地探索，同时又给予足够的关心和指导。2014 年去世的杰拉尔德·埃德尔曼，在我做博士后研究时指导了我 6 年多的时间。在他的引导下，我对意识的兴趣最终变成了我的工作。我还要感谢玛格丽特·博登、安迪·克拉克、丹尼尔·丹尼特和汤玛斯·梅辛革，多年来，他们都对我产生了非凡的影响和启发。

以下同人承担了详细阅读和评论本书早期完整草稿的任务。衷心感谢蒂姆·贝恩、安迪·克拉克（再次感谢）、克劳迪娅·菲舍尔、雅各布·豪威和默里·沙纳汉。他们的想法和建议使我受益匪浅。我也非常感谢卡尔·弗里斯顿、马尔切洛·马西米尼、汤玛斯·梅辛革（再次感谢）、阿尼鲁德（阿尼）·帕特尔和安卓恩·欧文，他们在相关章节给了我详细的建议。非常感谢史蒂夫·韦斯特的精美插图。感谢巴巴·布林克曼，他的语言天赋对我一直是一种极大的鼓舞。与他合作《意识说唱指南》万分荣幸。感谢迈克尔·卡特带我去他的手术室见证大脑半球的切开术。感谢大卫·埃德尔曼和格拉齐亚诺·费奥里托把我带进章鱼的世界，感谢伊恩·切尼和劳里·桑托斯把我带进猴子的世界，感谢路易丝·施赖特尔把我带进另一个完全不同的世界。

多年来，很多人的建议、想法和支持帮助了我。在这里，我只能列举其中一些人。感谢阿尼尔·阿南塔斯瓦米、克里斯·安德森、伯纳德·巴尔斯、丽莎·费尔德曼·巴雷特、伊莎贝尔·贝恩克、特里斯坦·贝金斯坦、约书亚·本希奥、希瑟·柏林、马特·伯格曼、大卫·别洛、罗宾·卡哈特－哈里斯、奥利维亚·卡特、大卫·查尔默斯、克雷格·查普曼、阿克塞尔·克里曼斯、雅典娜·德默茨、史蒂夫·弗莱明、埃里奥斯·佛塔斯、夫赖代·富特博尔、克里斯·弗里思、尤塔·弗里思、亚力克斯·嘉兰、玛丽安娜·加尔扎、梅尔·古德尔、安娜卡·哈里斯、山姆·哈里斯、尼古·汉弗莱、罗布·伊尔利夫、罗宾·因斯、约翰·艾弗森、尤金·日希科维奇、亚历克西斯·约翰森、罗伯特·肯特里奇、克里斯托夫·科赫、锡德·库韦德尔、杰夫·克里奇马、维克多·拉梅、刘克顽、史蒂文·洛雷、拉斐尔·马拉奇、达尼希·马苏德、西蒙·麦格雷戈、佩德罗·梅迪亚诺、露西亚·梅洛尼、利亚德·穆德立克、菲尔·纽曼、安格斯·尼斯比特、梅根·彼得斯、乔瓦尼·佩祖罗、托尼·普雷斯科特、布莱克·理查兹、费尔南多·罗萨斯、亚当·卢瑟福、蒂姆·萨特斯维特、汤姆·史密斯、纳拉亚南·斯里尼瓦桑、凯瑟琳·塔隆－鲍德里、朱利奥·托诺尼、土谷尚嗣、尼克·特克－布朗、露西娜·乌丁、西蒙·范加尔、布鲁诺·范斯温德伦、阿妮奇·维尔霍特、保罗·弗舒尔、露西·沃克、奈杰尔·沃伯顿、丽莎·韦斯特伯里、马丁·沃克。

这些年来，这些人用各种方式纠正了我的错误。这并不是说他们同意我所说的。书中可能出现的任何错误和愚蠢之处都由我一个人来承担责任。

如果没有维康基金、莫蒂默·萨克勒医生和特蕾莎·萨克勒基金会以及加拿大高级研究所（我和另一位科学家共同指导加拿大高级研究所关于大脑、心智和意识的研究项目）的支持，我不可能写出这本书。我非常感谢他们支持我和我的团队所进行的研究。感谢萨塞克斯大学多年来为我提供的良好学术环境。

最后我要感谢我的经纪人和编辑。詹克洛与内斯比特公司的威尔·弗朗西斯，从一开始他们就鼓励我写这本书，帮助我策划了这个选题，找到了优秀的编辑，并且全程指导了整个写作过程。同样感谢那些优秀的编辑：费伯出版社的罗文·柯普和劳拉·哈桑，企鹅出版集团达顿公司的斯蒂芬·莫罗，以及文字编辑埃莉诺·里斯。

注　释

前　言

1. 对死亡的沉思（Barnes，2008）。

第一章　真正的问题

1. 全局工作空间理论（Baars, 1988；Dehaene 和 Changeux, 2011；Mashour 等，2020；Shanahan，2010）。

2. 行为灵活性的程度：另一种思考全局工作空间理论的方式是将它看作一种关于"通达意识"而非"现象意识"的理论。现象意识指的是经验，通达意识强调认知功能而非经验。当心理状态是"通达意识"的时候，意味着在这种心理状态下，包括推理、决策和行为控制在内的各种认知功能都可以正常运作（Block，2005）。

3. 高阶思想理论：高阶思想理论的种类繁多（R.Brown 等，2019；Fleming，2020；Lau 和 Rosenthal，2011）。

4. "基因"的定义随着分子生物学的进步而发生了相当大的变化（Portin，2009）。

5. 大卫·查尔默斯对于意识的"难题"的描述（Chalmers，1995）。

6. 查尔默斯将意识的这个难题与所谓的一个简单问题（或一些简单问题）进行了对比：最近，查尔默斯提出了"意识元问题"，即为什么人们认为存在意识的难题（Chalmers，2018）。元问题实际上是简单问题的一种形式，因为它涉及解释行为，尤其是解释那些相信存在意识难题的人的言语行为。我喜欢元问题的一点是，无论人们是否觉得意识本身具有形而上学性，我们都可以认识到它是一个问题，并对其进行研究。

7. 机制可以被定义为这样一个系统，系统中各个部分可以有因果地相互作用，并产生效应（Craver 和 Tabery，2017）。

8. 即使我们已经解释了与体验密切相关的所有功能的表现（Chalmers，1995）。

9. 它们可以被视为同义词：物理主义和唯物主义之间的区别在很大程度上是历史性的。唯物主义比物理主义这个词更为古老。一些人还认为物理主义是一个"语言论题"（即每个语言陈述等同于某个物理陈述），而唯物主义是关于事物本质的一般主张（Stoljar，2017）。

10. 许多认为物理主义是理所当然的人也认为功能主义是理所当然的：尽管大多数功能主义者都是物理主义者，但也存在功能主义者并非物理主义者的可能。

11. 大脑完全不同于计算机：马修·科布（Matthew Cobb）的《大脑的理念》（*The Idea of the Brain*，2020）讲述了如何根据当今的主流技术来解释大脑功能的运作情况（反之亦然）。该著作十分有趣，引人入胜。

12. 一台会下围棋的计算机（Silver 等，2017）：同名电影《阿尔法围棋》（*AlphaGo*）生动地描述了原始程序 AlphaGo 的故事（参见 https://www.alphagomovie.com/）。有人可能会争辩，这些程序应该被更准确地描述为"它们并非围棋本身，也不是自己下棋，它们只是记录和使用某些人以前使用过的下棋方法"。

13. 这里有一个有效的问题：这个论证的更复杂版本由约翰·西尔（John Searle）在他著名的"中文房间"思想实验中提出。我没有在这里使用这个例子，因为西尔的论证主要针对智能（或"理解"），而不是意识（Searle，1980）。

14. 经验主义的"死胡同"：哲学家约翰·佩里（John Perry）说："如果你对意识思考得足够久，你要么成为泛心灵主义者，要么进入管理层。"也许问题仅在于思考，而不是实践（科学）。有关证明泛心灵主义的书，我推荐菲利普·戈夫（Philip Goff）的《伽利略的错误》（*Galileo's Error*，2019）。佩里的引语出现在奥利维亚·戈德希尔（Olivia Goldhill）2018 年在 *Quartz* 发表的一篇文章中（参见 qz.com/1184574/the-idea-that-everything-fromspoons-to-stones-are-conscious-is-gaining-academic-credibility）。

15. 神秘主义（McGinn，1989）。

16. 人类永远无法理解的事实：反对某些事物永远超出人类理解范围的观点（Deutsch，2012）。

17. 最理智的真诚：还有一种"主义"值得一提，虽然它与书中讨论的那些主义相比更加非正式化。幻觉主义是一种观点，即（现象的）意识是内省的幻觉——当我们自我观察与反省自己的意识状态时，我们以为自己的意识状态具有现象属性（即感质），但实际上自己的意识状态根本不具有现象属性。有一种解读称，幻觉主义认为意识状态实际上并不存在。我个人并不赞成这样的解读。另一种我赞成的解读称，幻觉主义认为意识经验存在，但并不是我们所想象的那样。这种幻觉主义的解读是否与我在本书中要说的内容相一致尚不可知。关于幻觉主义的更多信息，请参见 Frankish（2017）。

18. 任何有意识的体验：至少存在两种类型的"哲学僵尸"。"行为僵尸"在外部行为方面与其意识对应物无法区分。而"神经僵尸"增加了额外的幻想，即肉体与有意识的生物完全相同。"神经僵尸"具有相同的内部结构，它由电化学湿件构成，这种电化学湿件与有意识的生物一模一样。所有类型的僵尸都完全缺乏意识。

19. 一个庞大网络（Gidon 等，2020；Herculano-Houzel，2009）。

20. 想象难以想象的事物：僵尸的支持者可能会回应说，考虑到物理定律，重要的是它们的逻辑可能性，而不是它们在这个特定宇宙中的可想象性。我并不同意这种说法。可能在另一种气动原理的情况下，在逻辑上存在 A380 逆向飞行的可能，但是接受这一点并不能揭示实际生活中真正的 A380 如何在物理和气动学的法则下飞行。我想知道的是，一个真实的大脑（以及身体等），如何在这个宇宙的物理定律的指导下塑造和产生意识体验。

21. 许多人的见解："真正的问题"这种表述方式并不新鲜，至少不完全新鲜。查尔默斯本人在"映射问题"（Chalmers，1996）和"结构连贯性原则"（Chalmers，1995）的概念中描述了类似的策略，这是他对难题的最初描述的一部分。此外，"神经现象学"领域有一系列长期且具有极大影响力的工作，试图将现象学属性与大脑及其活动的各个方面相匹配（Thompson，2014；Varela，1996）。然而，这些立场之间存在着重点上的差异（Seth，2009、2016）。

22. 有关意识的文章不值得一读（Sutherland，1989）。

23. 成为意识科学兴起的主流方法（Crick 和 Koch，1990）：在同一时间，美国哲学家丹尼尔·C. 丹尼特（Daniel C. Dennett）出版了具有影响力的著作《意识的解释》（*Consciousness Explained*，1991）。在 20 世纪 90 年代初阅读这本书对我来说是一个转折点。它是一本有吸引力且富有启发性的读物。有关意识科学历史的更多信息，请参见 LeDoux 等（2020）和 Seth（2017、2018）。

24. 最小神经机制（Crick 和 Koch，1990）。

25. 这种特定体验的 NCC：需要注意的是，NCC 通常被解释为与特定的脑区相关，但并非如此。NCC 的定义涉及一种可以在多个脑区实施的神经机制。对于给定的 NCC，涉及的脑回路甚至可能随着时间的推移而发生变化（G.M.Edelman 和 Gally，2001）。

26. 伴随着意识感知的大脑活动：这里的一个微妙之处在于，在双眼竞争研究中显示的脑区通常与意识知觉之间的转换相关，这很重要，因为变化的知觉与知觉的变化并不是同一回事（Blake 等，2014）。这一区别在本书第六章有详细叙述。

27. NCC 是困难的：这些问题多年来一直被讨论，但通常要么被认为无关紧要而被忽视，要么被掩盖起来。2012 年的两篇论文最终明确了这个问题（Aru 等，2012；de Graaf 等，2012）。

28. 不应与负责意识感知本身的神经机制相混淆：一些实验努力试图区分意识知觉和注意力，以及行为报告。在所谓的"无报告"范式的实验中，志愿者不会对他们的知觉进行行为报告，这些研究的结果尤其有趣。在许多这些研究中，剩余的 NCC 不包括额叶大脑区域，这些区域是全局工作空间理论和高阶思想理论等理论的核心。近期的讨论可参考 Frässle 等（2014）、Tsuchiya 等（2015）、Raccah 等（2021）。

29. 令人完全满意的意识体验科学：另一个实现这种雄心的尝试来自哲学家苏珊·赫利（Susan Hurley）和阿尔瓦·诺埃（Alva Noë），他们区分了"比较性"的解释鸿沟和"绝对性"的解释鸿沟。前者涉及解释不同体验为什么具有特定的现象学属性，而后者是关于为什么存在意识现象以及它如何存在的（困难）问题。我们可以将真正的问题视为详尽解决比较性解释鸿沟，从而解决甚至消除绝对性解释鸿沟（Hurley 和 Noë，2003）。

30. 生命主义者认为：生物有别于非生物实体，因为它们包含某些非物质元素或受到某些原则的支配，而无生命物体受到与之相比截然不同的原则的支配（Bechtel 和 Williamson，1998）。即使在今天，大多数学龄前儿童仍然倾向于相信生命主义的解释而非其他更现代的解释（Inagaki 与 Hatano，2004）。哲学家帕特里夏·柴奇兰（Patricia Churchland）尤其深入地探讨了生命主义与意识科学之间的历史相似之处（Churchland，1996）。

31. 一个令人惊奇的解决方案：对尤里卡解决方案的渴望可能部分解释了基于量子力学的意识理论的持久吸引力，其中大部分可以追溯到数学家罗杰·彭罗斯（Roger Penrose）于 1989 年出版的《皇帝的新思维》（*The Emperor's New Mind*）一书。虽然不能排除未来某种基于量子的理论可能对意识提供有用的观点，但迄今为止的尝试在我看来似乎表现出一种错误的三段论：量子力学是神秘的，意识也是神秘的，因此它们必定有关系。

第二章　测量意识

1. 约阿希姆·达伦斯：参见 www.encyclopedia.com/science/dictionaries-thesauruses-pictures-and-press-releases/dalence-joachim。

2. 《发明温度》（H. Chang，2004）。

3. 同样的方法也适用于意识吗：第一个提出并回答这个问题的研究者可能是托马斯·亨利·赫胥黎（Thomas Henry Huxley，"达尔文的斗牛犬"）。在 1870 年的一次演讲中，他说："我相信我们迟早会找到意识的机械等效物，就像我们找到了热量的机械等效物一样。"（Cobb，2020）。

4. 使有可能改变科学认识的定量实验成为可能（Seth 等，2008）。

5. 每天有超过 400 万人使用麻醉剂（Weiser 等，2008）。

6. "双谱指数"监视器（Myles 等，2004）。

7. "双谱指数"监视器仍然存在争议（Nasraway 等，2002）。

8. 神经元数量是大脑其他部分总和的四倍（Herculano-Houzel，2009）。

9. 没有任何理由怀疑他们是否有意识（Lemon 与 Edgley，2010）：小脑经常作为"感兴趣的脑区"出现在神经影像研究中。一般来说，这些发现不被讨论，因为小脑并非实验的焦点，所以研究人员对此不知道该说什么。

10. 大脑能量消耗存在差异（DiNuzzo 和 Nedergaard，2017）。

11. 这些穿越时间和空间的模式的复杂度（Ferrarelli 等，2010；Massimini 等，2005）。

12. 压缩的表征：要创建一个全为 1（或全为 0）的序列的压缩的表征，对于长度为 n 的序列，你只需要指定初始的 1（或 0），然后指定 n 次重复即可。而完全随机的序列则无法进行任何压缩，你必须准确

指定每一个 1 和 0 的位置才能精确地重现它。包含一定可预测结构
的序列将在压缩表征中位于中间位置。最优压缩表征的长度被称为
"科尔莫哥罗夫 – 查伊廷 – 所罗门诺夫复杂性"（Kolmogorov-Chaitin
Solomonoff complexity），简称 LZW。LZW 复杂性近似长度并提供
了该数量的上限值。

13. 里程碑式的研究（Casali 等，2013）。

14. 一系列研究：我们确保 LZW 复杂性的变化并非其他不重要的脑电
图信号变化的反映（这些脑电图信号变化在意识丧失的时候发生），
比如低频"δ"波的功率增加。科学家早就发现了这种变化在睡眠
期间发生。

15. 相同的结果模式（Casarotto 等，2016）。

16. 确定脑损伤病人意识状态的标准临床方法：例如广泛使用的格拉斯
哥昏迷评分（Teasdale 和 Murray，2000）。

17. 这种罕见的疾病会随着脑干的损伤出现：脑干的一部分——脑桥，
这个部位的损伤是导致闭锁综合征最常见的原因。脑桥包含了连接
脊髓与其他脑部区域的重要神经途径。

18. 《潜水钟与蝴蝶》（Bauby，1997）：你可能认为被困在里面比死还要
糟糕，有些人在这种情况下确实认为生活令人无法忍受，但令人惊
讶的是，很大一部分人报告其生活质量还是不错的（Rousseau 等，
2015）。这凸显了从外部表象判断内在状况的危险性。

19. 关于"文化忽视"的奇怪案例：相关故事可参见 www.humanbrain-
project.eu/en/follow-hbp/news/measures-of-consciousness-and-a-tale-
of-cultural-loss。

20. 欧文得出结论（Owen 等，2006）：Adrian Owen 在他的著作《进入
灰色地带》（Owen，2017）中讲述了他团队的的发现的故事，及其
对医学和意识研究的影响。

21. 费力的沟通方式（Monti 等，2010）：鉴于患者在这种情况下只能
回答"是"或"否"，研究人员在选择问题时必须非常小心。询

问某人是否感到疼痛是合理的，但询问他们是否希望继续活下去呢？这里有许多伦理困境。2016 年，作家 Linda Marshall Griffiths、制片人 Nadia Molinari 和我一起创作了一部音频剧《广袤无垠的天空》（*The Sky Is Wider*），探索了这些问题。参见 https://www.lindamarshallgriffiths.co.uk/the-sky-is-wider-best-single-drama。

22. 最近的一项分析（Naci 等，2017）。

23. 这是意识和温度之间的类比受到限制的一个方式：更加广为人知的例子是试图通过单一尺度（如"智商"）来定义和衡量智力的。在个体、文化和物种之间看到的智力行为的多样性使这个项目一直陷入困境。想了解多维度描述意识水平的方法，请参见 Bayne 等（2016）。

24. 研究人员能够在清醒梦境中通过眼球运动与人交流（Konkoly 等，2021）。

25. 瑞士化学家艾伯特·霍夫曼（Albert Hofmann），他在从巴塞尔山德士制药公司的实验室回家的途中，记录了这些变化有多么戏剧性：参见艾伯特·霍夫曼《迷幻药 – 我的麻烦孩子》（*LSD-My Problem Child*），http://psychedeliclibrary.org/child1.htm。

26. 直到 21 世纪初，才有实质性的新研究重新启动：了解更多相关历史请参见迈克尔·波兰（Michael Pollan）的《如何改变你的思维》（*How to Change Your Mind*，2018）。

27. 大脑动力学的显著改变（Carhart-Harris 等，2012）。

28. 高时间分辨率：脑磁图（MEG）和脑电图（EEG）数据通常具有非常高的时间分辨率，大约为毫秒级，因为它们直接反映了神经元群体的电活动。相比之下，功能磁共振成像（fMRI）速度非常慢，其自然时间尺度为秒。一部分原因是典型的 MRI 扫描仪的操作速度较慢，通常每隔一两秒进行一次测量，另一部分是因为 fMRI 测量的血氧信号具有较慢的时间尺度。

29. 与安慰剂对照组相比，裸盖菇素、LSD 和氯胺酮导致意识的水平有所提高（Schartner 等，2017）。另一项较新的研究发现了 DMT 的相同结果模式（Timmermann 等，2019）。

30. 迷幻状态下的大脑活动随着时间的推移变得更加随机：在由 Lionel Barnett 主持的后续研究中，我们发现迷幻状态导致了皮质区域之间的"信息流"显著减少。这再次表明迷幻状态中感知结构的丧失（Barnett 等，2020）。

31. 1998 年，朱利奥·托诺尼和我的前老板兼导师杰拉尔德·埃德尔曼（Gerald Edelman）在《科学》杂志上发表了一篇论文：埃德尔曼于 2014 年去世——像很多人一样，我也写了一篇讣告，向这位极具影响力的科学家致敬（Seth，2014）。

32. 这些似乎都以一种不可避免的基本方式联系在一起：一些哲学家对意识体验必然是统一的假设提出了质疑（Bayne，2010）。裂脑患者的大脑半球进行了手术分离，所以研究者经常提出这样的观点——这些人可能具有非统一的意识。有关此事的更多信息请参见本书第三章。

33. 神经复杂度（Tononi 等，1994）。

34. 因果密度（Seth 等，2011、2006）。

35. 完善数学方面：有关神经科学背景下复杂性度量的比较，请参见 Seth 等（2011）和 Mediano 等（2019）。

36. 以不同但相关的原则为基础的其他测量方法（Demertzi 等，2019；Luppi 等，2019）。

第三章　菲尔（Φ）

1. IIT 认为，主观体验是一种因果模式的属性（Tononi，2008、2012；Tononi 等，2016）：有关更为通俗易懂的 IIT 简介，请参见 Koch（2019）。

2. 我花了很多时间来捍卫我最近一篇论文的观点（Seth 等，2006）。

3. NCC 方法的前倡导者克里斯托夫·科赫称其为"在最终解决古老的

身心问题方面迈出的巨大一步"：参见 www.scientificamerican.com/article/is-consciousness-universal。

4. 危险的直觉：例如，Scott Aaronson 的批评，参见 www.scottaaronson.com/blog/?p=1799。

5. 该理论的主要观点：Φ 也可以被看作是衡量"涌现"属性的一种方式。涌现是一个非常普遍的概念，指的是宏观特性（例如鸟群）是如何从微观组成部分（个体鸟类）产生或与它相关的。请参见 Hoel 等（2013）、Rosas 等（2020）、Seth（2010）。

6. 基于温度的意识观的终极表达：Tononi 和 Koch 自己也用过这个比喻（Tononi 和 Koch，2015）。

7. 一个系统无法拥有高 Φ 的方式：这些是根据 Tononi（2008）进行调整的。

8. 把传感器切成一堆（因果关系独立的）光电二极管，它也能很好地工作：这是初步的估计，这种估计忽略了一些可能适用于整个阵列的因素，诸如对比度调整等。

9. 手术分割：裂脑手术涉及切断连接大脑半球的大束神经纤维，即胼胝体。手术可以成功地缓解严重的癫痫，但随着其他无须裂脑的治疗方式越来越多地出现，现在很少进行裂脑手术。裂脑患者保留了一定程度的半球间连接，但为了更好地理解本例，让我们想象他们的整个大脑被切成两半。请参见 de Haan 等（2020）。

10. IIT 巧妙地解释了许多关于意识水平的观察（Tononi 等，2016）。

11. IIT 提出了关于意识的公理：除了整合公理和信息公理外，IIT 还提出了其他三个公理：意识的存在，它由许多元素组成，以及它独占特定的时空尺度（Tononi 等，2016）。哲学家蒂姆·贝恩（Tim Bayne）对 IIT 进行了批评，他的观点是：IIT 提出的公理（特别是关于"排他性"的最后一个公理）可能并非不证自明的正确（Bayne，2018）。

12. 测量不确定性的减少：在信息论中，使用熵来衡量不确定性的减少。熵（通常用 S 表示）是系统可能处于的不同状态数量以及每个状态发生的概率的函数。它由方程 $S = -\sum_k \log(P_k)$ 给出。简单来说，就系统的每个状态（k）而言，你将该状态发生的概率与该概率的对数相乘，然后将这些值在所有状态上求和。对于给定的系统，当每个状态的概率相等时，熵最高。一个真实的骰子的熵约为2.5 比特（当对数以 2 为底时）。而一个作弊的骰子将具有较低的熵。

13. 知道一个机制的所有信息：因此，系统的 Φ 值更多是关于机制（如何被连接）而不是关于动力学（它的功能）。事实上，IIT 的最新版本用"不可简化的因果能量"来描述 Φ，这项主张关于机制而不是动力学（Tononi 等，2016）。

14. 划分系统：从技术上讲，这种划分被称为"最小信息分割"。关于如何处理不同大小的分割还存在一些棘手的问题，因为较大的分割由于具有更多的元素而生成更多的信息。

15. 一个国家会比另一个国家更有意识吗：根据 IIT，如果 Φ 在一个跨越整个国家的时空尺度上达到最大值，那么"意识的国家"可能会出现，个体的人可能类似于大脑中的神经元。这种情况将具有奇特的含义，即一旦一个国家有意识，其个体元素——人，将不再具有个体意识。美国哲学家埃里克·施维茨盖贝尔（Eric Schwitzgebel）曾探讨过这种奇特的情景，可参见 schwitzsplinters.blogspot.com/2012/03/why-tononi-should-think-that-united.html。

16. 通过使用激光或 LED 阵列照射转基因动物的大脑（Deisseroth，2015）。

17. 完成这项工作：参见 www.templetonworldcharity.org/acceleratingresearch-consciousness-our-structured-adversarial-collaboration-projects。"不活跃"与"被失活"的实验是由 Umberto Olcese 和 Giulio Tononi 提出的。

18. "它源自比特"的观点（Wheeler，1989）。

19. 我们的 Φ 的各种版本（Barrett 和 Seth，2011；Mediano 等，2019）：在数学上，我们的测量基于系统的经验分布，而不是系统最大熵分布。

20. 它是如何发展的：一个有趣的提议是，视觉经验的普遍"空间性"可以通过视觉皮层的较低层次中发现的网格状解剖结构来解释（Haun 和 Tononi，2019）。

第四章 从内向外感知

1. 就连通性而言，每一层的信号汇聚于上一层：感知层次并非完全相互隔离。一个很好的经验法则是，距离外周感觉系统越远，跨模态交互就越多。请参见 Felleman 和 Van Essen（1991）、Stein 和 Meredith（1993）。

2. 最近使用功能磁共振成像等神经成像方法进行的实验也揭示了人类大脑的类似情况（Grill-Spector 和 Malach，2004）。

3. 视觉计算理论（Marr，1982）。

4. 令人印象深刻的表现水平（He 等，2016）。

5. 用哥白尼式的革命来说明事物看起来的样子不一定就是它本来的样子（Anscombe，1959）。

6. "判断和推理"的过程来自伊本·海什木（Ibn al-Haytham）的《光学》（*The Optics*），约 1030 年，由 Sabran（1989）翻译。Jakob Hohwy 在《预测性思维》（*The Predictive Mind*，2013）中对此历史进行了更详细的叙述。

7. 亥姆霍兹认为自己为康德的见解提供了一个科学的版本（Swanson，2016）。

8. 来自富裕家庭的孩子则不会（Bruner 和 Goodman，1947）。

9. 感知内容（Gregory，1980）。

10. 理论在细节上有所不同（Clark，2013、2016；Hohwy，2013；Rao 和 Ballard，1999）。

11. 自上而下的预测：可以说，并非所有的预测都是自上而下的，预测误差也不一定是自下而上的。"自上而下的预测"可以被看作反映感知推理的全局和稳定方面的约束条件（Teufel 和 Fletcher，2020）。

一个有关感知约束的例子可能是：自然图像中过度呈现垂直和水平方向。阴影对亮度的影响也可能是一种自下而上的预测约束。

12. 丹尼特所指出的（Dennett，1998）：这里还有另一个例子，为了听音乐，我们不需要在头脑中设一个小乐队和一个复杂的颅内麦克风系统。丹尼特还创造了"心理构想"的理想说法。

13. 色彩是我们的大脑与宇宙相遇的地方（Gasquet，1991）：这段引文出自保罗·克利（Paul Klee）。

14. 认同自己的幻觉：非常感谢说唱艺术家巴巴·布林克曼（Baba Brinkman）提供了这样一句关于现实的、具有挑衅的语录。本书第六章对"什么是真实"的感知进行了更多探讨。

15. 我最近与人合写了一本关于视觉错觉的书：Biyu He 和同事最近的一项研究观察了穆尼（Mooney）图像在被识别与不被识别的情况下神经动力学的差异。请参见 Flounders 等（2019）。

16. 这些假说和其他上千种假说（Brainard 和 Hurlbert，2015；Witzel 等，2017）。

17. 这改变了你有意识地看到的东西：《眼睛的迷幻》（Eye Benders）（Gifford 和 Seth，2013）。

18. 引人注目的听觉例子：克里斯·达尔文在 www.lifesci.sussex.ac.uk/home/Chris_Darwin/SWS 网站上有一些出色的正弦波语音示例。我在 2017 年的 TED 演讲中使用了另一个例子，网址为 www.ted.com/talks/anil_seth_your_brain_hallucinates_your_conscious_reality。还有听觉上的"蓝黑白金裙"等效物。其中一个例子是关于某种声音的，有些人听到的是"Yanny"，而其他人听到的是"Laurel"（Pressnitzer 等，2018）。在 2020 年，TikTok 上出现了一个视频，其中一个廉价玩具发出模糊噪音，你听到的或许是"green needle"，又或许是"brainstorm"，取决于你正在阅读哪些单词（参见 time.com/5873627/green-needle-brainstorm-explained）。

19. 感知体验是建立在基于大脑的预测之上的：阅读 de Lange 等

（2018）的一篇综述，了解期望如何塑造感知的实验。

20. 以这种方式理解的准确（"不虚伪"）的感知是一种妄想：对于思考感知的真实性，另一个有用的启发是外周视觉——远离你凝视中心（中央视觉）的视野部分。视觉外周区域的光感受器密度要低得多，然而外周的视觉体验似乎并不模糊。这是否意味着外周视觉比中央视觉更不真实，因为它呈现了"锐度幻觉"（或更具体地说是"非模糊幻觉"）？不是的！锐度和模糊是感知体验的属性，他们取决于感官数据，这些感官数据与视觉系统每个部分相关。请参见Haun（2021）进行的一个启发性的讨论，参见Lettvin（1976）了解历史背景，以及Hoffman等（2015）对感知（非）真实性的广泛讨论。

21. 洛克提出，一个物体的主要性质是那些独立于观察者而存在的特性：约翰·洛克（John Locke），《人类理解论》（*An Essay concerning Human Understanding*，1689），第14版（1753）。尽管颜色的例子是直观的，哲学家们一直在积极讨论它是否真的算作次要性质（Byrne和Hilbert，2011）。在哲学文献中还出现了一种相关的区别，即不同种类的"种类"——区别在于某些东西存在的必要条件。例如，货币需要社会约定才能存在，因此是"社会种类"。水不需要社会约定就能存在，因此是"自然种类"。

第五章　概率的巫师

1. 概率的巫师：再次感谢饶舌歌手巴巴·布林克曼（Baba Brinkman），受他启发，我得出了这个标题。这个标题来自他的《意识的说唱指南》（*Rap Guide to Consciousness*，2018），我是其中的科学顾问。参见 https://bababrinkman.com/shows/#consciousness。

2. 草坪湿漉漉的：这个例子改编自 F.V.Jensen（2000）。要全面了解演绎推理，最好阅读彼得·利普顿（Peter Lipton）的《推理到最佳解释》（*Inference to the Best Explanation*，2004）。

3.　规则本身很简单：以下是贝叶斯规则的通常写法：

$$p(H|D) = \frac{p(D|H) * p(H)}{p(D)}$$

$p(H|D)$ 是后验概率——在给定数据 D 的情况下，假设 H 成立的概率，$p(H|D)$ 是似然概率——在给定假设的情况下，数据出现的概率，$p(H)$ 和 $p(D)$ 分别是假设和数据的先验概率。需要注意的是，计算 $p(D)$ 的数值可能很困难，但幸运的是通常并不需要它。如果你想在一系列后验概率中找到最具有可能性的后验概率，那么所有的 $p(D)$ 会相互抵消，所以你不需要计算 $p(D)$ 的数值。

4.　错误地认为自己得了一种严重的疾病：2009 年，美国政府因为这个原因建议不要对 40 多岁的女性进行大规模的乳腺癌乳房 X 线筛查。当时的乳腺 X 线照片对乳腺癌的敏感性约为 80%，这意味着在这个年龄组的检测者中，约有 80% 在进行筛查时能被检测出来乳腺癌。但是这些检测结果还显示约 10% 没有患病的女性被误判为有乳腺癌。至关重要的是，乳腺癌在这个年龄组的发病率非常低，约为 0.04%。应用贝叶斯规则，将这个发病率作为先验概率，我们可以计算出在乳腺 X 线照片显示呈阳性的情况下患有乳腺癌的概率仅约为 3%。在每 100 个呈阳性的女性中，有 97 个是没有乳腺癌的，她们将经历不必要的焦虑，同时还可能需要进行昂贵且具有侵入性的额外检查。从这个故事中可以得出一个道德教训，那就是：我们需要提高测试的敏感性和特异性，而现在乳腺 X 线照片确实比以前好得多。最近一项英国研究表明，在 40 多岁的女性中进行筛查可能是值得的（McGrayne，2012；Duffy 等，2020）。

5.　贝叶斯推理在各种情况下都得到了极大的应用：莎伦·麦克格雷尼（Sharon McGrayne）的《不朽的理论》（*The Theory That Would Not Die*，2012）精彩地叙述了贝叶斯分析所引发争论的历史。

6.　在科学哲学中，贝叶斯观点与匈牙利哲学家伊姆雷·拉卡托什（Imre Lakatos）的观点最为相似：有关更多信息，请参见 Lakatos

（1978）和 Seth（2015）。

7. 推翻我的贝叶斯信念：向保罗·弗莱彻（Paul Fletcher）和克里斯·弗里斯（Chris Frith）致敬，他们对精神分裂症幻觉和妄想的贝叶斯理论提出了同样的观点（Fletcher 和 Frith，2009）。

8. 有些事情必定会发生：严格来说，X 是一个随机变量，因为其值由概率分布决定。在正文的图例中，概率分布的例子是一个连续概率分布（也称为"概率密度函数"），因为 X 可以在允许范围内取任何值。如果 X 只能取特定的值，例如"正面"或"反面"，那么我们将得到一个离散概率分布。

9. 大脑对这种概率估计的置信度：有两种方式解释贝叶斯信念与大脑之间的映射关系。不太令人信服的版本是，作为外部观察者，我们使用这些信念来向我们表征事物，就像我们可能使用物理地图来表示我们的周围环境一样。从这个观点来看，观察到的神经活动可以向我们（即科学家）呈现某些情况。更令人信服的解释是，大脑使用这些信念（或类似它们的东西）来向大脑自己表征事物。第二种解释是"贝叶斯大脑"假设的典型例子，也是大脑作为预测机器思想的核心。在整个认知科学和神经科学中，研究者未能区分贝叶斯信念"表征"的这两种含义一直是混淆的根源（Harvey，2008）。

10. 我们的感知便会由所有自上而下的预测的内容一起给出：有些人将自下而上和自上而下的路径分别称为"前馈"和"反馈"。从预测加工的角度来看，这是错误的。在工程中，"反馈"通常与用于调整"前馈"控制信号的误差信号相关联。因此，在预测加工中，自下而上的连接是"反馈"连接，因为这些连接传递了误差信号。更进一步让情况复杂化的是，正如前面提到的，一些（全局的、稳定的）预测可能嵌入在自下而上的信号中，而自上而下的连接传递的是预测误差（Teufel 和 Fletcher，2020）。

11. 预测加工：在本书中，我使用预测加工作为一个广义化的名称，代表了各种理论，包括但不限于预测编码，其中包括了预测误差最小化的核心机制。我这样做并不意味着贬低它们之间的差异，这些差异是有趣且重要的（Hohwy，2020）。

12. 试图将这些误差最小化：从贝叶斯的角度来看，生成模型由先验和似然的组合来指定。将其视为假设和数据的联合概率，p（H，D）。这种表达从数学上证明了预测误差最小化近似贝叶斯推断的说法（Buckley 等，2017）。

13. 进一步下降到对颜色、纹理和边缘的预测：层级预测误差最小化认为，大脑中参与感知的部分应该具有丰富的自上而下的连接，传递来自更高层级的信号至较低层级。许多研究已经证明了这一点（Markov 等，2014）。从自下而上的感知角度很难解释这种丰富的自上而下连接的存在。

14. 精度加权（Feldman 和 Friston，2010）：通过改变精确性的先验（即所谓的超先验）来实现精确性加权，以增加或减少推断得到的精确性。

15. 心理学家丹尼尔·西蒙斯制作了一个著名的视频演示了这种现象（Simons 和 Chabris，1999）。

16. 像凭空出现一样：参见 Kuhn 等（2008）对心理学和魔术的综述。

17. 我们感知周围的世界，以便在其中有效地行动：我在苏塞克斯大学的同事安迪·克拉克（Andy Clark）长期以来一直倡导"以行动为导向"的预测加工形式。他在 2016 年出版的 *Surfing Uncertainty*（2016）是一本具有里程碑意义的书。

18. 把大脑想象成从根本上产生行动：正如神经科学家吉奥尔吉·布兹萨基（György Buzsáki）在他的书《由内而外的大脑》（*The Brain from Inside Out*）中所提出的观点，这一观点对实验神经科学提出了挑战，同时也带来了新的机遇。尽管并非所有人，但大多数实验者通过研究大脑对外部刺激的活动来研究大脑，而不是将其作为一个本质上具有动态活跃性的系统（Buzsáki，2019；Brembs，2020）。

19. 主动推理（Friston 等，2010）。

20. 良性循环：基于此，我与我的萨塞克斯大学同事亚历山大·昌茨（Alexander Tschantz）、克里斯托弗·巴克利（Christopher Buckley）和贝伦·米利奇（Beren Millidge）一直在开发新的机器学习算法，能够从少量数据中学习生成模型（Tschantz 等，2020）。有趣的是，"自下而上"的预测（Teufel 和 Fletcher，2020）在这种情况下有一个非常广阔的应用前景。它与机器学习中的强大技术"摊销"相关，通过经过适当训练的人工神经网络的前馈（自下而上）扫描来计算近似贝叶斯后验。

21. 注意力分散：这一观点可以通过实验来进行检验，并且事实证明，在行动过程中，本体感觉的敏感性会降低，这正是预期的结果（C.E.Palmer 等，2016）。伴随行动而出现的感觉减弱也为我们对自己挠痒痒却无法发笑提供了一个巧妙的解释（H.Brown 等，2013）。

第六章　旁观者的分享

1. 洞察内心的时代（Kandel，2012）。

2. 后来由恩斯特·贡布里希（Ernst Gombrich）推广开来（Gombrich，1961）。

3. 旁观者的分享是感知者贡献的那部分感知体验（Seth，2019）。

4. 旁观者的感知涉及自上而下的推理（Kandel，2012）。

5. 《白霜，通往埃纳里的老路》：这一案例由 Albright 在 2012 年编写，并由 Seth 在 2019 年修订。参见 www.wikiart.org/en/camille-pissarro/hoarfrost-1873。

6. 调色板的碎片：这个短语出现在勒鲁瓦的讽刺性评论中，于 1874 年 4 月 25 日发表在 Le Charivari 上，对印象派艺术的评论中，这个评论创造了"印象派"这个术语。

7. 天真的眼睛（Gombrich，1961）。

8. 这些画作成了预测感知以及由这些过程所产生的意识体验本质的实

验：普西亚罗在晚年面临严重的眼部问题。同样，印象派画家克劳德·莫奈（Claude Monet）和埃德加·德加（Edgar Degas）也有类似的遭遇。值得思考的是，他们的视力障碍是否对他们的艺术洞察力产生影响，以及这种影响如何产生。虽然某种影响是可能的，也许他们对光线的模式比对物体的细节更敏感，但另一位画家埃尔·格列柯（El Greco，1541—1614）的一个寓言故事提醒人们就视力障碍对艺术洞察力是否产生影响这一问题应提高警惕。埃尔·格列柯的作品经常包括不自然的细长的人物形象，有人认为这是由于他明显的散光引起的。据这个故事，他之所以画出细长的人物形象，是因为那是他所看到的。但心理学家指出，按照这种逻辑，他也会把他的画布看作细长的，从而抵消了散光的任何影响。这种错误逻辑被称为"埃尔·格列柯谬误"，即使在今天，它仍然让感知研究者们陷入困境（Firestone，2013）。

9. 当我们说印象派画布上的墨迹和笔画突然变得栩栩如生时，我们的意思是我们被引导着将一处风景投射到这些颜料中（Gombrich，1961）。

10. 超越艺术范畴的普遍体验：贡布里希的见解后来得到了作家、评论家和艺术家约翰·伯杰（John Berger）的呼应，约翰·伯杰在他1972年的著作《观看的方式》中以一句话开头："我们所看到的与我们所知道的事情之间的关系永远没有定论。"与持保守文化观念的贡布里希相比，伯杰强调了政治和文化对感知的影响，强调我们所看到的现象可能在人与人之间和群体之间存在差异 (Berger, 1972)。

11. 相比于我们不期待的事物，我们应该更快、更容易地感知我们期待的事物：实际上，这个预测并不那么简单（Press 等，2020）。

12. 连续闪现抑制：这是一种更为人熟知的"双眼竞争"的变体，我在第一章描述过（Blake 等，2014）。

13. 我们的实验（Pinto 等，2015）：我们的研究比这里总结的要复杂。为了尽力排除其他因素，比如人们做出反应的偏见或注意力的偏向，我们进行了大量的对照实验来解释我们的结果。请参见 de Lange 等（2018）对其他类似研究的综述，以及 Melloni 等（2011）对这一领域的重要早期贡献。

14. 通过使用一种名为"大脑阅读"的强大技术分析数据："大脑阅读"涉及对机器学习算法的训练，这种训练的目的是将脑活动划分为不同的类别（Heilbron 等，2020）。

15. 在事物中看到面孔：参见 www.boredpanda.com/objects-with-faces。

16. 建造一个"幻觉机器"（Suzuki 等，2017）。

17. 这样的网络由许多层模拟神经元组成：具体而言，这些网络是深度卷积神经网络（DCNNs），可以使用标准的反向传播算法进行训练（Richards 等，2019）。

18. "深度梦境"算法则相反：在标准的"前向"模式中，图像被呈现给网络，活动通过层次向上传播，网络的输出告诉我们它"认为"图像中有什么。在"深度梦境"的算法和 Keisuke 的改编中，这个过程被颠倒过来。我们固定网络的输出，调整输入，直到网络进入稳定状态。有关详细信息，请参见 Suzuki（2017）。

19. 体验比我预想的更吸引人：完整的幻觉机器体验（通过头戴式显示器观看全景视频）比任何静止图像都更具沉浸感。样本影片参见 www.youtube.com/watch?v=TlMBnCrZZYY。

20. 我们就可以开始理解为什么特定类型的幻觉是这样的：当这些计算模型与关于神经回路的假设相对应时，这种方法可以被称为"计算神经现象学"——它是对 Francisco Varela（1996）的神经现象学的增强版本，现在它还包括"计算"这个因素。基于计算神经现象学方法，Keisuke Suzuki、David Schwartzman 和我正在开发新版本的幻觉机器，它们明确地将生成模型纳入其中，因此更加贴近我们认为在真实大脑中发生的情况。我们的新幻觉机器能够捕捉比原始版本更多样的幻觉体验。

21. 探索物性的原理（Seth，2019）。

22. 画家通过绘画来探索（Merleau-Ponty，1964）。

23. 感觉运动权变理论（O'Regan，2011；O'Regan 和 Noë，2001）：与所有理论一样，这个理论基于大量的先前工作，尤其是詹姆斯·吉布森有关感知如何依赖于具身行动的观点，以及埃德蒙·胡塞尔（Edmund Husserl）和莫里斯·梅洛－庞蒂（Maurice Merleau-Ponty）的哲学现象学。吉布森关于"可供性（可承受性）"的概念捕捉了这样一个思想，即我们以物体所提供的行为可能性来感知物体（Gibson，1979）。胡塞尔提出"感知具有分界，由其他可能的感知组成，如果我们主动引导感知的过程，它们便会成为我们可以拥有的感知"（Husserl，1960）。受胡塞尔的强烈影响，梅洛－庞蒂强调感知经验的具身性方面，他 1962 年所著的《感知现象学》（*Phenomenology of Perception*）具有不可忽视的影响力（Merleau-Ponty，1962）。

24. 我提出"物性的现象学取决于这些有条件的或反事实的预测的丰富性"的观点（Seth，2014）：这是"计算现象学"的又一例证。相关的神经生理学理论请参见 Cisek（2007）的"可供性竞争"。

25. 字素—颜色联觉（Seth，2014）。

26. 故意创建了一系列不熟悉的虚拟物体，每一个都由各种各样的斑点和突出物定义，参与者可以通过一个头戴式显示器观看（Suzuki 等，2019）。

27. 充满蛇的图像：另一个很好的例子是运动后效，比如瀑布幻觉。直视瀑布（或者看瀑布的视频）一段时间，然后看向它旁边的岩壁。你看到岩壁向上移动，但实际上岩壁并没有移动。

28. 时间的体验也是受控的幻觉：许多关注时间的神经科学家对这个观点持不同意见。事实上，大多数关于时间感知的心理学和神经模型都假设存在某种通过神经执行的"节拍器"，它作为一个基准用于与物理时间进行比较，产生持续时间的感知（van Rijn 等，2014）。

也有人认为，时间知觉取决于来自身体的类似时钟的信号（心率等），具体请参见 Wittmann（2013）。但我们的研究对这个想法也产生了怀疑（Suárez-Pinilla 等，2019）。

29. 特有的倾向性：对长时间的低估和对短时间的高估是"均值回归"效应的一个例子。这种效应在许多感知模态中可以看到，也是贝叶斯推理的一个标志，因为平均值可以被视为先验。在时间知觉中，这种效应被称为"维耶罗特（Vierordt）定律"。

30. 神经网络的估计和人类的估计几乎是相同的，在持续时间和背景上显示出相同的倾向性（Roseboom 等，2019）：对 Warrick 的想法的进一步支持来自于一项研究的发现，当网络输入限制为一个人正在观看的每个视频的部分时，计算模型与人类表现之间的匹配更加接近。

31. 我们使用功能磁共振成像来记录人们在观看同一组视频并估计视频时长时的大脑活动（Sherman 等，2020）。

32. 我最喜欢的是从起重机上跳下来这个实验（Stetson 等，2007）：当然，起重机底部有一个大网，用来接住实验参与者。

33. 替代现实：关于这个项目的早期版本，请参见 Suzuki 等（2012）。

34. 我们现在可以测试人们在什么条件下把他们的环境作为真实的世界来体验（Phillips 等，2001）：这一研究方向可能具有重要的社会学意义。只要人们将自己的感知视为"真实"且值得信赖的，即使面对相同客观情况，也很难接受他人可能有不同的感知经验。这就是为什么关于"蓝黑白金裙"（见第四章）出现如此大的争议的原因。看到它的人简直无法接受其他看法的可能性，因为他们体验到的感知直接揭示了他们所认为的客观现实。这种感知漂移就像社交媒体上的回音室的泛化，对于我们如何认识、解决或适应个体、群体和文化之间的差异具有许多影响（Seth，2019）。

35. 心灵有一种将自己扩展到世界的强烈倾向，所以我们"借用内在情感的色彩"来给自然物体"镀金和染色"：这些引文可以追溯到休谟的《人性论》（*Treatise of Human Nature*，1738）和《论道德原理》

（*Enquiry Concerning the Principles of Morals*，1751），参见 Kail（2007）。
我在丹尼特（Dennett，2015）的著作中接触到了这些材料。

36. 我们使用并通过我们的生成模型来感知：哲学家称之为"透明性"
（Metzinger，2003）。

第七章　谵妄

1. 高达 1/3 的老年病患进入急症护理后，会发展出"医院诱发性谵妄"
（Collier，2012）。

2. 严重的长期后果（Davis 等，2017）。

第八章　期待自己

1. 远程运输悖论：这个思想实验被独立归因于哲学家德里克·帕菲特
（Derek Parfit）和作家斯坦尼斯劳·莱姆（Stanislaw Lem）。

2. 感知的"丛束"：这种对自我的看法在哲学中被称为"丛束理论"。

3. 一本非常精彩的书《无名小卒》（*Being No One*）（Metzinger，2003）。

4. 一对头颅连体双胞胎中的一个能感觉到另一个在喝橙汁时，作为一个个体的自我意味着什么：这是来自加拿大不列颠哥伦比亚省的克里斯塔和塔蒂亚娜·霍根（Krista and Tatiana Hogan）的案例，参见 www.nytimes.com/2011/05/29/magazine/could-conjoined-twins-share-a-mind.html。

5. 做一个统一的自我的体验可能很容易就会消失：有关身体自我的障碍的综述，请参见 Brugger 和 Lenggenhager（2014）。

6. 自我并不是一个不可改变的实体，它隐藏在眼睛后面：如果你想了解对这种直觉（意识好像在眼睛后面）的结构分解，请参见道格拉斯·哈丁（Douglas Harding）以第一人称叙述的经典著作《关于没有头脑》（*On Having No Head*，1961）。

7. 具身认知研究的基石：描述橡皮手错觉的最初论文发表于 1998 年（Botvinick 和 Cohen，1998），并引发了一系列后续研究。人们研究了是否可能出现三只手或无手错觉，研究了通过诱导拥有不同肤色的手来改变内隐种族偏见，甚至研究了老鼠是否容易受到"橡皮尾巴"幻觉的影响。请参见 Braun 等（2018）和 Riemer 等（2019）进行的综述。

8. 论文中的实验基于橡胶手错觉，但现在扩展到整个身体：即使志愿者看到的是一个虚假的、计算机生成的身体背面——一个"化身"，实验也能够成功（Ehrsson，2007；Lenggenhager 等，2007）。

9. 一个人的第一人称视角可以以出体体验的形式离开肉体，这一观点深深铭刻在历史和文化中（Monroe，1971）。

10. 我有一种奇怪的感觉，我不在这儿，仿佛我一半在这里，一半不在这里（Tong，2003）。

11. 我从上面看到自己躺在床上，但我只能看到自己的腿（Blanke 等，2004）。

12. 共同的因素（Blanke 等，2015）。

13. 可延展性的进一步证据（Brugger 和 Lenggenhager，2014）。

14. "身体交换"错觉（Petkova 和 Ehrsson，2008）。

15. BeAnotherLab 的目标：参见 www.themachinetobeanother.org。

16. 身体所有权错觉的主观弱点（Lush 等，2020）：在这篇论文中，我们使用"现象学控制"这个术语，而不是"催眠"，部分原因是"催眠"这个术语出现的历史总带着一些不幸的色彩。实验设计所产生的内隐期望如何影响参与者的体验和行为是心理学中一个众所周知但常常被忽视的问题，这可以追溯到早期关于所谓"需求特征"的研究（Orne，1962）。重要的是，在橡皮手错觉中，如果你只是对比同步和异步刺激带来的体验，那么你无法控制需求特征，因为人们对在这些不同条件下的体验有着强烈的期望（Lush，2020）。有关我们在橡皮手错觉、现象学控制和需求特征方面的研究总结，请参见 Seth 等（2021）。

17. 催眠暗示：除了诱发行为和主观体验的报告外，催眠暗示还可以产生生理和神经生理学反应（或在催眠镇痛的情况下抑制生理和神经生理学反应）（Barber，1961；M.P.Jensen 等，2017；Stoelb 等，2009）。因此，这些明显更客观的测量指标也可能受到暗示性的干扰。幸运的是，这一切不仅可以看作一个问题，还可以看作一个机会。催眠暗示为研究自上而下的期望如何产生或消除感知体验提供了强大的方法。我们目前正在进行一系列实验，以深入研究暗示效应可以塑造或产生哪种感知体验。

18. 变得真正有自我意识：心理学家恩德尔·图尔文（Endel Tulving）将这种自我意识称为"自主意识"（Tulving，1985）。

19. 他的日记读起来令人痛心：这些日记条目选自黛博拉·威灵（Deborah Wearing）的《永恒的今天》（*Forever Today*，2005）。

20. 克莱夫总是觉得自己刚从从无意识中苏醒过来（Wearing，2005）。

21. 他不再有自我性的叙述：参见 www.newyorker.com/magazine/2007/09/24/the-abyss。

22. 社会感知：按照这种定义，直接社会感知的存在并非被普遍接受。其他方法提出，我们对他人心理状态的意识是通过行为推断的，与感知不同。有关此内容，请参见 Gallagher（2008）和 C.J.Palmer 等（2015）。

23. 社会感知中的主动推理：社会主动推理的一个含义是，就像视觉主动推理一样，潜在的生成模型对行为后果进行了条件预测编码。就像我们在第六章所讨论的，视觉中，这些预测涉及在某种行动下视觉感知信号是如何变化的。在那里，我认为这些条件预测是"物性"的现象学属性的基础。在 2015 年的一篇论文中，Colin Palmer、Jakob Hohwy 和我提出，在社会感知中也发生了类似的事情。我们的想法是，他人的心理状态似乎是"真实的"，因为我们的大脑对于他们可能在这样或那样的行动下如何改变的条件预测进行了丰富的编码。例如，这样的预测可能涉及某人的信念或情绪状态在特定话语（比如"给我拿点儿酒"）下的变化。这个想法为预测机器提

意识机器

供了一个理解心智理论的诠释，并且它可能为解释社会感知中的明显缺陷，比如自闭症，提供了一种有用的方式（C.J.Palmer 等，2015）。

24. 社会嵌套的预测感知：在神经科学对社会感知的讨论中，经常会强调所谓的"镜像神经元"。这些神经元最早由意大利神经科学家贾科莫·里佐拉蒂（Giacomo Rizzolatti）及其同事在猴子大脑中发现，当动物执行某个动作时，它们会被激活，而当它们观察其他动物执行相同动作时也会被激活（Gallese 等，1996）。之所以称这些神经元为"镜像"，是因为它们的反应就像观察者自己在执行动作一样。人们认为，这些神经元的这种反应能力是各种社会现象的基础。然而，这样的提议说到底只是假设特定类型的脑细胞是某种大脑活动的原因，这种解释过分简化大脑活动，就像人们根据功能磁共振成像扫描认为某个脑区的活动是"爱"或"语言"一样（Caramazza 等，2014）。

25. 没有人是一座孤岛："没有人是一座孤岛，完全独立；每个人都是大陆的一部分，主体的一部分。"（Donne，1839）。心理学家克里斯·弗里斯（Chris Frith）更进一步拓展了这种观点，认为所有意识体验的主要功能是社交的（Frith，2007）。

26. 无论是在生物身体层面还是在个人同一性层面，从一个时刻到另一个时刻都持续拥有自我体验：安东尼奥·达马西奥（Antonio Damasio）在他的著作《发生的感觉》（*The Feeling of What Happens*）中强调了自我性的这一方面（Damasio，2000）。

27. 与对物体的感知相反：詹姆斯（James，1890）。

第九章　成为一个野兽机器

1. 我们看到的事物不是它们的本来面目：阿内丝·尼恩（Anaïs Nin），《弥诺陶洛斯的诱惑》（*Seduction of the Minotaur*，1961）。尼恩将这句话归因于一篇古老的犹太法典文本。

2. 存在大锁链：古希腊的柏拉图、亚里士多德和普罗提诺斯首先提出存在大锁链的概念，后来该概念在中世纪的西欧得到充分发展。

3. 惹恼强大的天主教会：关于这一点的历史记载，请参见乔治·马卡里（George Makari）的《灵魂机器》（*Soul Machine*，2016）。

4. 在他的《第一哲学沉思集》中试图证明仁慈的上帝的存在：参见 https://en.m.wikipedia.org/wiki/Trademark_argument。另请参见 Hatfield（2002）。

5. 人和野兽的身体（Shugg，1968）：原文见笛卡尔的《哲学著作》（*The Philosophical Works of Descartes*），译者 E.S.Haldane 和 G.R.T.Ross（1955），卷 1，第 114—116 页、第 118 页。

6. "L'homme machine"（La Mettrie，1748）。

7. 生命和心智的潜在机制和原则是连续的（Godfrey-Smith，1996；Maturana 和 Varela，1980）。

8. 对身体内部生理状况的感觉（Craig，2002）。

9. 内感受感觉信号（Critchley 和 Harrison，2013）。

10. 岛叶皮层：关于岛叶皮层在内感受中的作用，请参见 Barrett 和 Simmons（2015）、Craig（2009）。

11. 身体发生变化的感知就是情绪（James，1884）："经典"情绪理论家和"构造主义者"之间的争论一直延续至今。"经典"情绪理论家遵循达尔文的观点，认为情绪是在物种间传递时也可以得到保存的先天情绪，"构造主义者"则反对这种观点。在前者的阵营中，有生物学家雅克·潘克塞普（Jaak Panksepp）及其追随者。潘克塞普主张基本情绪是由独特的神经回路产生的，这个神经回路就进化过程而言很早就出现了（Darwin，1872）。后一派代表者包括神经科学家 Lisa Feldman Barrett 和 Joe LeDoux，他们提出了不同版本的人类情绪依赖于认知评估的观点，正如我们看到的，这个观点与我的观点相似。关于情绪理论的历史，请参见 Barrett（2016）、LeDoux（2012）。

12. 身体状态之间的差异可能不足以支持我们人类所能体验的所有情感范围（Harrison 等，2010）。

13. 评估理论：Schachter & Singer（1962）是评估理论的经典参考文献。

14. 唐纳德·达顿和亚瑟·阿伦在 1974 年报告的一项有创意的研究（Dutton 和 Aron，1974）。

15. 克服评估理论局限性的一种方法就是应用预测感知的原则：这个想法的雏形首次出现在 2011 年的一篇论文中（Seth 等，2011），并在 2013 年的一篇论文中得以完善，该论文此后成为标准参考文献（Seth，2013）。这些核心思想从 2015 年开始扩展为有关意识和自我的"野兽机器"理论（Seth，2015、2019；Seth 和 Friston，2016；Seth 和 Tsakiris，2018）。

16. 内感受信号起因的预测：Damasio 的观点深深地影响了我的思考，尤其是在自我方面（Damasio，1994、2000、2010）。像我一样，Lisa Feldman Barrett 强调内部感知预测在情绪中的作用。请参见 Barrett 和 Satpute（2019）；Barrett 和 Simmons（2015），以及 Barrett 出色的著作《情绪如何产生》（How Emotions Are Made，2017）。

17. 内感受推理很难通过实验进行验证（Petzschner 等，2019）：关于内感知推理的额外证据在动物研究中获得了积累。例如，最近的两个实验表明，小鼠岛叶皮层的神经元编码了类似内感知预测的信息（Gehrlach 等，2019；Livneh 等，2020）。

18. "心脏—视觉同步"（Aspell 等，2013；Suzuki 等，2013）：在一项相关研究中，Micah Allen 及其同事展示了意外的生理唤醒如何影响对视觉刺激的感知，这项研究再次表明外感受和内感受过程之间的相互作用（Allen 等，2016）。请参见 Park 和 Blanke（2019）进行的综述，以及 Brener 和 Ring（2016）、Zamariola 等（2018）讨论的通过心跳检测测量内感受敏感度的问题。本书第八章讨论了催眠暗示对具身化的影响。

19. 控制和通信的科学研究（Wiener，1948）。

20. 即使在相对默默无闻的情况下，控制论也提供了许多有价值的见解：控制论的历史不仅展示了我们现在认为独特的不同学术学科曾经是共同研究方法的一部分，还揭示了科学有时会偏离原本可能带来丰富成果的轨道。关于这一点，我推荐阅读让－皮埃尔·杜普伊（Jean-Pierre Dupuy）的《认知科学的起源：心智的机械化》（*On the Origins of Cognitive Science: The Mechanization of the Mind*，2009）。

21. 良好调节器定理（Conant 和 Ashby，1970）。

22. 系统的每个良好调节器都必须是该系统的一个模型：有关"系统有一个模型"和"系统是一个模型"之间的区别，请参见 Seth（2015）以及 Seth 和 Tsakiris（2018）。

23. 它可以是关于发现事物或控制事物：在研究论文中，我将这种区别称为"认识性"（探索性、寻求信息）和"工具性"（目标导向、控制导向）形式的预测感知（Seth，2019；Seth 和 Tsakiris，2018；Tschantz 等，2020）。

24. 必要变量（Ashby，1952）：例如，人类核心体温必须保持在32℃到40℃之间，否则将迅速导致死亡。

25. 这些行动既可以是身体的外部运动：外部和内部动作的区别在于所涉及的肌肉类型。外部动作依赖于骨骼（条纹）肌肉系统，而内部（内感）动作依赖于内脏（平滑）和心肌系统。这些肌肉类型又由外周神经系统的不同分支（位于大脑和脊髓之外的神经系统部分）控制。骨骼肌由躯体神经控制，而内脏和心肌则由自主神经支配。

26. 光学加速度抵消（McLeod 等，2003）。

27. 可供性／可承受性（Gibson，1979）。

28. 感知控制理论：该理论常被总结为控制系统控制它们所感知的东西，而不是它们所做的事情（Powers，1973）。关于该理论的近期表述，请参见 Marken 和 Mansell（2013）。

29. 应变稳态（Sterling，2012）：有关应变稳态内感受控制的计算模型，请参见 Tschantz 等（2021）。

30. 野兽机器理论：有关野兽机器理论及其组成部分更多的技术版本，请参见 Seth（2013、2014、2015、2019）、Seth 和 Friston（2016）、Seth 和 Tsakiris（2018）。该理论受许多前辈的影响，我在此无法充分表达。其中包括托马斯·梅辛格（Thomas Metzinger）关于自我的哲学研究（Metzinger，2003），以及安迪·克拉克（Andy Clark）和雅各布·霍赫维（Jakob Hohwy）对预测加工的重要阐述（Clark，2016；Hohwy，2013）。该理论特别借鉴了其他关于生命、身体、心智和意识之间深刻但不同联系的主张。在这方面，我受到了安东尼奥·达马西奥（Antonio Damasio，1994、2010）、杰拉尔德·埃德尔曼（Gerald Edelman，1989）、卡尔·弗里斯顿（Karl Friston，2010）、乔·勒杜（Joe LeDoux，2019）和埃文·汤普森（Evan Thompson，2014；Varela 等，1993）的强烈影响。相关概念，请参见 Panksepp（2005）、Park 和 Tallon-Baudry（2014）、Solms（2021）、梅辛格的"存在偏见"概念（Metzinger，2021）以及 Lisa Feldman Barrett（2014）的科学贡献。

31. 有意识的野兽机器：意识与生理调节之间的密切关联提出了关于脑干（位于脑半球最深处和脊髓之间的核团）作用的新问题。通常，脑干被认为是意识的"使能因素"，就像电源线对于电视而言是一个使能因素一样。但是，脑干在生理调节中起着极其活跃的作用，这导致一些人认为意识就是在这里产生的，而不需要皮层（Solms，2021；Merker，2007）。鉴于大量的解释性证据将意识状态与皮层（和丘脑）联系起来，我认为这种观点极其不可能。话虽如此，脑干在塑造意识状态方面的作用可能比电源线对于电视的作用（使能因素）更加关键。请参见 Parvizi 和 Damasio（2001）了解观点的详细内容。

32. 系统性错误感知：有趣的是，我们可以考虑在生病或受伤时是否减弱了自我变化的盲目性，因为大脑可能需要更准确地感知身体内部发生的事情。现在有一个处理此类问题的新的认知神经科学子领域，被称为"计算精神心理学"（Petzschner 等，2017）。

33. 我们感知自己是为了控制自己，而不是为了了解自己：希腊人早就知道这一点。虽然苏格拉底与"认识你自己"的说法有关，但斯多亚派强调平静和自我控制的重要性。感知控制理论的支持者可能进一步认为，我们调节自己的生理状态是为了感知自己的稳定性。

34. 罕见的妄想（Cotard，1880）。

35. 那些与身体调节最深层次联系在一起的控制导向型感知已经严重扭曲：自我可能失去现实感的一种可能方式是这种情况——潜在的生成模型无法编码大量的内感知预测，也就是条件性感知预测或反事实的感知预测，它们都涉及行为对生理调节的影响。这类似于视觉条件性预测如何构成"物性"现象学的方式（Seth 和 Tsakiris，2018）。

36. 不是说肉、血和内脏或生物神经元有一些特殊之处：意识依赖于一种特定的生物属性（硅基计算机永远无法具备的属性）——这种提议有时被称为"生物自然主义"。我在这里没有使用这个术语，因为它被不同的人以不同的方式使用过。请参见 Schneider（2019）的讨论。

第十章　一条在水中的鱼

1. 自由能原理解释了生命系统的所有特征：Friston 在自由能原理方面发表了大量论文。他于 2009 年和 2010 年有两个对自由能原理的关键综述。

2. 我们自己的关于"神经科学中的自由能原理"的评论文章（Buckley 等，2017）。

3. 在理解弗里斯顿的观点时遇到的困难：参见 www.lesswrong.com/posts/wpZJvgQ4HvJE2bysy/god-help-us-let-s-try-to-understand-friston-on-free-energy。其他精彩之作包括 Alianna Maren 的《如何阅读卡尔·弗里斯顿（原版希腊语）》[*How to read Karl Friston (in the original Greek)*]，

参 见 www.aliannajmaren.com/2017/07/27/how-to-read-karl-friston-in-the-original-greek，以及 Andrew Wilson 和 Sabrina Golonka 的《自由能：这玩意就生态学而言到底是怎么回事》(*Free Energy: How the f*ck does that work, ecologically*)，参见 psychscienceotes.blogspot.com/2016/11/free-energy-how-fck-does-that-work.html。

4. 维持它们的边界：自由能原理将边界表述为"马尔可夫毯"，这是统计学和机器学习中的一个概念。对于由一组随机变量描述的系统，马尔可夫毯是系统的"内部状态""外部状态"和"毯状态"的一种统计划分，其中马尔可夫毯将内部与外部分隔开。马尔可夫毯满足这样的要求，即毯内的变量（内部状态）有条件地独立于毯外的变量（外部状态），反之亦然。这意味着可以通过过去的内部状态和毯状态完全预测现在内部状态的动态。参见 Kirchhoff 等（2018）了解更多关于马尔可夫毯和自由能原理的内容，以及 Bruineberg 等（2020）提出的富有启发性的批评。

5. 把自由能看作一个近似于感觉熵的量：从技术上讲，自由能提供了一个称为"意外性"或"自信息"的量（数目）的上限，可以被理解为指定事件的（统计上）意外程度。上限意味着自由能不能小于意外性。意外性与信息论中的熵有关，在非平衡稳态假设下，意外性的长期平均就是熵。通俗地说，熵就像不确定性，不确定性是你对可能遇到的平均意外的预期。

6. 经过一些数学上的运算后：想知道数学分析过程的读者可以了解更多细节。自由能的定义涉及两个概率分布：（1）识别密度，它编码了关于环境状态的当前最佳猜测；（2）生成密度，它编码了环境状态如何（生成）感觉输入的概率模型。这里的"环境"指的是所有感觉信号的隐藏原因。自由能有两个组成部分：一个对应于意外性的能量，另一个反映识别密度与真实后验密度（即给定感觉输入的环境状态的概率）之间"相距多远"的相对熵。这些密度之间的距离由信息论中的 Kullback-Leibler（KL）散度的量来测量的。如果假设识别和生成密度为高斯分布（以及其他一些假设，例如关于时间尺度的独立性），那么自由能直接映射到预测加工中加权精度的预测误差。因为"相距多远"的最小度量为零，这意味着自由能总是大于意外性（即提供了一个上限）。这反过来意味着要减小自由能：要么减小识别密度与真实后验之间的差异（提出更好的感知推理），要么减少意外性（通过采样新的感觉输入）。

7. 套用弗里斯顿的话来说，FEP 的观点是有机体收集和模拟感觉信息（Friston，2010）；Jakob Hohwy 巧妙地将这个过程称为"自我证明"（Hohwy，2014）。从数学上讲，这种观点是有道理的，因为最小化自由能等价于最大化（贝叶斯）模型证据。事实上，正如自由能提供了意外性的上限一样，它也提供了模型证据的下限（机器学习中的所谓证据下限或 ELBO）（Winn 和 Bishop，2005）。

8. 将感觉预测误差最小化意味着走出黑暗的房间："黑暗房间"问题是最早对 FEP 提出的异议之一（Friston，2012）。在我写这本书的过程中，它再次出现，我和我的同事再次驳斥了它（Seth 等，2020；Sun 和 Firestone，2020）。

9. 人们将根据 FEP 的有用性来评判它（Hohwy，2020）。

10. 统计力学教科书（Goodstein，1985）。

11. 当一个理论能够以这种方式被概括和深入研究时，它就会变得更有说服力、更完整、更强大：增强野兽机器理论的一种方式是回到生命系统保持自身与环境之间边界的概念，其中 FEP 中的边界是指马尔可夫毯。对于 Friston 来说，马尔可夫毯的存在或识别直接意味着主动推理正在发生。参见 Kirchhoff 等（2018），也可以参考 Bruineberg 等（2020）的批评。

12. 使我们能够开展更好的实验：一个例子是我们的研究，它探索自由能最小化的主体如何适应性地学习其环境的偏差感知模型（Tschantz 等，2020）。

13. 意识科学的理论（Hohwy 和 Seth，2020）：已经有一些尝试通过生

成模型的时间深度（Friston，2018）将 FEP 与意识联系起来，参见
Solms（2018、2021）、Williford 等（2018）。

14. 现在至少有一些试验性的尝试正在进行：这些尝试采取"对抗性合
作"的形式，即两种理论的拥护者事先签署协议确认一个实验的结
果是否支持或削弱他们偏好的理论。这种特定的对抗性合作将 IIT
与主动推理对立起来（不是与 FEP 本身对立）。我在第三章提到了
一项拟开展的实验：IIT 预测使已经不活动的神经元失活会对意识
感知产生影响，而主动推理则不会。

第十一章　自由度

1. 她弯曲手指，然后又将它伸直（McEwan，2000）：感谢伦敦大学
的 Patrick Haggard 提供了这个引文。

2. 关于自由意志的体验甚至都没有明确的定义：如果你想了解有关这
个哲学话题的专业解释，请参见 Bayne（2008）。

3. 我们会有一种"在选择和行动上激进的、绝对的、由我决定"的感
觉（Strawson，2008）。

4. 一个决定论的宇宙可以顺利地运行：这种观点与我持有的观点一
致，它表达了哲学家所称的"兼容主义"。兼容主义认为，某些合
理的自由意志概念与宇宙的决定论是兼容的。相比之下，自由意志
的自由派（与政治哲学无关）是幽灵般的自由意志的哲学版本。也
有所谓的强决定论的拥护者，认为决定论是正确的，并由此得出结
论——没有任何合理的自由意志概念能够存活。请注意，我对宇宙
是否是决定论的问题持不可知态度，但我仍然是一个兼容主义者。

5. 自愿行动既不会感觉是随机的，也不是随机的：即便宇宙在某个基
本层面上是确定性的，神经元和突触层面的明显随机波动也可能在
大脑功能中发挥重要作用。这是可能的，甚至是非常有可能的，但
再次强调，这并不重要。

6. 利贝特利用了一个众所周知的被称作"准备电位"的现象：准备

电位首次由德国生理学家汉斯·科恩胡伯和吕德·迪克于 1960 年记录下来，他们将其称为"准备电位"（Kornhuber 和 Deecke，1965）。

7. 参与者去估计是何时体验到要去做出每个动作的"冲动"的：对于哲学家来说，意图和冲动是不同的事物。我可能感到冲动要痛打一顿那些让我讨厌的人，但我会抑制这种冲动，因为我没有打算伤害任何人或让自己被捕。意图受到规范的约束，而冲动则不受约束。在像自愿弯曲手指这样的简单情况下，它们基本上是一样的，而且利贝特本人也通常互换"意图"和"冲动"这些术语。

8. 当一个人感受到自己的意图时，准备电位已经开始上升了（Libet，1985）：毫不奇怪的是，准备电位的开始和产生有意识意图的瞬间都在运动本身之前。

9. 自由非意志（Libet 等，1983）。

10. 也许有类似于准备电位的活动一直在进行，但我们没有看到它：哲学家阿尔·梅尔（Al Mele）在几年前提出了类似的概念（Mele，2009）。

11. 几乎没有显示任何类似准备电位的迹象（Schurger 等，2012）。

12. 如果我"违背我的意愿"而被迫去做某事：关于这个问题的有趣实验，请参见 Caspar 等（2016）。

13. 人可以做他想做的事，但他不能决定自己想做什么：这句话起源于叔本华在 1839 年向挪威皇家科学学会提出的一篇论文。请参见 Zucker（2013）的翻译。在叔本华的这个区分中，可以看到所有上瘾问题（人不能决定自己想做什么，所以很容易上瘾）的根源。

14. 自由度：这里与控制论有一个有趣的联系。我们在第九章谈到的罗斯·阿什比（Ross Ashby），因其良好调节定理和必要变量概念而闻名，他还因其较早的"必要多样性法则"（Ashby，1956）而闻名。该法则或原则指出，有效的控制系统能够进入状态的数量必须与对这个系统产生扰动的环境能够进入状态的数量一样多，或者更多。

正如阿什比所说："只有多样性才能迫使多样性。"参见 Seth（2015）。

15. 自愿行为取决于（Dennett，1984）。

16. 三个加工步骤（Brass 和 Haggard，2008；Haggard，2008、2019）。

17. 对这些脑区的刺激（Fried 等，1991）：对这个区域的更强刺激可以产生冲动和相应的行动。

18. 可定位于大脑的额叶部分（Brass 和 Haggard，2007）。

19. 《意识意志的错觉》（Wegner，2002）。

20. 一个根本不存在的问题：正如 Sam Harris 在最近的一期播客中所说："问题不仅在于自由意志的问题在客观上毫无意义，它在主观上也毫无意义。"参见 https://samharris.org/podcasts/241-final-thoughts-on-free-will/。

21. 当人们谈论"在当下"或"心流状态"（Csikszentmihalyi，1990；Harris，2012）。

22. 脑损伤，或者由基因和环境的缺失所导致的结果（Della Sala 等，1991；Formisano 等，2011）。

23. 位置尴尬的脑瘤：肿瘤诱发的恋童癖案例，Burns 和 Swerdlow（2003）对此有过描述。查尔斯·惠特曼（Charles Whitman）的案例多次被提到，包括大卫·伊格尔曼在 2011 年《大西洋月刊》（*The Atlantic*）上的一篇文章，参见 www.theatlantic.com/magazine/archive/2011/07/the-brain-on-trial/308520。

24. 爱因斯坦在 1929 年的一次采访中说："我对任何事都不要求功劳。一切都有定数，无论是开始还是结束，都是由我们无法控制的力量决定的。对昆虫和星星来说都是如此。人类、植物或宇宙尘埃，我们都随着神秘的旋律舞动。"在这段话中，爱因斯坦对决定论的坚定承诺得到了充分展示（他也以"上帝不掷骰子"而闻名，这是对量子力学固有的随机性的否定）。然而，正如我们所见，为了否定幽灵般的自由意志，并不需要接受决定论。这段话摘自乔治·西尔维斯特·费尔克（George Sylvester Viereck）在 1929 年 10 月 26 日发表的《星期六晚报》(*Saturday Evening Post*)采访。

25. 包括哲学家布鲁斯·沃勒:请参见 Waller (2011) 关于道德责任不连贯性的观点,以及 Dennett (1984、2003) 提出的替代观点。关于这个问题,最近有一场极具启发性的辩论记录于 Dennett 和 Caruso (2021) 的著作中。

26. 与我们共享这个世界的动物中:神经生物学家比约恩·布伦布斯 (Björn Brembs) 认为,即使在非常简单的生物中也可以找到自由意志的迹象,当它们以看起来随机的方式活动时,这些随机的活动似乎也源自于内在的意识。因为这些行为(例如,蟑螂的不可预测的"逃生反应")有助于躲避捕食者,或许它们反映了我们人类如何控制我们众多自由度的进化起源 (Brembs, 2011)。

第十二章　超越人类

1. 动物刑事检控史 (Evans, 1906)。

2. 笛卡尔二元论中的动物机器人:笛卡尔对动物的观点发表于 17 世纪,因此在一定程度上与这些中世纪的信仰和实践共存。随着启蒙运动在欧洲的兴起,笛卡尔的观点后来占主导地位。

3. 缺乏所谓的"高级"认知能力:意识的高阶思想理论的倡导者(我在第一章中简要描述过)可能对此持不同意见 (Brown 等, 2019)。

4. 笛卡尔把动物视为野兽机器:与笛卡尔截然相反,达尔文采取了一种强烈的拟人化视角,特别是关于动物情感表达方面 (Darwin, 1872)。他假设许多物种之间存在一套共同的情感,这种假设允许使用动物实验来研究人类情感,这一系列工作后来被亚克·潘克塞普 (Jaak Panksepp) 和其他人接手,并以"硬连线"或"基本"情感与特定面部表情相关联的形式融入当代文化,例如保罗·埃克曼 (Paul Ekman) 在 1992 年的工作。正如在第九章中解释的那样,这种"基本情感"观点受到当代的"建构主义者"[例如丽莎·费尔德曼·巴雷特 (Lisa Feldman Barrett) 和乔·勒杜 (Joe LeDoux)]

的质疑，他们像我一样强调自上而下的解释在形成意识内容中的作用（Barrett，2016；LeDoux，2012）。

5. 即使是老鼠（Steiner 和 Redish，2014）。

6. 这并不意味着哪里有生命，哪里就有意识：生物学家恩斯特·黑克尔（Ernst Haeckel）于 1892 年创造了"生物心灵主义"一词，用来描述所有有生命的事物都有感知能力的观点，这与泛心灵主义观点不同，后者认为意识是所有物质形式的属性（Thompson，2007）。

7. 抛开原始大脑的大小：相对于原始的大脑大小，更复杂的度量方式是脑容量指数，它是一种计算相对大脑大小的度量。关于脑容量指数是否可靠地预测物种间的认知能力存在着很多讨论（Herculano-Houzel，2016；Reep 等，2007）。然而，几乎没有理由将大脑大小或脑容量指数视为跨物种意识存在的指标。

8. 17 个不同的属性（Seth 等，2005）。

9. 全身麻醉在不同的哺乳动物物种之间也有相似的效果（Kelz 和 Mashour，2019）。

10. 海豹和海豚每次用一半大脑睡觉（Lyamin 等，2018；Walker，2017）。

11. 独特的内心世界（Uexküll，1957）。

12. 心理学家小戈登·盖洛普在 20 世纪 70 年代开发的一项测试（Gallup，1970）。

13. 有一些类人猿、海豚和虎鲸，还有一只欧亚象通过了测试：正如一篇论文所报道的，这个标题我特别喜欢——《另一只大猩猩能够在镜子中认出自己》（Posada 和 Colell，2007）。

14. 迄今为止没有令人信服的证据表明任何非哺乳动物能通过镜中测试（Gallup 和 Anderson，2020）：清洁鱼的争论在 Kohda 等（2019）和 de Waal（2019）的著作中有记载。

15. 犬认知（Gallup 和 Anderson，2018）。

16. 经过训练，猴子甚至可以"报告"它们是否"看到"了什么东西（Cowey 和 Stoerig，1995）。

17. 提供了一种在灵长类动物身上对应的关键方法（Boly 等，2013）。

18. 将这些种群从加尔各答转移到了这里（Kessler 和 Rawlins，2016）。

19. 广为流传的一段视频：参见 www.ted.com/talks/frans_de_waal_do_ animals_have_morals。

20. 猴子一直未能通过镜中测试：一项研究发现，恒河猴经过数周的训练后可以通过镜子测试（L.Chang 等，2017）。但是，在经过广泛训练后通过测试与自发使用镜子进行自我识别是完全不同的。

21. 《头足纲动物的身体图案目录》（Borrelli 等，2006）：这本书十分精彩，但也十分厚重。

22. 外星人心智：2015 年，我受邀撰写一篇关于"外星人意识"的书。经过一段时间的犹豫，我决定写关于实际存在的章鱼，而不是推测可能存在的外星人（Seth，2016）。章鱼与外星人之间的类比也在丹尼斯·维伦纽夫（Denis Villeneuve）2016 年的艺术电影《降临》（*Arrival*）中得到了探索。

23. 如果我们想要了解其他的心智（Godfrey-Smith，2017）。

24. 章鱼的大脑缺乏髓磷脂（Hochner，2012；Shigeno 等，2018）。

25. 章鱼的意识（Carls-Diamante，2017）。

26. 这种多产的基因组改写能力可能是章鱼令人印象深刻的认知能力的部分基础（Liscovitch-Brauer 等，2017）。

27. 章鱼的认知能力确实令人印象深刻（Fiorito 和 Scotto，1992）。另请参见 D.B.Edelman 和 Seth（2009）、Mather（2019）。对于头足类动物行为的经典文献，请参见 Hanlon 和 Messenger（1996）。

28. 章鱼在野外被记录到：参见 www.bbc.co.uk/programmes/p05nzfn1。同样令人印象深刻的镜头还可以在 2020 年的纪录片《我的章鱼导师》（*My Octopus Teacher*）中看到，由皮帕·埃尔利奇（Pippa Ehrlich）和詹姆斯·里德（James Reed）制作，其中一位电影制作人克雷格·福斯特（Craig Foster）与一只章鱼建立了意想不到的亲密关系。

29. 它们的生存往往取决于融入背景的能力：海洋生物学家罗杰·汉隆

（Roger Hanlon）用视频捕捉了许多章鱼的伪装例子。其中最好的一个例子可参见 www.youtube.com/watch?v=JSq8nghQZqA。

30. 中央大脑甚至可能不知道（Mather，2019；Messenger，2001）。

31. 章鱼既可以用吸盘品尝味道，也可以用中间的嘴品尝味道（van Giesen 等，2020）。

32. 令人毛骨悚然的实验（Nesher 等，2014）。

33. "亮着意识灯"的动物：有关非哺乳动物意识的更多信息，请参见 D.B.Edelman 和 Seth（2009）、D.B.Edelman 等（2005）。

34. 许多鸟类也具有智能性（Clayton 等，2007；Jao Keehn 等，2019；Pepperberg 和 Gordon，2005；Pepperberg 和 Shive，2001）。

35. 不藏食物、不说话、不跳舞的鸟类可能也有意识体验：有趣的是，虽然鸟类大脑与哺乳动物皮层相似（称为"脑叶"），但它们缺乏哺乳动物大脑中连接两个皮层半球的胼胝体的等效物。因此，鸟类可能代表一种"自然的裂脑"，引发了关于鸟类意识统一性的问题（Xiao 和 Gunturkun，2009）。Noah Strycker 的《羽毛之事》（*The Thing with Feathers*，2014）是对鸟类认知和行为的详细介绍。

36. 随着我们进一步深入，证据变得更加稀少和粗略：有关意识进化的优秀著作，请参见 Feinberg 和 Mallatt（2017）、Ginsburg 和 Jablonka（2019）、LeDoux（2019）。

37. 有关动物福祉的决定：相关实用的概述，请参见 Birch（2017），其论点是当证据不确定时，我们应该给予动物"无罪推定"（这一论点更正式地被称为"预防原则"）。值得注意的是，欧盟在 2010 年决定将头足类动物纳入动物福利立法（指令 2010/63/EU）。

38. 昆虫的大脑确实拥有阿片神经递质系统（Entler 等，2016）。

39. 果蝇（黑腹果蝇）对之前的非疼痛刺激表现出创伤后的超敏反应（Khuong 等，2019）。

40. 麻醉药物似乎对所有动物都有效（Kelz 和 Mashour，2019）。

41. 我们居住在一个可能存在意识心智的巨大空间中的一个小区域：

Jonathan Birch、Alexandra Schnell 和 Nicola Clayton 有效地提出了"意识概况"一词，用于描述物种间意识体验的差异。他们提出了五个维度的差异：感知丰富性、评价丰富性、统一性、时间性和自我性（Birch 等，2020）。

第十三章　机器头脑

1.　魔像：在诺伯特·维纳 1964 年的著作《上帝和魔像公司》（*God and Golem*）中，博学的先驱诺伯特·维纳（Norbert Wiener）将魔像视为他对未来人工智能风险的猜测的核心。

2.　一大堆无用的回形针：在纸夹最大化者的寓言中，一个人工智能被设计成尽可能多地制造回形针的机器。由于这个人工智能缺乏人类价值观，但智能化非常高，它在成功实现目标的过程中毁灭了世界（Bostrom，2014）。

3.　所谓的"奇点"假说：参见 Shanahan（2015）对奇点假设的一个令人耳目一新的合理认识。

4.　智能可以在没有意识的情况下存在：人们很容易说意识和智能可以双重分离，即每个都可以独立于另一个存在。但这并不完全正确。尽管我相信智能可以在没有意识的情况下存在，但意识可能需要一定程度的智能。

5.　不是单一维度的：多维意识（和智能）的想法呼应了乔纳森·伯奇（Jonathan Birch）及其同事提出的"意识概况"概念（Birch 等，2020），以及蒂姆·贝恩（Tim Bayne）、雅各布·霍维（Jakob Hohwy）和阿德里安·欧文（Adrian Owen）提出的人类意识水平的多维方法（Bayne 等，2016）。

6.　作者含糊其词（Dehaene，2017）："全局可用性"这个概念对应于意识的热门理论——全局工作空间理论，而"自我监控"则涵盖了高阶思想理论的一些方面。我们在第一章简要介绍了这两个理论。这篇发表于《科学》上的论文，其作者明确承认他们可能遗漏了

"体验"组成部分。对我而言，这遗漏了太多东西。

7. 机器可能显得是有意识的：这种可能性是因为信息整合理论（IIT）接受了功能主义的基底独立性，但未接受它"输入—输出"映射的充分性。一些机制，特别是足够大的前馈人工神经网络，可以实现任意复杂的"输入—输出"映射。通过适当实现这些机制，它们可能呈现出智能或意识的外在表象。但纯粹的前馈网络根本不产生任何整合信息——总是需要一些递归性或"循环性"。因此，IIT 提出了"行为僵尸"的概念，正如我在第一章所解释的，这是一种从外部看起来具有意识但实际上没有意识的人工构造物（Tononi 和 Koch，2015）。

8. 不断的重新生成为保持其自身完整性所需的必要条件：这些思想与智利生物学家胡贝尔托·马图拉纳（Humberto Maturana）发展的"自构造"概念密切相关。自构造系统是一种能够维持和复制自身的系统，复制自身这个功能包括产生需要为帮助其作为一个系统持续存在的物理组成成分。尽管自构造首先是关于细胞的理论，但细胞的自构造与自由能原理之间存在着有趣的联系（参见第十章）。两者都暗示了"生命"和"心智"之间的强烈连续性，进而表明心智（以及意识）并不只是系统"做"什么（Kirchhoff，2018；Maturana 和 Varela，1980）。我有幸于 2019 年 1 月在马图拉纳的家乡圣地亚哥与马图拉纳（于 2021 年 5 月去世，享年 92 岁）见面，我们在普罗维登西亚区的一家被绿树环绕的咖啡馆讨论这些思想。

9. 图灵测试：在艾伦·图灵的最初的"模仿游戏"中，有两个同性别的人和一台机器。机器和其中一人（合作者）都假装自己是与自己性别相反的异性。另一个人必须决定哪个是机器，哪个是合作者（Turing，1950）。

10. 嘉兰测试：这个术语是由穆雷·沙纳汉（Murray Shanahan）创造的，他的书《具身与内在生活》（*Embodiment and the Inner Life*，2010）是《机械姬》的灵感来源之一。

11. 人们纷纷宣称，人工智能领域长期存在的里程碑终于被超越了：参见 www.reading.ac.uk/news-archive/press-releases/pr583836.html。

12. 当聊天机器人获胜时："尤金·古斯特曼（Eugene Goostman）是一个真实的男孩——图灵测试证明了这一点。"（《卫报》，2014 年 6 月 9 日）。参见 https://www.theguardian.com/technology/shortcuts/2014/jun/09/eugene-goostman-turing-test-computer-program。

13. 这是对人类易受骗程度的考验，但人类失败了：将图灵测试描述为"人类易受骗性"的说法来自约翰·马科夫（John Markoff）于 2015 年在《纽约时报》上发表的一篇文章 *Software is smart enough for SAT, but still far from intelligent*，参见 www.nytimes.com/2015/09/21/technology/personaltech/software-is-smart-enough-for-sat-but-still-far-from-intelligent.html。

14. 巨大的人工神经网络：GPT 代表"生成式预训练转换器"——一种专门用于语言预测和生成的神经网络。这些网络使用无监督的深度学习方法进行训练，基本上是给定前一个词或文本片段来"预测下一个词"。GPT-3 拥有惊人的 1 750 亿个参数，在训练过程中，GPT-3 处理了 45 个太字节的文本数据。参见 https://openai.com/blog/openai-api/，以及有关技术细节的链接：https://arxiv.org/abs/2005.14165。

15. GPT-3 不理解它生成了什么：当然，这取决于"理解"一词的含义。有人可能会说，人类的"理解"在本质上与 GPT-3 展示的"理解"没有什么不同。认知科学家加里·马库斯（Gary Marcus）反对这一立场，我同意他的观点。参见 www.technologyreview.com/2020/08/22/1007539/gpt3-openai-language-generator-artificial-intelligence-ai-opinion/。

16. 发表了一篇关于为什么人类不应该害怕人工智能的 500 字的文章："一个机器人写下了这整篇文章。人类，你害怕了吗？"（《卫报》，2020 年 9 月 8 日）。参见 www.theguardian.com/commentisfree/2020/

sep/08/robot-wrote-this-article-gpt-3。目前还不清楚这个例子是否具有代表性。

17. 游客在见到双子机器人时最常见的感觉是恐惧（Becker-Asano 等，2010）。

18. 关于恐怖谷效应为何存在有很多理论（Mori 等，2012）。

19. "深度伪造"技术：所谓"深度伪造"是指使用机器学习结合源视频和目标视频生成逼真但虚假的视频，通常是人脸视频。在 2017 年广泛传播的一个例子中，深度伪造方法被用来制作出巴拉克·奥巴马（Barack Obama）讲话的视频，这个视频让人们相信讲话的人就是奥巴马，但实际上他从未说过这种话（参见 https://www.youtube.com/watch?v=cQ54GDm1eL0）。2021 年发布的一系列抖音（TikTok）视频中，深度伪造汤姆·克鲁斯（Tom Cruise）的视频更加难辨真伪（参见 https://www.theverge.com/22303756/tiktok-tom-cruise-impersonator-deepfake）。

20. 大规模、不受控制的全球实验：AI 研究人员斯图尔特·拉塞尔（Stuart Russell）在他的著作《可与人类相容》（*Human Compatible*，2019）中雄辩地描述了当前和不久的将来人工智能带来的威胁，以及重新设计人工智能系统以避免这些威胁的方法。尼娜·希克（Schick，2020）也出色地描述了深度伪造带来的威胁。

21. 智能工具，而不是同事："哲学家丹尼尔·丹尼特谈论人工智能、机器人和宗教。"（《金融时报》，2017 年 3 月 3 日）。参见 https://www.ft.com/content/96187a7a-fce5-11e6-96f8-3700c5664d30。

22. 立即暂停，暂停时间为 30 年（Metzinger，2021）。

23. 创造新生命形式：埃曼纽尔·尚皮埃（Emmanuelle Charpentier）和詹妮弗·杜德纳（Jennifer Doudna）因其对开发 CRISPR 技术的贡献获得了 2020 年的诺贝尔化学奖。合成的大肠杆菌是在杰森·钦（Jason Chin）的实验室中创建的（Fredens 等，2019）。

24. 协同电活动波（Trujillo 等，2019）。

25. 极不可能是有意识的：我与蒂姆·贝恩（Tim Bayne）和马塞洛·马西米尼（Marcello Massimini）最近在一篇论文中研究了类器官的意识问题（Bayne 等，2020）。

26. 伦理紧迫性：这些问题正在得到认真对待。在 2020 年夏天，我与其他几位神经科学家受邀在美国国家科学院联合委员会会议上发言，该委员会旨在建立涉及类器官和嵌合体（经基因修改以表达特定人类特征的动物）的研究的监管和法律框架。参见 www.nationalacademies.org/our-work/ethical-legal-and-regulatory-issues-associated-with-neural-chimeras-and-organoids。

27. 我们想要建造这些类器官的农场：卡尔·齐默尔（Carl Zimmer），《类器官不是大脑。它们如何引发脑电波？》（*Organoids are not brains. How are they making brain waves?*）（《纽约时报》，2019 年 8 月 29 日）。参见 www.nytimes.com/2019/08/29/science/organoids-brain-alysson-muotri.html。

28. 未来主义者喜欢的比喻：如果想找到有关"心智上传"可能带来的正面和负面影响的精彩讨论，请参见 Schneider（2019）。

29. 具有虚拟感知能力的主体：模拟论证如下（Bostrom，2003）：假设一个在遥远的未来可能存在的人类社会，成功避免了自我灭绝，则该社会可能拥有庞大的计算资源。这个人类社会中的一些成员可能倾向于对他们的祖先进行详细的计算机模拟。鉴于可以运行大量这样的模拟，因此对于当前体验生命的任何个体来说，得出的合理结论是他们更可能是模拟的心智，而不是原始的生物人类。正如波斯特罗姆所说："如果我们不认为我们目前生活在计算机仿真中，我们就无权相信我们将有后代会对他们的祖先进行大量这样的模拟。"（Bostrom，2003）。我觉得这个论证有很多问题，其中一个是它假设功能主义是正确的：当谈到意识时，模拟等同于实体化。正如我之前提到的，我不认为功能主义是一个安全的假设。

结　语

1. 有生命但又与世隔绝的皮层岛：由于它仍然与血液供应相连且"活着"，这个被断开连接的半球是否能够维持自己孤立的意识？类似这样的潜在"意识岛"也可能出现在其他新兴的神经技术中，比如我在前一章描述的脑外再生的猪大脑和大脑类器官。我们在 Bayne 等（2020）的研究中讨论了所有这些案例。

2. 人们普遍认为，体验产生于物质基础（Chalmers，1995）。

3. 感知的各个方面（Hoffman，2019）。

参考文献

（此部分内容来自英文原书）

Albright, T. D. (2012). 'On the perception of probable things: neural substrates of associative memory, imagery, and perception'. *Neuron*, 74(2), 227–45.

Allen, M., Frank, D., Schwarzkopf, D. S., et al. (2016). 'Unexpected arousal modulates the influence of sensory noise on confidence'. *Elife*, 5, e18103.

Anscombe, G. E. M. (1959). *An Introduction to Wittgenstein's Tractatus*. London: St. Augustine's Press.

Aru, J., Bachmann, T., Singer, W., et al. (2012). 'Distilling the neural correlates of consciousness'. *Neuroscience and Biobehavioral Reviews*, 36(2), 737–46.

Ashby, W. R. (1952). *Design for a Brain*. London: Chapman and Hall.

Ashby, W. R. (1956). *An Introduction to Cybernetics*. London: Chapman and Hall.

Aspell, J. E., Heydrich, L., Marillier, G., et al. (2013). 'Turning the body and self inside out: Visualized heartbeats alter bodily self-consciousness and tactile perception'. *Psychological Science*, 24(12), 2445–53.

Baars, B. J. (1988). *A Cognitive Theory of Consciousness*. New York, NY: Cambridge University Press.

Barber, T. X. (1961). 'Physiological effects of "hypnosis"'. *Psychological Bulletin*, 58, 390–419.

Barnes, J. (2008). *Nothing to Be Frightened of*. New York, NY: Knopf.

Barnett, L., Muthukumaraswamy, S. D., Carhart-Harris, R. L., et al. (2020). 'Decreased directed functional connectivity in the psychedelic state'. *Neuroimage*, 209, 116462.

Barrett, A. B., & Seth, A. K. (2011). 'Practical measures of integrated information for time-series data'. *PLoS Computational Biology*, 7(1), e1001052.

Barrett, L. F. (2017). *How Emotions Are Made: The Secret Life of the Brain*. Boston, MA: Houghton Mifflin Harcourt.

Barrett, L. F., & Satpute, A. B. (2019). 'Historical pitfalls and new directions in the neuroscience of emotion'. *Neuroscience Letters*, 693, 9–18.

Barrett, L. F., & Simmons, W. K. (2015). 'Interoceptive predictions in the brain'. *Nature Reviews Neuroscience*, 16(7), 419–29.

Bauby, J.-M. (1997). *The Diving Bell and the Butterfly*. Paris: Robert Laffont.

Bayne, T. (2008). 'The phenomenology of agency'. *Philosophy Compass*, 3(1), 182–202.

Bayne, T. (2010). *The Unity of Consciousness*. Oxford: Oxford University Press.

Bayne, T. (2018). 'On the axiomatic foundations of the integrated information theory of consciousness'. *Neuroscience of Consciousness*, 1, niy007.

Bayne, T., Hohwy, J., & Owen, A. M. (2016). 'Are there levels of consciousness?' *Trends in Cognitive Sciences*, 20(6), 405-413.

Bayne, T., Seth, A. K., & Massimini, M. (2020). 'Are there islands of awareness?' *Trends in Neurosciences*, 43(1), 6–16.

Bechtel, W., & Williamson, R. C. (1998). 'Vitalism'. In E. Craig (ed.), *Routledge Encyclopedia of Philosophy*. London: Routledge.

Becker-Asano, C., Ogawa, K., Nishio, S., et al. (2010). 'Exploring the uncanny valley with Geminoid HI-1 in a real-world application'. In *IADIS International Conferences Interfaces and Human Computer Interaction*, 121–8.

Berger, J. (1972). *Ways of Seeing*. London: Penguin.

Birch, J. (2017). 'Animal sentience and the precautionary principle'. *Animal Sentience*, 16(1).

Birch, J., Schnell, A. K., & Clayton, N. S. (2020). 'Dimensions of animal consciousness'. *Trends in Cognitive Sciences*, 24(10), 789–801.

Blake, R., Brascamp, J., & Heeger, D. J. (2014). 'Can binocular rivalry reveal neural correlates of consciousness?' *Philosophical Transactions of the Royal Society B: Biological Sciences*, 369(1641), 20130211.

Blanke, O., Landis, T., Spinelli, L., et al. (2004). 'Out-of-body experience and autoscopy of neurological origin'. *Brain*, 127 (Pt 2), 243–58.

Blanke, O., Slater, M., & Serino, A. (2015). 'Behavioral, neural, and computational principles of bodily self-consciousness'. *Neuron*, 88(1), 145–66.

Block, N. (2005). 'Two neural correlates of consciousness'. *Trends in Cognitive Sciences*, 9(2), 46–52.

Boly, M., Seth, A. K., Wilke, M., et al. (2013). 'Consciousness in humans and non-human animals: recent advances and future directions'. *Frontiers in Psychology*, 4, 625.

Borrelli, L., Gherardi, F., & Fiorito, G. (2006). *A Catalogue of Body Patterning in Cephalopoda*. Florence: Firenze University Press.

Bostrom, N. (2003). 'Are you living in a computer simulation?' *Philosophical Quarterly*, 53(11), 243–55.

Bostrom, N. (2014). *Superintelligence: Paths, Dangers, Strategies*. Oxford: Oxford University Press.

Botvinick, M., & Cohen, J. (1998). 'Rubber hands "feel" touch that eyes see'. *Nature*, 391(6669), 756.

Brainard, D. H., & Hurlbert, A. C. (2015). 'Colour vision: understanding #TheDress'. *Current Biology*, 25(13), R551–4.

Brass, M., & Haggard, P. (2007). 'To do or not to do: the neural signature of self-control'. *Journal of Neuroscience*, 27(34), 9141–5.

Brass, M., & Haggard, P. (2008). 'The what, when, whether model of intentional action'. *Neuroscientist*, 14(4), 319–25.

Braun, N., Debener, S., Spychala, N., et al. (2018). 'The senses of agency and ownership: a review'. *Frontiers in Psychology*, 9, 535.

Brembs, B. (2011). 'Towards a scientific concept of free will as a biological trait: spontaneous actions and decision-making in invertebrates'. *Proceedings of the Royal Society B: Biological Sciences*, 278(1707), 930–39.

Brembs, B. (2020). 'The brain as a dynamically active organ'. *Biochemical and Biophysical Research Communications*. doi:10.1016/j.bbrc.2020.12.011.

Brener, J., & Ring, C. (2016). 'Towards a psychophysics of interoceptive processes: the measurement of heartbeat detection'. *Philosophical Transactions of the Royal Society B: Biological Sciences*, 371(1708), 20160015.

Brown, H., Adams, R. A., Parees, I., et al. (2013). 'Active inference, sensory attenuation and illusions'. *Cognitive Processing*, 14(4), 411–27.

Brown, R., Lau, H., & LeDoux, J. E. (2019). 'Understanding the higher-order approach to consciousness'. *Trends in Cognitive Sciences*, 23(9), 754–68.

Brugger, P., & Lenggenhager, B. (2014). 'The bodily self and its disorders: neurological, psychological and social aspects'. *Current Opinion in Neurology*, 27(6), 644–52.

Bruineberg, J., Dolega, K., Dewhurst, J., et al. (2020). 'The Emperor's new Markov blankets'. http://philsci-archive.pitt.edu/18467.

Bruner, J. S., & Goodman, C. C. (1947). 'Value and need as organizing factors in perception'. *Journal of Abnormal and Social Psychology*, 42(1), 33–44.

Buckley, C., Kim, C.-S., McGregor, S., & Seth, A. K. (2017). 'The free energy principle for action and perception: A mathematical review'. *Journal of Mathematical Psychology*, 81, 55–79.

Burns, J. M., & Swerdlow, R. H. (2003). 'Right orbitofrontal tumor with pedophilia symptom and constructional apraxia sign'. *Archives of Neurology*, 60(3), 437–40.

Buzsáki, G. (2019). *The Brain from Inside Out*. Oxford: Oxford University Press.

Byrne, A., & Hilbert, D. (2011). 'Are colors secondary qualities?' In L. Nolan (ed.), *Primary and Secondary Qualities: The Historical and Ongoing Debate*, Oxford: Oxford University Press, 339–61.

Caramazza, A., Anzellotti, S., Strnad, L., et al. (2014). 'Embodied cognition and mirror neurons: a critical assessment'. *Annual Review of Neuroscience*, 37, 1–15.

Carhart-Harris, R. L., Erritzoe, D., Williams, T., et al. (2012). 'Neural correlates of the psychedelic state as determined by fMRI studies with psilocybin'. *Proceedings of the National Academy of Sciences of the USA*, 109(6), 2138–43.

Carls-Diamante, S. (2017). 'The octopus and the unity of consciousness'. *Biology and Philosophy*, 32, 1269–87.

Casali, A. G., Gosseries, O., Rosanova, M., et al. (2013). 'A theoretically based index of consciousness independent of sensory processing and behavior'. *Science Translational Medicine*, 5(198), 198ra105.

Casarotto, S., Comanducci, A., Rosanova, M., et al. (2016). 'Stratification of unresponsive patients by an independently validated index of brain complexity'. *Annals of Neurology*, 80(5), 718–29.

Caspar, E. A., Christensen, J. F., Cleeremans, A., et al. (2016). 'Coercion changes the sense of agency in the human brain'. *Current Biology*, 26(5), 585–92.

Chalmers, D. J. (1995a). 'Facing up to the problem of consciousness'. *Journal of Consciousness Studies*, 2(3), 200–19.

Chalmers, D. J. (1995b). 'The puzzle of conscious experience'. *Scientific American*, 273(6), 80–6.

Chalmers, D. J. (1996). *The Conscious Mind: In Search of a Fundamental Theory*. New York, NY: Oxford University Press.

Chalmers, D. J. (2018). 'The meta-problem of consciousness'. *Journal of Consciousness Studies*, 25(9–10), 6–61.

Chang, H. (2004). *Inventing Temperature: Measurement and Scientific Progress*. New York, NY: Oxford University Press.

Chang, L., Zhang, S., Poo, M. M., et al. (2017). 'Spontaneous expression of mirror self-recognition in monkeys after learning precise visual-proprioceptive association for mirror images'. *Proceedings of the National Academy of Sciences of the USA*, 114(12), 3258–63.

Churchland, P. S. (1996). 'The hornswoggle problem'. *Journal of Consciousness Studies*, 3(5–6), 402–8.

Cisek, P. (2007). 'Cortical mechanisms of action selection: the affordance competition hypothesis'. *Philosophical Transactions of the Royal Society B: Biological Sciences*, 362(1485), 1585–99.

Clark, A. (2013). 'Whatever next? Predictive brains, situated agents, and the future of cognitive science'. *Behavioral and Brain Sciences*, 36(3), 181–204.

Clark, A. (2016). *Surfing Uncertainty*. Oxford: Oxford University Press.

Clayton, N. S., Dally, J. M., & Emery, N. J. (2007). 'Social cognition by food-caching corvids. The western scrub-jay as a natural psychologist'. *Philosophical Transactions of the Royal Society B: Biological Sciences*, 362(1480), 507–22.

Cobb, M. (2020). *The Idea of the Brain: A History*. London: Profile Books.

Collier, R. (2012). 'Hospital-induced delirium hits hard'. *Canadian Medical Association Journal*, 184(1), 23–4.

Conant, R., & Ashby, W. R. (1970). 'Every good regulator of a system must be a model of that system'. *International Journal of Systems Science*, 1(2), 89–97.

Cotard, J. (1880). 'Du délire hypocondriaque dans une forme grave de la mélancolie anxieuse. Mémoire lu à la Société médico-psychophysiologique dans la séance du 28 Juin 1880'. *Annales Medico-Psychologiques*, 168–74.

Cowey, A., & Stoerig, P. (1995). 'Blindsight in monkeys'. *Nature*, 373(6511), 247–9.

Craig, A. D. (2002). 'How do you feel? Interoception: the sense of the physiological condition of the body'. *Nature Reviews Neuroscience*, 3(8), 655–66.

Craig, A. D. (2009). 'How do you feel—now? The anterior insula and human awareness'. *Nature Reviews Neuroscience*, 10(1), 59–70.

Craver, C., & Tabery, J. (2017). 'Mechanisms in science'. In *The Stanford*

Encyclopedia of Philosophy. plato.stanford.edu/entries/science-mechanisms.

Crick, F., & Koch, C. (1990). 'Towards a neurobiological theory of consciousness'. *Seminars in the Neurosciences*, 2, 263–75.

Critchley, H. D., & Harrison, N. A. (2013). 'Visceral influences on brain and behavior'. *Neuron*, 77(4), 624–38.

Csikszentmihalyi, M. (1990). *Flow: The Psychology of Optimal Experience*. New York, NY: Harper & Row.

Damasio, A. (1994). *Descartes' Error*. London: Macmillan.

Damasio, A. (2000). *The Feeling of What Happens: Body and Emotion in the Making of Consciousness*. Harvest Books.

Damasio, A. (2010). *Self Comes to Mind: Constructing the Conscious Brain*. London: William Heinemann.

Darwin, C. (1872). *The Expression of Emotions in Man and Animals*. London: Fontana Press.

Davis, D. H., Muniz-Terrera, G., Keage, H. A., et al. (2017). 'Association of delirium with cognitive decline in late life: a neuropathologic study of three population-based cohort studies'. *JAMA Psychiatry*, 74(3), 244–51.

de Graaf, T. A., Hsieh, P. J., & Sack, A. T. (2012). 'The "correlates" in neural correlates of consciousness'. *Neuroscience and Biobehavioral Reviews*, 36(1), 191–7.

de Haan, E. H., Pinto, Y., Corballis, P. M., et al. (2020). 'Split-brain: What we know about cutting the corpus callosum now and why this is important for understanding consciousness'. *Neuropsychological Review*, 30, 224–33.

de Lange, F. P., Heilbron, M., & Kok, P. (2018). 'How do expectations shape perception?' *Trends in Cognitive Sciences*, 22(9), 764–79.

de Waal, F. B. M. (2019). 'Fish, mirrors, and a gradualist perspective on self-awareness'. *PLoS Biology*, 17(2), e3000112.

Dehaene, S., & Changeux, J. P. (2011). 'Experimental and theoretical approaches to conscious processing'. *Neuron*, 70(2), 200–227.

Dehaene, S., Lau, H., & Kouider, S. (2017). 'What is consciousness, and could machines have it?' *Science*, 358(6362), 486–92.

Deisseroth, K. (2015). 'Optogenetics: ten years of microbial opsins in neuroscience'. *Nature Neuroscience*, 18(9), 1213–25.

Della Sala, S., Marchetti, C., & Spinnler, H. (1991). 'Right-sided anarchic (alien) hand: a longitudinal study'. *Neuropsychologia*, 29(11), 1113–27.

Demertzi, A., Tagliazucchi, E., Dehaene, S., et al. (2019). 'Human consciousness is supported by dynamic complex patterns of brain signal coordination'. *Science Advances*, 5(2), eaat7603.

Dennett, D. C. (1984). *Elbow Room: The Varieties of Free Will Worth Wanting*. Cambridge, MA: MIT Press.

Dennett, D. C. (1991). *Consciousness Explained*. Boston, MA: Little, Brown.

Dennett, D. C. (1998). 'The myth of double transduction'. In S. Hameroff, A. W. Kasniak, & A. C. Scott (eds), *Toward a Science of Consciousness II: The Second Tucson Discussions and Debates*, Cambridge, MA: MIT Press, 97–101.

Dennett, D. C. (2003). *Freedom Evolves*. New York, NY: Penguin Books.

Dennett, D. C. (2015). 'Why and how does consciousness seem the way it seems?' In T. Metzinger & J. M. Windt (eds), *Open MIND*. Frankfurt-am-Main: MIND Group.

Dennett, D. C. & Caruso, G. (2021). *Just Deserts: Debating Free Will*. Cambridge: Polity.

Deutsch, D. (2012). *The Beginning of Infinity: Explanations that Transform the World*. New York NY: Penguin Books.

DiNuzzo, M., & Nedergaard, M. (2017). 'Brain energetics during the sleep-wake cycle'. *Current Opinion in Neurobiology*, 47, 65–72.

Donne, J. (1839). 'Devotions upon emergent occasions: Meditation XVII' [1624]. In H. Alford (ed.), *The Works of John Donne*, London: Henry Parker, vol. 3, 574–5.

Duffy, S. W., Vulkan, D., Cuckle, H., et al. (2020). 'Effect of mammographic screening from age forty years on breast cancer mortality (UK Age trial): final results of a randomised, controlled trial'. *Lancet Oncology*, 21(9), 1165–72.

Dupuy, J.-P. (2009). *On the Origins of Cognitive Science: The Mechanization of the Mind*. 2nd edn. Cambridge, MA: MIT Press.

Dutton, D. G., & Aron, A. P. (1974). 'Some evidence for heightened sexual attraction under conditions of high anxiety'. *Journal of Personal and Social Psychology*, 30(4), 510–17.

Edelman, D. B., Baars, B. J., & Seth, A. K. (2005). 'Identifying hallmarks of consciousness in non-mammalian species'. *Consciousness and Cognition*, 14(1), 169–87.

Edelman, D. B., & Seth, A. K. (2009). 'Animal consciousness: a synthetic approach'. *Trends in Neuroscience*, 32(9), 476–84.

Edelman, G. M. (1989). *The Remembered Present*. New York, NY: Basic Books.

Edelman, G. M., & Gally, J. (2001). 'Degeneracy and complexity in biological systems'. *Proceedings of the National Academy of Sciences of the USA*, 98(24), 13763–8.

Ehrsson, H. H. (2007). 'The experimental induction of out-of-body experiences'. *Science*, 317(5841), 1048.

Ekman, P. (1992). 'An argument for basic emotions'. *Cognition and Emotion*, 6(3-4), 169–200.

Entler, B. V., Cannon, J. T., & Seid, M. A. (2016). 'Morphine addiction in ants: a new model for self-administration and neurochemical analysis'. *Journal of Experimental Biology*, 219 (Pt 18), 2865–9.

Evans, E. P. (1906). *The Criminal Prosecution and Capital Punishment of Animals*. London: William Heinemann.

Feinberg, T. E., & Mallatt, J. M. (2017). *The Ancient Origins of Consciousness: How the Brain Created Experience*. Cambridge, MA: MIT Press.

Feldman, H., & Friston, K. J. (2010). 'Attention, uncertainty, and free-energy'. *Frontiers in Human Neuroscience*, 4, 215.

Felleman, D. J., & Van Essen, D. C. (1991). 'Distributed hierarchical processing in the primate cerebral cortex'. *Cerebral Cortex*, 1(1), 1–47.

Ferrarelli, F., Massimini, M., Sarasso, S., et al. (2010). 'Breakdown in cortical effective connectivity during midazolam-induced loss of consciousness'. *Proceedings of the National Academy of Sciences of the USA*, 107(6), 2681–6.

Fiorito, G., & Scotto, P. (1992). 'Observational learning in *Octopus vulgaris*'. *Science*, 256(5056), 545–7.

Firestone, C. (2013). 'On the origin and status of the "El Greco fallacy"'. *Perception*, 42(6), 672–4.

Fletcher, P. C., & Frith, C. D. (2009). 'Perceiving is believing: a Bayesian approach to explaining the positive symptoms of schizophrenia'. *Nature Reviews Neuroscience*, 10(1), 48–58.

Fleming, S. M. (2020). 'Awareness as inference in a higher-order state space'. *Neuroscience of Consciousness*, 2020(1), niz020.

Flounders, M. W., Gonzalez-Garcia, C., Hardstone, R., et al. (2019). 'Neural dynamics of visual ambiguity resolution by perceptual prior.' *Elife*, 8, e41861.

Formisano, R., D'Ippolito, M., Risetti, M., et al. (2011). 'Vegetative state, minimally conscious state, akinetic mutism and Parkinsonism as a continuum of recovery from disorders of consciousness: an exploratory and preliminary study'. *Functional Neurology*, 26(1), 15–24.

Frankish, K. (2017). *Illusionism as a Theory of Consciousness*. Exeter: Imprint Academic.

Frässle, S., Sommer, J., Jansen, A., et al. (2014). 'Binocular rivalry: frontal activity relates to introspection and action but not to perception'. *Journal of Neuroscience*, 34(5), 1738–47.

Fredens, J., Wang, K., de la Torre, D., et al. (2019). 'Total synthesis of *Escherichia coli* with a recoded genome'. *Nature*, 569(7757), 514–18.

Fried, I., Katz, A., McCarthy, G., et al. (1991). 'Functional organization of human supplementary motor cortex studied by electrical stimulation'. *Journal of Neuroscience*, 11(11), 3656–66.

Friston, K. J. (2009). 'The free-energy principle: a rough guide to the brain?' *Trends in Cognitive Sciences*, 13(7), 293–301.

Friston, K. J. (2010). 'The free-energy principle: a unified brain theory?' *Nature Reviews Neuroscience*, 11(2), 127–38.

Friston, K. J. (2018). 'Am I self-conscious? (Or does self-organization entail self-consciousness?)'. *Frontiers in Psychology*, 9, 579.

Friston, K. J., Daunizeau, J., Kilner, J., et al. (2010). 'Action and behavior: a free-energy formulation'. *Biological Cybernetics*, 102(3), 227–60.

Friston, K. J., Thornton, C., & Clark, A. (2012). 'Free-energy minimization and the dark-room problem'. *Frontiers in Psychology*, 3, 130.

Frith, C. D. (2007). *Making Up the Mind: How the Brain Creates Our Mental World*. Oxford: Wiley-Blackwell.

Gallagher, S. (2008). 'Direct perception in the intersubjective context'. *Consciousness and Cognition*, 17(2), 535–43.

Gallese, V., Fadiga, L., Fogassi, L., et al. (1996). 'Action recognition in the premotor cortex'. *Brain*, 119 (Pt 2), 593–609.

Gallup, G. G. (1970). 'Chimpanzees: self-recognition'. *Science*, 167, 86–7.

Gallup, G. G., & Anderson, J. R. (2018). 'The "olfactory mirror" and other recent attempts to demonstrate self-recognition in non-primate species'. *Behavioural Processes*, 148, 16–19.

Gallup, G. G., & Anderson, J. R. (2020). 'Self-recognition in animals: Where do we stand fifty years later? Lessons from cleaner wrasse and other species'. *Psychology of Consciousness: Theory, Research, and Practice*, 7(1), 46–58.

Gasquet, J. (1991). *Cézanne: A Memoir with Conversations*. London: Thames & Hudson Ltd.

Gehrlach, D. A., Dolensek, N., Klein, A. S., et al. (2019). 'Aversive state processing in the posterior insular cortex'. *Nature Neuroscience*, 22(9), 1424–37.

Gibson, J. J. (1979). *The Ecological Approach to Visual Perception*. Hillsdale, NJ: Lawrence Erlbaum.

Gidon, A., Zolnik, T. A., Fidzinski, P., et al. (2020). 'Dendritic action potentials and computation in human layer 2/3 cortical neurons'. *Science*, 367(6473), 83–7.

Gifford, C., & Seth, A. K. (2013). *Eye Benders: The Science of Seeing and Believing*. London: Thames & Hudson.

Ginsburg, S., & Jablonka, E. (2019). *The Evolution of the Sensitive Soul: Learning and the Origins of Consciousness*. Cambridge, MA: MIT Press.

Godfrey-Smith, P. G. (1996). 'Spencer and Dewey on life and mind'. In M. Boden (ed.), *The Philosophy of Artificial Life*, Oxford: Oxford University Press, 314–31.

Godfrey-Smith, P. G. (2017). *Other Minds: The Octopus, the Sea, and the Deep Origins of Consciousness*. New York: Farrar, Strauss, and Giroux.

Goff, P. (2019). *Galileo's Error: Foundations for a New Science of Consciousness*. London: Rider.

Gombrich, E. H. (1961). *Art and Illusion: A Study in the Psychology of Pictorial Representation*. Ewing, NJ: Princeton University Press.

Goodstein, D. L. (1985). *States of Matter*. Chelmsford, MA: Courier Corporation.

Gregory, R. L. (1980). 'Perceptions as hypotheses'. *Philosophical Transactions of the Royal Society B: Biological Sciences*, 290(1038), 181–97.

Grill-Spector, K., & Malach, R. (2004). 'The human visual cortex'. *Annual Review of Neuroscience*, 27, 649–77.

Haggard, P. (2008). 'Human volition: towards a neuroscience of will'. *Nature Reviews Neuroscience*, 9(12), 934–46.

Haggard, P. (2019). 'The neurocognitive bases of human volition'. *Annual Review of Psychology*, 70, 9–28.

Hanlon, J., & Messenger, J. B. (1996). *Cephalopod Behaviour*. Cambridge: Cambridge University Press.

Harding, D. E. (1961). *On Having No Head*. London: The Shollond Trust.

Harris, S. (2012). *Free Will*. New York: Deckle Edge.

Harrison, N. A., Gray, M. A., Gianaros, P. J., et al. (2010). 'The embodiment of emotional feelings in the brain'. *Journal of*

Neuroscience, 30(38), 12878–84.

Harvey, I. (2008). 'Misrepresentations'. In S. Bullock, J. Noble, R. Watson, et al. (Eds.), *Artificial Life Xi: Proceedings of the 11th International Conference On the Simulation and Synthesis of Living Systems* (pp. 227–33). Cambridge, MA: MIT Press.

Hatfield, G. (2002). *Descartes and the Meditations*. Abingdon: Routledge.

Haun, A. M. (2021). 'What is visible across the visual field?' *Neuroscience of Consciousness*.

Haun, A. M., & Tononi, G. (2019). 'Why does space feel the way it does? Towards a principled account of spatial experience'. *Entropy*, 21(12), 1160.

He, K., Zhang, X., Ren, S., et al. (2016). 'Deep residual learning for image recognition'. In *2016 IEEE Conference on Computer Vision and Pattern Recognition (CVPR)*.

Heilbron, M., Richter, D., Ekman, M., et al. (2020). 'Word contexts enhance the neural representation of individual letters in early visual cortex'. *Nature Communications*, 11(1), 321.

Herculano-Houzel, S. (2009). 'The human brain in numbers: a linearly scaled-up primate brain'. *Frontiers in Human Neuroscience*, 3, 31.

Herculano-Houzel, S. (2016). *The Human Advantage: A New Understanding of How Our Brain Became Remarkable*. Cambridge, MA: MIT Press.

Hochner, B. (2012). 'An embodied view of octopus neurobiology'. *Current Biology*, 22(20), R887–92.

Hoel, E. P., Albantakis, L., & Tononi, G. (2013). 'Quantifying causal emergence shows that macro can beat micro'. *Proceedings of the National Academy of Sciences of the USA*, 110(49), 19790–5.

Hoffman, D. (2019). *The Case against Reality: Why Evolution Hid the Truth from Our Eyes*. London: W. W. Norton & Company.

Hoffman, D., Singh, M., & Prakash, C. (2015). 'The interface theory of perception'. *Psychonomic Bulletin and Review*, 22, 1480–1506.

Hohwy, J. (2013). *The Predictive Mind*. Oxford: Oxford University Press.

Hohwy, J. (2014). 'The self-evidencing brain'. *Nous*, 50(2), 259–85.

Hohwy, J. (2020a). 'New directions in predictive processing'. *Mind and Language*. 35(2), 209–23.

Hohwy, J. (2020b). 'Self-supervision, normativity and the free energy principle'. *Synthese*. doi:10.1007/s11229-020-02622-2.

Hohwy, J., & Seth, A. K. (2020). 'Predictive processing as a systematic basis for identifying the neural correlates of consciousness'. *Philosophy and the Mind Sciences*, 1(2), 3.

Hurley, S., & Noë, A. (2003). 'Neural plasticity and consciousness'. *Biology and Philosophy*, 18, 131–68.

Husserl, E. (1960 [1931]). *Cartesian Meditations: An Introduction to Phenomenology*. The Hague: Nijhoff.

Inagaki, K., & Hatano, G. (2004). 'Vitalistic causality in young children's naive biology'. *Trends in Cognitive Sciences*, 8(8), 356–62.

James, W. (1884). 'What is an emotion?'. *Mind*, 9(34), 188–205.

James, W. (1890). *The Principles of Psychology*. New York: Henry Holt.

Jao Keehn, R. J., Iversen, J. R., Schulz, I., et al. (2019). 'Spontaneity and diversity of movement to music are not uniquely human'. *Current Biology*, 29(13), R621–R622.

Jensen, F. V. (2000). *Introduction to Bayesian Networks*. New York: Springer.

Jensen, M. P., Jamieson, G. A., Lutz, A., et al. (2017). 'New directions in hypnosis research: strategies for advancing the cognitive and clinical neuroscience of hypnosis'. *Neuroscience of Consciousness*, 3(1), nix004.

Kail, P. J. E. (2007). *Projection and Realism in Hume's Philosophy*. Oxford: Oxford University Press.

Kandel, E. R. (2012). *The Age of Insight: The Quest to Understand the Unconscious in Art, Mind, and Brain, from Vienna 1900 to the Present*. New York: Random House.

Kelz, M. B., & Mashour, G. A. (2019). 'The biology of general anesthesia from paramecium to primate'. *Current Biology*, 29(22), R1199–R1210.

Kessler, M. J., & Rawlins, R. G. (2016). 'A seventy-five-year pictorial history of the Cayo Santiago rhesus monkey colony'. *American Journal of Primatology*, 78(1), 6–43.

Khuong, T. M., Wang, Q. P., Manion, J., et al. (2019). 'Nerve injury drives a heightened state of vigilance and neuropathic sensitization in *Drosophila*'. *Science Advances*, 5(7), eaaw4099.

Kirchhoff, M. (2018). 'Autopoeisis, free-energy, and the life-mind continuity thesis'. *Synthese*, 195(6), 2519–40.

Kirchhoff, M., Parr, T., Palacios, E., et al. (2018). 'The Markov blankets of life: autonomy, active inference and the free energy principle'. *Journal of the Royal Society Interface*, 15(138), 20170792.

Koch, C. (2019). *The Feeling of Life Itself: Why Consciousness Is Widespread But Can't Be Computed*. Cambridge, MA: MIT Press.

Kohda, M., Hotta, T., Takeyama, T., et al. (2019). 'If a fish can pass the mark test, what are the implications for consciousness and self-awareness testing in animals?' *PLoS Biology*, 17(2), e3000021.

Kornhuber, H. H., & Deecke, L. (1965). ['Changes in the brain potential in voluntary movements and passive movements in man: readiness potential and reafferent potentials']. *Pflügers Archiv für die gesamte Physiologie des Menschen und der Tiere*, 284, 1–17.

Konkoly, K. R., Appel, K., Chabani, E., et al. (2021). 'Real-time dialogue between experimenters and dreamers during REM sleep'. *Current Biology*, 31(7), 1417–27.

Kuhn, G., Amlani, A. A., & Rensink, R. A. (2008). 'Towards a science of magic'. *Trends in Cognitive Sciences*, 12(9), 349–54.

Lakatos, I. (1978). *The Methodology of Scientific Research Programmes: Philosophical Papers*. Cambridge: Cambridge University Press.

La Mettrie, J. O. de (1748). *L'Homme machine*. Leiden: Luzac.

Lau, H., & Rosenthal, D. (2011). 'Empirical support for higher-order theories of conscious awareness'. *Trends in Cognitive Sciences*, 15(8), 365–73.

LeDoux, J. (2012). 'Rethinking the emotional brain'. *Neuron*, 73(4), 653–76.

LeDoux, J. (2019). *The Deep History of Ourselves: The Four-billion-year Story of How We Got Conscious Brains.* New York, NY: Viking.

LeDoux, J., Michel, M., & Lau, H. (2020). 'A little history goes a long way toward understanding why we study consciousness the way we do today.' *Proceedings of the National Academy of Sciences of the USA,* 117(13), 6976–84.

Lemon, R. N., & Edgley, S. A. (2010). 'Life without a cerebellum'. *Brain,* 133 (Pt 3), 652–4.

Lenggenhager, B., Tadi, T., Metzinger, T., et al. (2007). 'Video ergo sum: manipulating bodily self-consciousness'. *Science,* 317(5841), 1096–9.

Lettvin, J. Y. (1976). 'On seeing sidelong'. *The Sciences,* 16, 10–20.

Libet, B. (1985). 'Unconscious cerebral initiative and the role of conscious will in voluntary action'. *Behavioral and Brain Sciences,* 8, 529–66.

Libet, B., Wright, E. W., Jr., & Gleason, C. A. (1983). 'Preparation- or intention-to-act, in relation to pre-event potentials recorded at the vertex'. *Electroencephalography and Clinical Neurophysiology,* 56(4), 367–72.

Lipton, P. (2004). *Inference to the Best Explanation.* Abingdon: Routledge.

Liscovitch-Brauer, N., Alon, S., Porath, H. T., et al. (2017). 'Trade-off between transcriptome plasticity and genome evolution in cephalopods'. *Cell,* 169(2), 191–202 e111.

Livneh, Y., Sugden, A. U., Madara, J. C., et al. (2020). 'Estimation of current and future physiological states in insular cortex'. *Neuron,* 105(6), 1094–1111.e10.

Luppi, A. I., Craig, M. M., Pappas, I., et al. (2019). 'Consciousness-specific dynamic interactions of brain integration and functional diversity'. *Nature Communications,* 10(1), 4616.

Lush, P. (2020). 'Demand characteristics confound the rubber hand illusion'. *Collabra Psychology,* 6, 22.

Lush, P., Botan, V., Scott, R. B., et al. (2020). 'Trait phenomenological control predicts experience of mirror synaesthesia and the rubber hand illusion'. *Nature Communications,* 11(1), 4853.

Lyamin, O. I., Kosenko, P. O., Korneva, S. M., et al. (2018). 'Fur seals suppress REM sleep for very long periods without subsequent rebound'. *Current Biology*, 28(12), 2000–2005 e2002.

Makari, G. (2016). *Soul Machine: The Invention of the Modern Mind*. London: W. W. Norton.

Marken, R. S., & Mansell, W. (2013). 'Perceptual control as a unifying concept in psychology'. *Review of General Psychology*, 17(2), 190–95.

Markov, N. T., Vezoli, J., Chameau, P., et al. (2014). 'Anatomy of hierarchy: feedforward and feedback pathways in macaque visual cortex'. *Journal of Comparative Neurology*, 522(1), 225–59.

Marr, D. (1982). *Vision: A Computational Investigation into the Human Representation and Processing of Visual Information*. New York: Freeman.

Mashour, G. A., Roelfsema, P., Changeux, J. P., et al. (2020). 'Conscious processing and the global neuronal workspace hypothesis'. *Neuron*, 105(5), 776–98.

Massimini, M., Ferrarelli, F., Huber, R., et al. (2005). 'Breakdown of cortical effective connectivity during sleep'. *Science*, 309(5744), 2228–32.

Mather, J. (2019). 'What is in an octopus's mind?'. *Animal Sentience*, 26(1), 1–29.

Maturana, H., & Varela, F. (1980). *Autopoiesis and Cognition: The Realization of the Living*. Dordrecht: D. Reidel.

McEwan, I. (2000). *Atonement*. New York: Anchor Books.

McGinn, C. (1989). 'Can we solve the mind-body problem?' *Mind*, 98(391), 349–66.

McGrayne, S. B. (2012). *The Theory That Would Not Die: How Bayes' Rule Cracked the Enigma Code, Hunted Down Russian Submarines, and Emerged Triumphant from Two Centuries of Controversy*. New Haven, CT: Yale University Press.

McLeod, P., Reed, N., & Dienes, Z. (2003). 'Psychophysics: how fielders arrive in time to catch the ball'. *Nature*, 426(6964), 244–5.

Mediano, P. A. M., Seth, A. K., & Barrett, A. B. (2019). 'Measuring integrated information: comparison of candidate measures in theory and simulation'. *Entropy*, 21(1), 17.

Mele, A. (2009). *Effective Intentions: The Power of Conscious Will*. New York: Oxford University Press.

Melloni, L., Schwiedrzik, C. M., Muller, N., et al. (2011). 'Expectations change the signatures and timing of electrophysiological correlates of perceptual awareness'. *Journal of Neuroscience*, 31(4), 1386–96.

Merker, B. (2007). 'Consciousness without a cerebral cortex: a challenge for neuroscience and medicine'. *Behavioral and Brain Sciences*, 30(1), 63–81; discussion 81–134.

Merleau-Ponty, M. (1962). *Phenomenology of Perception*. London: Routledge & Kegan Paul.

Merleau-Ponty, M. (1964). 'Eye and mind'. In J. E. Edie (ed.), *The Primacy of Perception*, Evanston, IL: Northwestern University Press, 159–90.

Messenger, J. B. (2001). 'Cephalopod chromatophores: neurobiology and natural history'. *Biological Reviews of the Cambridge Philosophical Society*, 76(4), 473–528.

Metzinger, T. (2003a). *Being No One*. Cambridge, MA: MIT Press.

Metzinger, T. (2003b). 'Phenomenal transparency and cognitive self-reference'. *Phenomenology and the Cognitive Sciences*, 2, 353–93.

Metzinger, T. (2021). 'Artificial suffering: An argument for a global moratorium on synthetic phenomenology'. *Journal of Artificial Intelligence and Consciousness*, 8(1), 1–24.

Monroe, R. (1971). *Journeys out of the Body*. London: Anchor Press.

Monti, M. M., Vanhaudenhuyse, A., Coleman, M. R., et al. (2010). 'Willful modulation of brain activity in disorders of consciousness'. *New England Journal of Medicine*, 362(7), 579–89.

Mori, M., MacDorman, K. F., & Kageki, N. (2012). 'The Uncanny Valley'. *IEEE Robotics & Automation Magazine*, 19(2), 98–100.

Myles, P. S., Leslie, K., McNeil, J., et al. (2004). 'Bispectral index monitoring to prevent awareness during anaesthesia: the B-Aware randomised controlled trial'. *Lancet*, 363(9423), 1757–63.

Naci, L., Sinai, L., & Owen, A. M. (2017). 'Detecting and interpreting conscious experiences in behaviorally non-responsive patients'. *Neuroimage*, 145 (Pt B), 304–13.

Nagel, T. (1974). 'What is it like to be a bat?' *Philosophical Review*, 83(4), 435–50.

Nasraway, S. S., Jr., Wu, E. C., Kelleher, R. M., et al. (2002). 'How reliable is the Bispectral Index in critically ill patients? A prospective, comparative, single-blinded observer study'. *Critical Care Medicine*, 30(7), 1483–7.

Nesher, N., Levy, G., Grasso, F. W., et al. (2014). 'Self-recognition mechanism between skin and suckers prevents octopus arms from interfering with each other'. *Current Biology*, 24(11), 1271–5.

Nin, A. (1961). *Seduction of the Minotaur*. Denver, CO: Swallow Press.

O'Regan, J. K. (2011). *Why Red Doesn't Sound Like a Bell: Understanding the Feel of Consciousness*. Oxford: Oxford University Press.

O'Regan, J. K., & Noë, A. (2001). 'A sensorimotor account of vision and visual consciousness'. *Behavioral and Brain Sciences*, 24(5), 939–73; discussion 973–1031.

Orne, M. T. (1962). 'On the social psychology of the psychological experiment: with particular reference to demand characteristics and their implications'. *American Psychologist*, 17, 776–83.

Owen, A. M. (2017). *Into the Grey Zone: A Neuroscientist Explores the Border between Life and Death*. London: Faber & Faber.

Owen, A. M., Coleman, M. R., Boly, M., et al. (2006). 'Detecting awareness in the vegetative state'. *Science*, 313(5792), 1402.

Palmer, C. E., Davare, M., & Kilner, J. M. (2016). 'Physiological and perceptual sensory attenuation have different underlying neurophysiological correlates'. *Journal of Neuroscience*, 36(42), 10803–12.

Palmer, C. J., Seth, A. K., & Hohwy, J. (2015). 'The felt presence of other minds: Predictive processing, counterfactual predictions, and mentalising in autism'. *Consciousness and Cognition*, 36, 376–89.

Panksepp, J. (2004). *Affective Neuroscience: The Foundations of Human and Animal Emotions*. Oxford: Oxford University Press.

Panksepp, J. (2005). 'Affective consciousness: Core emotional feelings in animals and humans'. *Consciousness and Cognition*, 14(1), 30–80.

Park, H. D., & Blanke, O. (2019). 'Coupling inner and outer body for self-consciousness'. *Trends in Cognitive Sciences*, 23(5), 377–88.

Park, H. D., & Tallon-Baudry, C. (2014). 'The neural subjective frame: from bodily signals to perceptual consciousness'. *Philosophical Transactions of the Royal Society B: Biological Sciences*, 369(1641), 20130208.

Parvizi, J., & Damasio, A. (2001). 'Consciousness and the brainstem'. *Cognition*, 79(1–2), 135–60.

Penrose, R. (1989). *The Emperor's New Mind*. Oxford: Oxford University Press.

Pepperberg, I. M., & Gordon, J. D. (2005). 'Number comprehension by a grey parrot (*Psittacus erithacus*), including a zero-like concept'. *Journal of Comparative Psychology*, 119(2), 197–209.

Pepperberg, I. M., & Shive, H. R. (2001). 'Simultaneous development of vocal and physical object combinations by a grey parrot (*Psittacus erithacus*): bottle caps, lids, and labels'. *Journal of Comparative Psychology*, 115(4), 376–84.

Petkova, V. I., & Ehrsson, H. H. (2008). 'If I were you: perceptual illusion of body swapping'. *PLoS One*, 3(12), e3832.

Petzschner, F. H., Weber, L. A., Wellstein, K. V., et al. (2019). 'Focus of attention modulates the heartbeat evoked potential'. *Neuroimage*, 186, 595–606.

Petzschner, F. H., Weber, L. A. E., Gard, T., et al. (2017). 'Computational psychosomatics and computational psychiatry: toward a joint framework for differential diagnosis'. *Biological Psychiatry*, 82(6), 421–30.

Phillips, M. L., Medford, N., Senior, C., et al. (2001). 'Depersonalization disorder: thinking without feeling'. *Psychiatry Research*, 108(3), 145–60.

Pinto, Y., van Gaal, S., de Lange, F. P., et al. (2015). 'Expectations accelerate entry of visual stimuli into awareness'. *Journal of Vision*, 15(8), 13.

Pollan, M. (2018). *How to Change Your Mind*. New York, NY: Penguin.

Portin, P. (2009). 'The elusive concept of the gene'. *Hereditas*, 146(3), 112–17.

Posada, S., & Colell, M. (2007). 'Another gorilla (*Gorilla gorilla gorilla*) recognizes himself in a mirror'. *American Journal of Primatology*, 69(5), 576–83.

Powers, W. T. (1973). *Behavior: The Control of Perception*. Hawthorne, NY: Aldine de Gruyter.

Press, C., Kok, P., & Yon, D. (2020). 'The perceptual prediction paradox'. *Trends in Cognitive Sciences*, 24(1), 13–24.

Pressnitzer, D., Graves, J., Chambers, C., et al. (2018). 'Auditory perception: Laurel and Yanny together at last'. *Current Biology*, 28(13), R739–R741.

Raccah, O., Block, N., & Fox, K. (2021). 'Does the prefrontal cortex play an essential role in consciousness? Insights from intracranial electrical stimulation of the human brain. *Journal of Neuroscience*, 41(1), 2076–87.

Rao, R. P., & Ballard, D. H. (1999). 'Predictive coding in the visual cortex: a functional interpretation of some extra-classical receptive-field effects'. *Nature Neuroscience*, 2(1), 79–87.

Reep, R. L., Finlay, B. L., & Darlington, R. B. (2007). 'The limbic system in mammalian brain evolution'. *Brain, Behavior and Evolution*, 70(1), 57–70.

Richards, B. A., Lillicrap, T. P., Beaudoin, P., et al. (2019). 'A deep learning framework for neuroscience'. *Nature Neuroscience*, 22(11), 1761–70.

Riemer, M., Trojan, J., Beauchamp, M., et al. (2019). 'The rubber hand universe: On the impact of methodological differences in the rubber hand illusion'. *Neuroscience and Biobehavioral Reviews*, 104, 268–80.

Rosas, F., Mediano, P. A. M., Jensen, H. J., et al. (2021). 'Reconciling emergences: An information-theoretic approach to identify causal emergence in multivariate data'. *PLoS Computational Biology*, 16(12), e1008289.

Roseboom, W., Fountas, Z., Nikiforou, K., et al. (2019). 'Activity in perceptual classification networks as a basis for human subjective time perception'. *Nature Communications*, 10(1), 267.

Rousseau, M. C., Baumstarck, K., Alessandrini, M., et al. (2015). 'Quality of life in patients with locked-in syndrome: Evolution over a six-year period'. *Orphanet Journal of Rare Diseases*, 10, 88.

Russell, S. (2019). *Human Compatible: Artificial Intelligence and the Problem of Control*. New York: Viking.

Sabra, A. I. (1989). *The Optics of Ibn Al-Haytham, Books I–III*. London: The Warburg Institute.

Schachter, S., & Singer, J. E. (1962). 'Cognitive, social, and physiological determinants of emotional state'. *Psychological Review*, 69, 379–99.

Schartner, M. M., Carhart-Harris, R. L., Barrett, A. B., et al. (2017a). 'Increased spontaneous MEG signal diversity for psychoactive doses of ketamine, LSD and psilocybin'. *Scientific Reports*, 7, 46421.

Schartner, M. M., Pigorini, A., Gibbs, S. A., et al. (2017b). 'Global and local complexity of intracranial EEG decreases during NREM sleep'. *Neuroscience of Consciousness*, 3(1), niw022.

Schartner, M. M., Seth, A. K., Noirhomme, Q., et al. (2015). 'Complexity of multi-dimensional spontaneous EEG decreases during propofol induced general anaesthesia'. *PLoS One*, 10(8), e0133532.

Schick, N. (2020). *Deep Fakes and the Infocalypse: What You Urgently Need to Know*. Monterey, CA: Monoray.

Schneider, S. (2019). *Artificial You: AI and the Future of Your Mind*. Princeton, NJ: Princeton University Press.

Schurger, A., Sitt, J. D., & Dehaene, S. (2012). 'An accumulator model for spontaneous neural activity prior to self-initiated movement'.

Proceedings of the National Academy of Sciences of the USA, 109(42), E2904–13.

Searle, J. (1980). 'Minds, brains, and programs'. *Behavioral and Brain Sciences*, 3(3), 417–57.

Seth, A. K. (2009). 'Explanatory correlates of consciousness: Theoretical and computational challenges'. *Cognitive Computation*, 1(1), 50–63.

Seth, A. K. (2010). 'Measuring autonomy and emergence via Granger causality'. *Artificial Life*, 16(2), 179–96.

Seth, A. K. (2013). 'Interoceptive inference, emotion, and the embodied self'. *Trends in Cognitive Sciences*, 17(11), 565–73.

Seth, A. K. (2014a). 'Darwin's neuroscientist: Gerald M. Edelman, 1929–2014'. *Frontiers in Psychology*, 5, 896.

Seth, A. K. (2014b). 'A predictive processing theory of sensorimotor contingencies: Explaining the puzzle of perceptual presence and its absence in synaesthesia'. *Cognitive Neuroscience*, 5(2), 97–118.

Seth, A. K. (2015a). 'The cybernetic bayesian brain: from interoceptive inference to sensorimotor contingencies'. In J. M. Windt & T. Metzinger (eds), *Open MIND*, Frankfurt am Main: MIND Group, 35(T).

Seth, A. K. (2015b). 'Inference to the best prediction'. In T. Metzinger & J. M. Windt (eds), *Open MIND*, Frankfurt am Main: MIND Group, 35(R).

Seth, A. K. (2016a). 'Aliens on earth: What octopus minds can tell us about alien consciousness'. In J. Al-Khalili (ed.), *Aliens*, London: Profile Books, 47–58.

Seth, A. K. (2016b). 'The real problem'. *Aeon*. aeon.co/essays/the-hard-problem-of-consciousness-is-a-distraction-from-the-real-one.

Seth, A. K. (2017). 'The fall and rise of consciousness science'. In A. Haag (Ed.), *The Return of Consciousness* (pp. 13–41). Riga: Ax:Son Johnson Foundation.

Seth, A. K. (2018). 'Consciousness: The last 50 years (and the next)'. *Brain and Neuroscience Advances*, 2, 2398212818816019.

Seth, A. K. (2019a). 'Being a beast machine: The origins of selfhood in control-oriented interoceptive inference'. In M. Colombo, L. Irvine, & M. Stapleton (eds), *Andy Clark and his Critics*, Oxford: Wiley-Blackwell, 238–54.

Seth, A. K. (2019b). 'From unconscious inference to the Beholder's Share: Predictive perception and human experience'. *European Review*, 273(3), 378–410.

Seth, A. K. (2019c). 'Our inner universes'. *Scientific American*, 321(3), 40–47.

Seth, A. K., Baars, B. J., & Edelman, D. B. (2005). 'Criteria for consciousness in humans and other mammals'. *Consciousness and Cognition*, 14(1), 119–39.

Seth, A. K., Barrett, A. B., & Barnett, L. (2011a). 'Causal density and integrated information as measures of conscious level'. *Philosophical Transactions of the Royal Society A: Mathematical, Physical, and Engineering Sciences*, 369(1952), 3748–67.

Seth, A. K., Dienes, Z., Cleeremans, A., et al. (2008). 'Measuring consciousness: relating behavioural and neurophysiological approaches'. *Trends in Cognitive Sciences*, 12(8), 314–21.

Seth, A. K., & Friston, K. J. (2016). 'Active interoceptive inference and the emotional brain'. *Philosophical Transactions of the Royal Society B: Biological Sciences*, 371(1708), 20160007.

Seth, A. K., Izhikevich, E., Reeke, G. N., et al. (2006). 'Theories and measures of consciousness: An extended framework'. *Proceedings of the National Academy of Sciences of the USA*, 103(28), 10799–804.

Seth, A. K., Millidge, B., Buckley, C. L., et al. (2020). 'Curious inferences: Reply to Sun and Firestone on the dark room problem'. *Trends in Cognitive Sciences*, 24(9), 681–3.

Seth, A. K., Roseboom, W., Dienes, Z., & Lush, P. (2021). 'What's up with the rubber hand illusion?'. https://psyarxiv.com/b4qcy/

Seth, A. K., Suzuki, K., & Critchley, H. D. (2011b). 'An interoceptive predictive coding model of conscious presence'. *Frontiers in Psychology*, 2, 395.

Seth, A. K., & Tsakiris, M. (2018). 'Being a beast machine: the somatic basis of selfhood'. *Trends in Cognitive Sciences*, 22(11), 969–81.

Shanahan, M. P. (2010). *Embodiment and the Inner Life: Cognition and Consciousness in the Space of Possible Minds*. Oxford: Oxford University Press.

Shanahan, M. P. (2015). *The Technological Singularity*. Cambridge, MA: MIT Press.

Sherman, M. T., Fountas, Z., Seth, A. K., et al. (2020). 'Accumulation of salient events in sensory cortex activity predicts subjective time'. www.biorxiv.org/content/10.1101/2020.01.09.900423v4.

Shigeno, S., Andrews, P. L. R., Ponte, G., et al. (2018). 'Cephalopod brains: an overview of current knowledge to facilitate comparison with vertebrates'. *Frontiers in Physiology*, 9, 952.

Shugg, W. (1968). 'The cartesian beast-machine in English literature (1663–1750)'. *Journal of the History of Ideas*, 29(2), 279–92.

Silver, D., Schrittwieser, J., Simonyan, K., et al. (2017). 'Mastering the game of Go without human knowledge'. *Nature*, 550(7676), 354–9.

Simons, D. J., & Chabris, C. F. (1999). 'Gorillas in our midst: sustained inattentional blindness for dynamic events'. *Perception*, 28(9), 1059–74.

Solms, M. (2018). 'The hard problem of consciousness and the free energy principle'. *Frontiers in Physiology*, 9, 2714.

Solms, M. (2021). *The Hidden Spring: A Journey to the Source of Consciousness*. London: Profile Books.

Stein, B. E., & Meredith, M. A. (1993). *The Merging of the Senses*. Cambridge, MA: MIT Press.

Steiner, A. P., & Redish, A. D. (2014). 'Behavioral and neurophysiological correlates of regret in rat decision-making on a neuroeconomic task'. *Nature Neuroscience*, 17(7), 995–1002.

Sterling, P. (2012). 'Allostasis: a model of predictive regulation'. *Physiology and Behavior*, 106(1), 5–15.

Stetson, C., Fiesta, M. P., & Eagleman, D. M. (2007). 'Does time really slow down during a frightening event?' *PLoS One*, 2(12), e1295.

Stoelb, B. L., Molton, I. R., Jensen, M. P., et al. (2009). 'The efficacy of hypnotic analgesia in adults: a review of the literature'. *Contemporary Hypnosis*, 26(1), 24–39.

Stoljar, D. (2017). 'Physicalism'. In E. N. Zalta (ed.), *The Stanford Encyclopedia of Philosophy* (Winter 2017 edn). plato.stanford.edu/archives/win2017/entries/physicalism/.

Strawson, G. (2008). *Real Materialism and Other Essays*. Oxford: Oxford University Press.

Strycker, N. (2014). *The Thing with Feathers: The Surprising Lives of Birds and What They Reveal about Being Human*. New York, NY: Riverhead Books.

Suárez-Pinilla, M., Nikiforou, K., Fountas, Z., et al. (2019). 'Perceptual content, not physiological signals, determines perceived duration when viewing dynamic, natural scenes'. *Collabra Psychology*, 5(1), 55.

Sun, Z., & Firestone, C. (2020). 'The dark room problem'. *Trends in Cognitive Sciences*, 24(5), 346–8.

Sutherland, S. (1989). *International Dictionary of Psychology*. New York: Crossroad Classic.

Suzuki, K., Garfinkel, S. N., Critchley, H. D., & Seth, A. K. (2013). 'Multisensory integration across exteroceptive and interoceptive domains modulates self-experience in the rubber-hand illusion'. *Neuropsychologia*, 51(13), 2909–17.

Suzuki, K., Roseboom, W., Schwartzman, D. J., & Seth, A. K. (2017). 'A deep-dream virtual reality platform for studying altered perceptual phenomenology'. *Scientific Reports*, 7(1), 15982.

Suzuki, K., Schwartzman, D. J., Augusto, R., & Seth, A. K. (2019). 'Sensorimotor contingency modulates breakthrough of virtual 3D objects during a breaking continuous flash suppression paradigm'. *Cognition*, 187, 95–107.

Suzuki, K., Wakisaka, S., & Fujii, N. (2012). 'Substitutional reality system: a novel experimental platform for experiencing alternative reality'. *Scientific Reports*, 2, 459.

Swanson, L. R. (2016). 'The predictive processing paradigm has roots in Kant'. *Frontiers in Systems Neuroscience*, 10, 79.

Teasdale, G. M., & Murray, L. (2000). 'Revisiting the Glasgow Coma Scale and Coma Score'. *Intensive Care Medicine*, 26(2), 153–4.

Teufel, C., & Fletcher, P. C. (2020). 'Forms of prediction in the nervous system'. *Nature Reviews Neuroscience*, 21(4), 231–42.

Thompson, E. (2007). *Mind in Life: Biology, Phenomenology, and the Sciences of Mind*. Cambridge, MA: Harvard University Press.

Thompson, E. (2014). *Waking, Dreaming, Being: Self and Consciousness in Neuroscience, Meditation, and Philosophy*. New York, NY: Columbia University Press.

Timmermann, C., Roseman, L., Schartner, M., et al. (2019). 'Neural correlates of the DMT experience assessed with multivariate EEG'. *Scientific Reports*, 9(1), 16324.

Tong, F. (2003). 'Out-of-body experiences: from Penfield to present'. *Trends in Cognitive Sciences*, 7(3), 104–6.

Tononi, G. (2008). 'Consciousness as integrated information: a provisional manifesto'. *Biological Bulletin*, 215(3), 216–42.

Tononi, G. (2012). 'Integrated information theory of consciousness: an updated account'. *Archives italiennes de biologie*, 150(4), 293–329.

Tononi, G., Boly, M., Massimini, M., et al. (2016). 'Integrated information theory: from consciousness to its physical substrate'. *Nature Reviews Neuroscience*, 17(7), 450–61.

Tononi, G., & Edelman, G. M. (1998). 'Consciousness and complexity'. *Science*, 282(5395), 1846–51.

Tononi, G., & Koch, C. (2015). 'Consciousness: here, there and everywhere?' *Philosophical Transactions of the Royal Society B: Biological Sciences*, 370(1668).

Tononi, G., Sporns, O., & Edelman, G. M. (1994). 'A measure for brain complexity: relating functional segregation and integration in the nervous system'. *Proceedings of the National Academy of Sciences of the USA*, 91(11), 5033–7.

Trujillo, C. A., Gao, R., Negraes, P. D., et al. (2019). 'Complex oscillatory waves emerging from cortical organoids model early human brain network development'. *Cell Stem Cell*, 25(4), 558–69 e557.

Tschantz, A., Barca, L., Maisto, D., et al. (2021). 'Simulating homeostatic, allostatic and goal-directed forms of interoceptive control using active inference'. https://www.biorxiv.org/content/10.1101/2021.02.16.431365v1

Tschantz, A., Millidge, B., Seth, A. K., et al. (2020a). 'Reinforcement learning through active inference'. doi:https://arxiv.org/abs/2002.12636.

Tschantz, A., Seth, A. K., & Buckley, C. (2020b). 'Learning action-oriented models'. *PLoS Computational Biology*, 16(4), e1007805.

Tsuchiya, N., Wilke, M., Frässle, S., et al. (2015). 'No-report paradigms: extracting the true neural correlates of consciousness'. *Trends in Cognitive Sciences*, 19(12), 757–70.

Tulving, E. (1985). 'Memory and consciousness'. *Canadian Psychology*, 26, 1–12.

Turing, A. M. (1950). 'Computing machinery and intelligence'. *Mind*, 59, 433–60.

Uexküll, J. v. (1957). 'A stroll through the worlds of animals and men: a picture book of invisible worlds'. In C. Schiller (ed.), *Instinctive Behavior: The Development of a Modern Concept*, New York: International Universities Press, 5.

van Giesen, L., Kilian, P. B., Allard, C. A. H., et al. (2020). 'Molecular basis of chemotactile sensation in octopus'. *Cell*, 183(3), 594–604 e514.

van Rijn, H., Gu, B. M., & Meck, W. H. (2014). 'Dedicated clock/timing-circuit theories of time perception and timed performance'. *Advances in Experimental Medicine and Biology*, 829, 75–99.

Varela, F. J. (1996). 'Neurophenomenology: A methodological remedy for the hard problem'. *Journal of Consciousness Studies*, 3, 330–50.

Varela, F., Thompson, E., & Rosch, E. (1993). *The Embodied Mind: Cognitive Science and Human Experience*. Cambridge, MA: MIT Press.

Walker, M. (2017). *Why We Sleep*. New York: Scribner.

Waller, B. (2011). *Against Moral Responsibility*. Cambridge, MA: MIT Press.

Wearing, D. (2005). *Forever Today: A Memoir of Love and Amnesia*. London: Corgi.

Wegner, D. (2002). *The Illusion of Conscious Will*. Cambridge, MA: MIT Press.

Weiser, T. G., Regenbogen, S. E., Thompson, K. D., et al. (2008). 'An estimation of the global volume of surgery: a modelling strategy based on available data'. *Lancet*, 372(9633), 139–44.

Wheeler, J. A. (1989). 'Information, physics, quantum: The search for links'. In *Proceedings III International Symposium on Foundations of Quantum Mechanics*, Tokyo, 354–8.

Wiener, N. (1948). *Cybernetics: Or Control and Communication in the Animal and Machine*. Cambridge, MA: MIT Press.

Wiener, N. (1964). *God and Golem, Inc.* Cambridge, MA: MIT Press.

Williford, K., Bennequin, D., Friston, K., et al. (2018). 'The projective consciousness model and phenomenal selfhood'. *Frontiers in Psychology*, 9, 2571.

Winn, J., & Bishop, C. M. (2005). 'Variational message passing'. *Journal of Machine Learning Research*, 6, 661–94.

Wittmann, M. (2013). 'The inner sense of time: how the brain creates a representation of duration'. *Nature Reviews Neuroscience*, 14(3), 217–23.

Witzel, C., Racey, C., & O'Regan, J. K. (2017). 'The most reasonable explanation of "the dress": Implicit assumptions about illumination'. *Journal of Vision*, 17(2), 1.

Xiao, Q., & Gunturkun, O. (2009). 'Natural split-brain? Lateralized memory for task contingencies in pigeons'. *Neuroscience Letters*, 458(2), 75–8.

Zamariola, G., Maurage, P., Luminet, O., et al. (2018). 'Interoceptive accuracy scores from the heartbeat counting task are problematic: Evidence from simple bivariate correlations'. *Biological Psychology*, 137, 12–17.

Zucker, M. (1945), *The Philosophy of American History*, vol. 1: *The Historical Field Theory*. New York: Arnold-Howard.